“新工科建设”教学探索成果

矩阵分析

王　博　王诗云　赵伟丽　主　编

孙文娟　王利岩　副主编

電子工業出版社
Publishing House of Electronics Industry
北京 · BEIJING

内 容 简 介

矩阵分析主要研究如何用矩阵理论和方法解决现代工程技术和科学研究中出现的理论与计算上的问题，是工科类研究生的一门重要的数学基础课程，在科研和实践中都有较为广泛的应用。

本教材内容主要包括：线性空间与线性变换、内积空间、矩阵的 Jordan 标准形、矩阵分解、向量与矩阵范数、矩阵函数、矩阵的广义逆，以及数学实验。各章配有习题或练习题，难度适中。在本教材的最后，配有 4 套模拟试题及参考答案。

本教材强调对矩阵分析知识点的理解与应用，降低理论推导的比重，并加入数学实验，附有 MATLAB 程序，其难易程度比较适合一般院校的工科类研究生。

图书在版编目（CIP）数据

矩阵分析/王博，王诗云，赵伟丽主编. —北京：电子工业出版社，2021.9

ISBN 978-7-121-41028-4

Ⅰ. ①矩… Ⅱ. ①王… ②王… ③赵… Ⅲ. ①矩阵分析－高等学校－教材 Ⅳ. ①TN701

中国版本图书馆 CIP 数据核字（2021）第 071459 号

责任编辑：冉　哲

印　　刷：北京建宏印刷有限公司

装　　订：北京建宏印刷有限公司

出版发行：电子工业出版社

北京市海淀区万寿路 173 信箱　邮编：100036

开　　本：787×1092　1/16　　印张：12.5　字数：320 千字

版　　次：2021 年 9 月第 1 版

印　　次：2025 年 1 月第 4 次印刷

定　　价：45.00 元

凡所购买电子工业出版社图书有缺损问题，请向购买书店调换。若书店售缺，请与本社发行部联系，联系及邮购电话：(010)88254888，88258888。

质量投诉请发邮件至 zlts@phei.com.cn，盗版侵权举报请发邮件至 dbqq@phei.com.cn。

本书咨询联系方式：ran@phei. com. cn。

前言

随着《国家中长期教育改革和发展规划纲要（2010—2020 年）》中对人才培养的要求和目标的落实，各高等院校尝试在教学内容、理念、方式方法等多方面进行改革以适应“应用型人才和创新性人才”培养的需要。在这样的大环境下，编者以适应一般院校工科类研究生的成长与发展为初衷，编写了《矩阵分析》这本教材。

矩阵分析主要研究如何用矩阵理论和方法解决现代工程技术和科学研究中出现的理论与计算上的问题，是工科类研究生的一门重要的数学基础课程，在科研和实践中都有较为广泛的应用。在教材编写的过程中，我们阅读了大量的参考文献，将多年的实践教学经验浓缩到本教材中。

本教材的内容从线性空间与线性变换开始，到内积空间，再到矩阵的 Jordan 标准形等，逐步展开，层层递进，内容衔接紧密。本教材强调对矩阵分析知识点的理解与应用，降低理论推导的比重，并加入数学实验，附有 MATLAB 程序，其难易程度比较适合一般院校的工科类研究生。

本教材以线性代数理论作为基础知识展开，是线性代数到矩阵理论研究的桥梁，能满足研究生科研与工程实践的需要。全书的内容讲完需 40～50 学时，内容主要包括：线性空间与线性变换、内积空间、矩阵的 Jordan 标准形、矩阵分解、向量与矩阵范数、矩阵函数、矩阵的广义逆，以及数学实验。第 1～7 章配有习题，数学实验配有练习题，难度适中，并在附录 A 中给出了参考答案。附录 B 为 4 套模拟试题及参考答案。

编写分工如下：赵伟丽主要负责编写第 1 章、第 2 章和部分习题；王诗云主要负责编写第 3 章、第 4 章、第 5 章和部分习题；王博主要负责编写第 6 章、第 7 章和部分习题；孙文娟主要负责编写第 8 章、各章习题参考答案和部分习题；王利岩主要负责编写模拟试题及参考答案。主编按姓名拼音字母顺序排序，无主次之分。

在本教材编写的过程中，沈阳工业大学理学院数学系、沈阳航空航天大学研究生院和理学院、沈阳理工大学理学院的领导及同事们给予了很大的支持与鼓励。在此，表示诚挚的感谢。

由于编者水平有限，书中难免有缺点与疏漏之处，恳请读者批评指正。

编者

目录

第 1 章

线性空间与线性变换

线性空间与线性变换是线性代数最基本的概念，它们是矩阵理论的重要基础。本教材从此讲起，需要读者具备线性代数有关的基础知识。

1.1 线性空间

1.1.1 线性空间的概念与性质

在线性代数里，我们知道 n 维向量对向量的加法、向量的数乘这两种运算保持封闭，并且 n 维向量的线性运算满足 8 条规则。事实上，对于矩阵、一元多项式等也都具有加法和数乘的线性运算，并且这种线性运算也满足 8 条规则，把这些基本东西抽象出来，就得出线性空间的概念。

构成线性空间的基础是它的域，或者说是纯量的集合。如果复数的一个非空子集 $\mathbf{K}$ 含有非零的数，且其中任意两个数的和、差、积、商(除数不为零)仍属于该集合，则称数集 $\mathbf{K}$ 为一个数域。典型的基础数域有实数域 $\mathbf{R}$ 和复数域 $\mathbf{C}$；可以验证 $\mathbf{Q}(\sqrt{2})=\{a+b\sqrt{2}\mid a,b\in\mathbf{Q}\}$ 也构成一个数域；但是，由所有整数组成的集合 $\mathbf{Z}$ 不构成数域。数域有一个简单性质，即所有的数域都包含有理数域；特别地，每个数域都包含整数 0 和 1。

定义 1.1 设 V 是一个非空集合，$\mathbf{K}$ 是一个数域，在 V 的元素之间规定了称为“加法”的运算，在 $\mathbf{K}$ 与 V 的元素之间规定了称为“数乘”的运算。如果 V 对于这两种运算封闭，即对任意 $\boldsymbol{\alpha},\boldsymbol{\beta}\in V$ 都有 $\boldsymbol{\alpha}+\boldsymbol{\beta}\in V$，而对任意 $k\in\mathbf{K}$ 和 $\boldsymbol{\alpha}\in V$ 都有 $k\boldsymbol{\alpha}\in V$，且这两种运算满足以下 8 条运算律(设 $\boldsymbol{\alpha},\boldsymbol{\beta},\boldsymbol{\gamma}\in V$，$k,l\in\mathbf{K}$)：

(1)加法交换律：$\boldsymbol{\alpha}+\boldsymbol{\beta}=\boldsymbol{\beta}+\boldsymbol{\alpha}$；

(2)加法结合律：$(\boldsymbol{\alpha}+\boldsymbol{\beta})+\boldsymbol{\gamma}=\boldsymbol{\alpha}+(\boldsymbol{\beta}+\boldsymbol{\gamma})$；

(3)在 V 中存在零元素 $\boldsymbol{\theta}$，即对任意 $\boldsymbol{\alpha}\in V$ 都有 $\boldsymbol{\alpha}+\boldsymbol{\theta}=\boldsymbol{\alpha}$；

(4)在 V 中存在负元素，即对任意 $\boldsymbol{\alpha}\in V$，存在 $\boldsymbol{\beta}\in V$，使 $\boldsymbol{\alpha}+\boldsymbol{\beta}=\boldsymbol{\theta}$，称 $\boldsymbol{\beta}$ 为 $\boldsymbol{\alpha}$ 的负元素，记为 $-\boldsymbol{\alpha}$；

(5)$1\boldsymbol{\alpha}=\boldsymbol{\alpha}$；

(6)数乘结合律：$k(l\boldsymbol{\alpha})=(kl)\boldsymbol{\alpha}$；

(7)数乘关于数量加法分配律：$(k+l)\boldsymbol{\alpha}=k\boldsymbol{\alpha}+l\boldsymbol{\alpha}$；

(8)数乘关于元素加法分配律：$k(\boldsymbol{\alpha}+\boldsymbol{\beta})=k\boldsymbol{\alpha}+k\boldsymbol{\beta}$。

则称 V 为数域 $\mathbf{K}$ 上的线性空间。

上述定义中，没有涉及非空集合 V 是由什么元素组成的，对加法与数乘如何进行运算都没有具体规定，这样就使线性空间具有丰富的内涵。考虑到线性空间与 n 维向量空间 $\mathbf{R}^n$ 在本质上十分相似，有些教材也称线性空间为"向量空间"，其元素也可以统称为向量。

下面举一些线性空间的例子。

例 1.1 按通常向量的加法和数乘运算，$\mathbf{R}^n$ 是实数域上的线性空间，$\mathbf{C}^n$ 是复数域上的线性空间，称为向量空间。

例 1.2 元素属于复数域 $\mathbf{C}$ 的全体 $m\times n$ 矩阵构成的集合，按通常矩阵的加法与数乘运算，构成数域 $\mathbf{C}$ 上的线性空间，称为复矩阵空间，记为 $\mathbf{C}^{m\times n}$。秩为 r 的复 $m\times n$ 矩阵空间记为 $\mathbf{C}_r^{m\times n}$。

例 1.3 实数域 $\mathbf{R}$ 上次数不超过 n 的一元多项式全体，记为 $\mathbf{R}[x]_n$，即

$$\mathbf{R}[x]_n=\{P_n\,|\,P_n=a_nx^n+a_{n-1}x^{n-1}+\cdots+a_1x+a_0,\ a_n,a_{n-1},\cdots,a_1,a_0\in\mathbf{R}\},$$

则 $\mathbf{R}[x]_n$ 按照通常多项式的加法及数与多项式的乘法构成数域 $\mathbf{R}$ 上的一个线性空间，称为多项式空间。

例 1.4 闭区间 $[a,b]$ 上的全体连续实函数组成的集合 $C[a,b]$，按通常函数的加法与数乘运算构成实数域 $\mathbf{R}$ 上的线性空间。

例 1.5 设 $\mathbf{R}^+$ 是所有正实数的集合，其中定义加法与数乘运算为

$$a\oplus b=ab,\ k\circ a=a^k\quad(a,b\in\mathbf{R}^+,k\in\mathbf{R}),$$

验证 $\mathbf{R}^+$ 对上述加法与数乘运算构成实数域 $\mathbf{R}$ 上的线性空间。(为了与通常数的加法与乘法运算相区别，分别用 $\oplus$ 和 $\circ$ 表示所定义的加法与数乘运算。)

证 对任意 $a,b\in\mathbf{R}^+$，有 $a\oplus b=ab\in\mathbf{R}^+$，又对任意 $k\in\mathbf{R}$ 和 $a\in\mathbf{R}^+$，有 $k\circ a=a^k\in\mathbf{R}^+$，即 $\mathbf{R}^+$ 对所定义的加法与数乘运算封闭。对任意 $a,b,c\in\mathbf{R}^+$ 和 $k,l\in\mathbf{R}$，有

(1)$a\oplus b=ab=ba=b\oplus a$；

(2)$(a\oplus b)\oplus c=(ab)\oplus c=(ab)c=a(bc)=a\oplus(b\oplus c)$；

(3)$a \oplus 1 = a$，所以 1 是零元素；

(4)$a \oplus a^{-1} = aa^{-1} = 1$，所以 a^{-1} 是 a 的负元素；

(5)$1 \circ a = a^1 = a$；

(6)$k \circ (l \circ a) = k \circ a^l = (a^l)^k = a^{kl} = (kl) \circ a$；

(7)$(k+l) \circ a = a^{k+l} = a^k a^l = a^k \oplus a^l = (k \circ a) \oplus (l \circ a)$；

(8)$k \circ (a \oplus b) = k \circ (ab) = (ab)^k = a^k b^k = (k \circ a) \oplus (k \circ b)$。

故 $\mathbf{R}^+$ 对这两种运算构成实线性空间。　　证毕。

例 1.6　数域 $\mathbf{K}$ 上的全体 n 维向量组成的集合 V，对于通常向量的加法及如下定义的数乘运算：

$$k \circ \boldsymbol{\alpha} = \mathbf{0} = (0,0,\cdots,0) \quad (k \in \mathbf{K}, \boldsymbol{\alpha} \in V)$$

不构成线性空间。这是因为 $1 \circ \boldsymbol{\alpha} = \mathbf{0}$，即不满足运算律(5)。但可以验证 V 对于两种运算的封闭性及其他运算律都是满足的。

根据线性空间的定义，可以推出线性空间的一些基本性质如下。

性质 1　零元素是唯一的。

证　设 $\boldsymbol{\theta}_1$ 和 $\boldsymbol{\theta}_2$ 是线性空间 V 中的两个零元素，则有(所用到的运算律在等号上标出)

$$\boldsymbol{\theta}_1 \overset{(3)}{=} \boldsymbol{\theta}_1 + \boldsymbol{\theta}_2 \overset{(1)}{=} \boldsymbol{\theta}_2 + \boldsymbol{\theta}_1 \overset{(3)}{=} \boldsymbol{\theta}_2。$$　　证毕。

性质 2　任意元素 $\boldsymbol{\alpha}$ 的负元素是唯一的。

证　设 $\boldsymbol{\beta}$ 和 $\boldsymbol{\gamma}$ 都是 $\boldsymbol{\alpha}$ 的负元素，即 $\boldsymbol{\alpha}+\boldsymbol{\beta}=\boldsymbol{\theta}$，$\boldsymbol{\alpha}+\boldsymbol{\gamma}=\boldsymbol{\theta}$，于是

$$\boldsymbol{\beta} \overset{(3)}{=} \boldsymbol{\beta}+\boldsymbol{\theta} = \boldsymbol{\beta}+(\boldsymbol{\alpha}+\boldsymbol{\gamma}) \overset{(2)}{=} (\boldsymbol{\beta}+\boldsymbol{\alpha})+\boldsymbol{\gamma} = \boldsymbol{\theta}+\boldsymbol{\gamma} \overset{(3)}{=} \boldsymbol{\gamma}。$$　　证毕。

性质 3　$0\boldsymbol{\alpha}=\boldsymbol{\theta}$，$(-1)\boldsymbol{\alpha}=-\boldsymbol{\alpha}$，$k\boldsymbol{\theta}=\boldsymbol{\theta}$。

证　因为

$$\boldsymbol{\alpha}+0\boldsymbol{\alpha} \overset{(5)}{=} 1\boldsymbol{\alpha}+0\boldsymbol{\alpha} \overset{(7)}{=} (1+0)\boldsymbol{\alpha} = 1\boldsymbol{\alpha} \overset{(5)}{=} \boldsymbol{\alpha},$$

两边都加上 $-\boldsymbol{\alpha}$，即得 $0\boldsymbol{\alpha}=\boldsymbol{\theta}$；又因为

$$\boldsymbol{\alpha}+(-1)\boldsymbol{\alpha} \overset{(5)}{=} 1\boldsymbol{\alpha}+(-1)\boldsymbol{\alpha} \overset{(7)}{=} (1-1)\boldsymbol{\alpha} = 0\boldsymbol{\alpha} = \boldsymbol{\theta},$$

两边都加上 $-\boldsymbol{\alpha}$，即得 $(-1)\boldsymbol{\alpha}=-\boldsymbol{\alpha}$；又有

$$k\boldsymbol{\theta} \overset{(4)}{=} k[\boldsymbol{\alpha}+(-\boldsymbol{\alpha})] \overset{(5)}{=} k[1\boldsymbol{\alpha}+(-1)\boldsymbol{\alpha}] \overset{(7)}{=} k[(1-1)\boldsymbol{\alpha}] \overset{(6)}{=} (k0)\boldsymbol{\alpha} = 0\boldsymbol{\alpha} = \boldsymbol{\theta}。$$　　证毕。

性质 4　若 $k\boldsymbol{\alpha}=\boldsymbol{\theta}$，则 $k=0$ 或 $\boldsymbol{\alpha}=\boldsymbol{\theta}$。

证　若 $k=0$，由性质 3 知 $k\boldsymbol{\alpha}=\boldsymbol{\theta}$；若 $k\neq 0$，则由性质 3，得

$$\boldsymbol{\alpha} \overset{(5)}{=} 1\boldsymbol{\alpha} = (k^{-1}k)\boldsymbol{\alpha} \overset{(6)}{=} k^{-1}(k\boldsymbol{\alpha}) = k^{-1}\boldsymbol{\theta} = \boldsymbol{\theta}。$$　　证毕。

1.1.2　元素组的线性相关性

有关向量空间中向量组之间的线性关系，也可以推广到一般的线性空间。

定义 1.2　设 V 是数域 $\mathbf{K}$ 上的线性空间，$\boldsymbol{\alpha}, \boldsymbol{\alpha}_1, \boldsymbol{\alpha}_2, \cdots, \boldsymbol{\alpha}_m$ 是 V 中的一组元素，如果存在

K 中的一组数 $k_1,k_2,\cdots,k_m$，使得

$$\boldsymbol{\alpha}=k_1\boldsymbol{\alpha}_1+k_2\boldsymbol{\alpha}_2+\cdots+k_m\boldsymbol{\alpha}_m,$$

则称 $\boldsymbol{\alpha}$ 可由$\boldsymbol{\alpha}_1,\boldsymbol{\alpha}_2,\cdots,\boldsymbol{\alpha}_m$ 线性表示，或 $\boldsymbol{\alpha}$ 是$\boldsymbol{\alpha}_1,\boldsymbol{\alpha}_2,\cdots,\boldsymbol{\alpha}_m$ 的线性组合。

例如，因为

$$\begin{bmatrix}1&2\\3&4\end{bmatrix}=1\times\begin{bmatrix}1&0\\0&0\end{bmatrix}+2\times\begin{bmatrix}0&1\\0&0\end{bmatrix}+3\times\begin{bmatrix}0&0\\1&0\end{bmatrix}+4\times\begin{bmatrix}0&0\\0&1\end{bmatrix},$$

所以矩阵$\begin{bmatrix}1&2\\3&4\end{bmatrix}$是矩阵$\begin{bmatrix}1&0\\0&0\end{bmatrix},\begin{bmatrix}0&1\\0&0\end{bmatrix},\begin{bmatrix}0&0\\1&0\end{bmatrix},\begin{bmatrix}0&0\\0&1\end{bmatrix}$的线性组合。

定义 1.3 如果存在 K 中一组不全为零的数 $k_1,k_2,\cdots,k_m$，使得

$$k_1\boldsymbol{\alpha}_1+k_2\boldsymbol{\alpha}_2+\cdots+k_m\boldsymbol{\alpha}_m=\boldsymbol{\theta},$$

则称$\boldsymbol{\alpha}_1,\boldsymbol{\alpha}_2,\cdots,\boldsymbol{\alpha}_m$ 线性相关；如果仅当 $k_1=k_2=\cdots=k_m=0$ 时上式才成立，则称$\boldsymbol{\alpha}_1,\boldsymbol{\alpha}_2,\cdots,\boldsymbol{\alpha}_m$ 线性无关。

例如，$\mathbf{R}^{2\times2}$ 中的一组矩阵

$$\boldsymbol{E}_{11}=\begin{bmatrix}1&0\\0&0\end{bmatrix},\boldsymbol{E}_{12}=\begin{bmatrix}0&1\\0&0\end{bmatrix},\boldsymbol{E}_{21}=\begin{bmatrix}0&0\\1&0\end{bmatrix},\boldsymbol{E}_{22}=\begin{bmatrix}0&0\\0&1\end{bmatrix}$$

是线性无关的。

定义 1.4 设 V 是数域 K 上的线性空间，

$$(\mathrm{I}):\boldsymbol{\alpha}_1,\boldsymbol{\alpha}_2,\cdots,\boldsymbol{\alpha}_r$$

和

$$(\mathrm{II}):\boldsymbol{\beta}_1,\boldsymbol{\beta}_2,\cdots,\boldsymbol{\beta}_s$$

是 V 中的两个元素组，如果组（Ⅰ）中每个元素都可由组（Ⅱ）中的元素线性表示，则称组（Ⅰ）可由组（Ⅱ）线性表示；如果组（Ⅰ）与组（Ⅱ）可以互相线性表示，则称组（Ⅰ）与组（Ⅱ）等价。

线性代数中向量组的极大无关组、向量组的秩等概念在线性空间中也可自然地引入，不再一一赘述，只是这里的向量并不局限于 n 维向量，而是广义的。

1.2 线性空间的基、维数与坐标

1.2.1 基、维数与坐标

定义 1.5 在线性空间 V 中，如果存在 n 个元素$\boldsymbol{\alpha}_1,\boldsymbol{\alpha}_2,\cdots,\boldsymbol{\alpha}_n$ 满足：

(1)$\boldsymbol{\alpha}_1,\boldsymbol{\alpha}_2,\cdots,\boldsymbol{\alpha}_n$ 线性无关；

(2)V 中任意元素 $\boldsymbol{\alpha}$ 均可由$\boldsymbol{\alpha}_1,\boldsymbol{\alpha}_2,\cdots,\boldsymbol{\alpha}_n$ 线性表示。

则称$\boldsymbol{\alpha}_1,\boldsymbol{\alpha}_2,\cdots,\boldsymbol{\alpha}_n$ 为 V 的一个基，称 n 为 V 的维数，记为 $\dim V=n$。维数为 n 的线性空间 V 称为 n 维线性空间，记为 V^n。

规定仅含一个零元素的线性空间的维数为 0。基的个数不是有限数时，称 V 为无限维

线性空间。本书主要讨论有限维线性空间。在 n 维线性空间中，其任意的 n 个线性无关的元素都构成它的一个基。因此，线性空间中的基不是唯一的。

例如，四维线性空间 $\mathbf{R}^{2\times 2}$ 的基可取为

$$\boldsymbol{E}_{11}=\begin{bmatrix}1&0\\0&0\end{bmatrix},\boldsymbol{E}_{12}=\begin{bmatrix}0&1\\0&0\end{bmatrix},\boldsymbol{E}_{21}=\begin{bmatrix}0&0\\1&0\end{bmatrix},\boldsymbol{E}_{22}=\begin{bmatrix}0&0\\0&1\end{bmatrix}$$

或

$$\boldsymbol{G}_1=\begin{bmatrix}0&1\\1&1\end{bmatrix},\boldsymbol{G}_2=\begin{bmatrix}1&0\\1&1\end{bmatrix},\boldsymbol{G}_3=\begin{bmatrix}1&1\\0&1\end{bmatrix},\boldsymbol{G}_4=\begin{bmatrix}1&1\\1&0\end{bmatrix}。$$

若 $\boldsymbol{\alpha}_1,\boldsymbol{\alpha}_2,\cdots,\boldsymbol{\alpha}_n$ 是 V^n 的一个基，则 V^n 可表示为

$$V^n=\{\boldsymbol{\alpha}=k_1\boldsymbol{\alpha}_1+k_2\boldsymbol{\alpha}_2+\cdots+k_n\boldsymbol{\alpha}_n\mid k_1,k_2,\cdots,k_n\in\mathbf{K}\}$$

这就清楚地显示出了线性空间 V^n 的结构。

定义 1.6　设 V 是数域 $\mathbf{K}$ 上的 n 维线性空间，$\boldsymbol{\alpha}_1,\boldsymbol{\alpha}_2,\cdots,\boldsymbol{\alpha}_n$ 为 V 的一个基，对任意 $\boldsymbol{\alpha}\in V$，在此基下有唯一线性表达式

$$\boldsymbol{\alpha}=x_1\boldsymbol{\alpha}_1+x_2\boldsymbol{\alpha}_2+\cdots+x_n\boldsymbol{\alpha}_n(x_1,x_2,\cdots,x_n\in\mathbf{K}),$$

即

$$\boldsymbol{\alpha}=(\boldsymbol{\alpha}_1,\boldsymbol{\alpha}_2,\boldsymbol{\alpha}_3)\begin{bmatrix}x_1\\x_2\\x_3\end{bmatrix}\quad\text{（该方程组的解是唯一的）},$$

称 $x_1,x_2,\cdots,x_n$ 为元素 $\boldsymbol{\alpha}$ 在基 $\boldsymbol{\alpha}_1,\boldsymbol{\alpha}_2,\cdots,\boldsymbol{\alpha}_n$ 下的坐标，记为 $(x_1,x_2,\cdots,x_n)^{\mathrm{T}}$。为方便使用，常常把坐标写成 $\mathbf{K}^n$ 中行向量或列向量的形式。

例 1.7　在 n 维线性空间 $\mathbf{R}^n$ 中，显然

$$\boldsymbol{e}_1=(1,0,\cdots,0)^{\mathrm{T}},\boldsymbol{e}_2=(0,1,\cdots,0)^{\mathrm{T}},\cdots,\boldsymbol{e}_n=(0,0,\cdots,1)^{\mathrm{T}}$$

是 $\mathbf{R}^n$ 的一个基，且 $\dim\mathbf{R}^n=n$，向量 $\boldsymbol{\alpha}=(a_1,a_2,\cdots,a_n)^{\mathrm{T}}$ 在这个基下的坐标就是它的分量 $a_1,a_2,\cdots,a_n$。

例 1.8　在线性空间 $\mathbf{R}^3$ 中，求向量 $\boldsymbol{\alpha}=(1,2,1)^{\mathrm{T}}$ 在基 $\boldsymbol{\alpha}_1=(1,2,3)^{\mathrm{T}},\boldsymbol{\alpha}_2=(1,1,2)^{\mathrm{T}},\boldsymbol{\alpha}_3=(3,1,3)^{\mathrm{T}}$ 下的坐标。

解　设 $\boldsymbol{\alpha}=(1,2,1)^{\mathrm{T}}$ 在所给基 $\boldsymbol{\alpha}_1,\boldsymbol{\alpha}_2,\boldsymbol{\alpha}_3$ 下的坐标为 x_1,x_2,x_3，则

$$\boldsymbol{\alpha}=x_1\boldsymbol{\alpha}_1+x_2\boldsymbol{\alpha}_2+x_3\boldsymbol{\alpha}_3,$$

即

$$\boldsymbol{\alpha}=(\boldsymbol{\alpha}_1,\boldsymbol{\alpha}_2,\boldsymbol{\alpha}_3)\begin{bmatrix}x_1\\x_2\\x_3\end{bmatrix},$$

于是

$$\begin{bmatrix}1\\2\\1\end{bmatrix}=\begin{bmatrix}1&1&3\\2&1&1\\3&2&3\end{bmatrix}\begin{bmatrix}x_1\\x_2\\x_3\end{bmatrix},$$

解得 $x_1=5, x_2=-10, x_3=2$，所以 $\boldsymbol{\alpha}$ 在所给基 $\boldsymbol{\alpha}_1, \boldsymbol{\alpha}_2, \boldsymbol{\alpha}_3$ 下的坐标为 $(5,-10,2)^{\mathrm{T}}$。

例 1.9 在线性空间 $\mathbf{R}^{m\times n}$ 中，设 $\boldsymbol{E}_{ij}(i=1,2,\cdots,m;j=1,2,\cdots,n)$ 是第 i 行第 j 列元素为 1，其余元素都为 0 的矩阵，则 $\boldsymbol{E}_{ij}(i=1,2,\cdots,m;j=1,2,\cdots,n)$ 是 $\mathbf{R}^{m\times n}$ 的一个基，且 $\dim\mathbf{R}^{m\times n}=mn$，矩阵 $\mathbf{A}=(a_{ij})_{m\times n}$ 在这个基下的坐标就是它的元素 $a_{ij}(i=1,2,\cdots,m;j=1,2,\cdots,n)$。

例 1.10 在线性空间 $\mathbf{R}[x]_n$ 中，任意多项式 $f(x)=a_0+a_1x+\cdots+a_{n-1}x^{n-1}+a_nx^n$ 可由线性无关的多项式组 $1,x,\cdots,x^{n-1},x^n$ 线性表示，故 $1,x,\cdots,x^{n-1},x^n$ 是 $\mathbf{R}[x]_n$ 的一个基，且 $\dim\mathbf{R}[x]_n=n+1$，于是 $a_0,a_1,\cdots,a_{n-1},a_n$ 即为 $f(x)$ 在基 $1,x,\cdots,x^{n-1},x^n$ 下的坐标。

若又取 $1,(x-a),\cdots,(x-a)^{n-1},(x-a)^n$ 为 $\mathbf{R}[x]_n$ 的基，其中 a 为实数域 $\mathbf{R}$ 中的常数，则由泰勒公式知

$$f(x)=f(a)+f'(a)(x-a)+\frac{f''(a)}{2!}(x-a)^2+\cdots+\frac{f^{(n)}(a)}{n!}(x-a)^n,$$

故 $f(x)$ 在基 $1,(x-a),\cdots,(x-a)^{n-1},(x-a)^n$ 下的坐标为 $f(a), f'(a), \dfrac{f''(a)}{2!},\cdots,\dfrac{f^{(n)}(a)}{n!}$。

由此可见，在线性空间中，元素的坐标由基唯一确定。当基改变时，坐标将随之改变。

建立坐标以后，不但可以将线性空间 V^n 中抽象的元素 $\boldsymbol{\alpha}$ 与 n 维向量空间 $\mathbf{K}^n$ 中具体的向量 $(x_1,x_2,\cdots,x_n)^{\mathrm{T}}$ 联系起来，而且可以将 V^n 中抽象的线性运算与 $\mathbf{K}^n$ 中向量的线性运算联系起来。

设线性空间 V^n 的基为 $\boldsymbol{\alpha}_1,\boldsymbol{\alpha}_2,\cdots,\boldsymbol{\alpha}_n$，对任意 $\boldsymbol{\alpha},\boldsymbol{\beta}\in V^n$，有

$$\boldsymbol{\alpha}=x_1\boldsymbol{\alpha}_1+x_2\boldsymbol{\alpha}_2+\cdots+x_n\boldsymbol{\alpha}_n,\ \boldsymbol{\beta}=y_1\boldsymbol{\alpha}_1+y_2\boldsymbol{\alpha}_2+\cdots+y_n\boldsymbol{\alpha}_n,$$

于是

$$\boldsymbol{\alpha}+\boldsymbol{\beta}=(x_1+y_1)\boldsymbol{\alpha}_1+(x_2+y_2)\boldsymbol{\alpha}_2+\cdots+(x_n+y_n)\boldsymbol{\alpha}_n,$$
$$k\boldsymbol{\alpha}=(kx_1)\boldsymbol{\alpha}_1+(kx_2)\boldsymbol{\alpha}_2+\cdots+(kx_n)\boldsymbol{\alpha}_n,$$

即 $\boldsymbol{\alpha}+\boldsymbol{\beta}$ 的坐标是 $(x_1+y_1, x_2+y_2, \cdots, x_n+y_n)^{\mathrm{T}}=(x_1, x_2, \cdots, x_n)^{\mathrm{T}}+(y_1, y_2, \cdots, y_n)^{\mathrm{T}}$，而 $k\boldsymbol{\alpha}$ 的坐标是 $(kx_1, kx_2, \cdots, kx_n)^{\mathrm{T}}=k(x_1, x_2, \cdots, x_n)^{\mathrm{T}}$。可见线性空间 V^n 中的元素与 $\mathbf{K}^n$ 中的向量具有如下对应关系：

$$\boldsymbol{\alpha}\leftrightarrow(x_1, x_2, \cdots, x_n)^{\mathrm{T}},\ \boldsymbol{\beta}\leftrightarrow(y_1, y_2, \cdots, y_n)^{\mathrm{T}},$$
$$\boldsymbol{\alpha}+\boldsymbol{\beta}\leftrightarrow(x_1+y_1, x_2+y_2, \cdots, x_n+y_n)^{\mathrm{T}},\ k\boldsymbol{\alpha}\leftrightarrow k(x_1, x_2, \cdots, x_n)^{\mathrm{T}},$$

也就是说，这种对应关系保持了线性组合的对应，因此可以说 V^n 与 $\mathbf{K}^n$ 具有相同的结构，简称 V^n 与 $\mathbf{K}^n$ 同构。

这样一来，线性空间 V^n 中涉及线性关系的有关结果，如线性相关与线性无关、秩与极大无关组等，均对应于 $\mathbf{K}^n$ 中的相应结果。

例 1.11　求 $\mathbf{R}^{2\times2}$ 中矩阵组 $\boldsymbol{A}_1=\begin{bmatrix}2&1\\-1&3\end{bmatrix}$，$\boldsymbol{A}_2=\begin{bmatrix}1&0\\2&0\end{bmatrix}$，$\boldsymbol{A}_3=\begin{bmatrix}3&1\\1&3\end{bmatrix}$，$\boldsymbol{A}_4=\begin{bmatrix}1&1\\-3&3\end{bmatrix}$的秩和极大无关组。

解　取 $\mathbf{R}^{2\times2}$ 的简单基

$$\boldsymbol{E}_{11}=\begin{bmatrix}1&0\\0&0\end{bmatrix},\ \boldsymbol{E}_{12}=\begin{bmatrix}0&1\\0&0\end{bmatrix},\ \boldsymbol{E}_{21}=\begin{bmatrix}0&0\\1&0\end{bmatrix},\ \boldsymbol{E}_{22}=\begin{bmatrix}0&0\\0&1\end{bmatrix},$$

则 $\boldsymbol{A}_1,\boldsymbol{A}_2,\boldsymbol{A}_3,\boldsymbol{A}_4$ 在该基下的坐标分别为

$$\boldsymbol{\alpha}_1=(2,1,-1,3)^{\mathrm{T}},\boldsymbol{\alpha}_2=(1,0,2,0)^{\mathrm{T}},\boldsymbol{\alpha}_3=(3,1,1,3)^{\mathrm{T}},\boldsymbol{\alpha}_4=(1,1,-3,3)^{\mathrm{T}},$$

可求得该向量组的秩为 2，且 $\boldsymbol{\alpha}_1,\boldsymbol{\alpha}_2$ 是一个极大无关组。故矩阵组 $\boldsymbol{A}_1,\boldsymbol{A}_2,\boldsymbol{A}_3,\boldsymbol{A}_4$ 的秩为 2，且 $\boldsymbol{A}_1,\boldsymbol{A}_2$ 是一个极大无关组。

1.2.2　基变换与坐标变换公式

一个线性空间的基不是唯一的，线性空间中的元素在不同基下的坐标一般也不相同，这就需要研究坐标之间的关系如何随着基的改变而改变。

定义 1.7　设 V 是数域 $\mathbf{K}$ 上的 n 维线性空间，$\boldsymbol{\alpha}_1,\boldsymbol{\alpha}_2,\cdots,\boldsymbol{\alpha}_n$ 及 $\boldsymbol{\beta}_1,\boldsymbol{\beta}_2,\cdots,\boldsymbol{\beta}_n$ 是 V 的两个基，且表示为

$$\begin{cases}\boldsymbol{\beta}_1=a_{11}\boldsymbol{\alpha}_1+a_{21}\boldsymbol{\alpha}_2+\cdots+a_{n1}\boldsymbol{\alpha}_n\\ \boldsymbol{\beta}_2=a_{12}\boldsymbol{\alpha}_1+a_{22}\boldsymbol{\alpha}_2+\cdots+a_{n2}\boldsymbol{\alpha}_n\\ \qquad\vdots\\ \boldsymbol{\beta}_n=a_{1n}\boldsymbol{\alpha}_1+a_{2n}\boldsymbol{\alpha}_2+\cdots+a_{nn}\boldsymbol{\alpha}_n\end{cases},$$

即

$$(\boldsymbol{\beta}_1,\boldsymbol{\beta}_2,\cdots,\boldsymbol{\beta}_n)=(\boldsymbol{\alpha}_1,\boldsymbol{\alpha}_2,\cdots,\boldsymbol{\alpha}_n)\boldsymbol{P} \tag{1.1}$$

式中

$$\boldsymbol{P}=\begin{bmatrix}a_{11}&a_{12}&\cdots&a_{1n}\\a_{21}&a_{22}&\cdots&a_{2n}\\\vdots&\vdots&\ddots&\vdots\\a_{n1}&a_{n2}&\cdots&a_{nn}\end{bmatrix},$$

称式(1.1)为基变换公式，称矩阵 $\boldsymbol{P}$ 为由基 $\boldsymbol{\alpha}_1,\boldsymbol{\alpha}_2,\cdots,\boldsymbol{\alpha}_n$ 到基 $\boldsymbol{\beta}_1,\boldsymbol{\beta}_2,\cdots,\boldsymbol{\beta}_n$ 的过渡矩阵，过渡矩阵 $\boldsymbol{P}$ 显然是可逆的。

定理 1.1　设由线性空间 V^n 的基 $\boldsymbol{\alpha}_1,\boldsymbol{\alpha}_2,\cdots,\boldsymbol{\alpha}_n$ 到基 $\boldsymbol{\beta}_1,\boldsymbol{\beta}_2,\cdots,\boldsymbol{\beta}_n$ 的过渡矩阵为 $\boldsymbol{P}$，V^n 中的元素 $\boldsymbol{\gamma}$ 在基 $\boldsymbol{\alpha}_1,\boldsymbol{\alpha}_2,\cdots,\boldsymbol{\alpha}_n$ 下的坐标为 $(x_1,x_2,\cdots,x_n)^{\mathrm{T}}$，在基 $\boldsymbol{\beta}_1,\boldsymbol{\beta}_2,\cdots,\boldsymbol{\beta}_n$ 下的坐标为

$(y_1,y_2,\cdots,y_n)^{\mathrm{T}}$,则有坐标变换公式

$$\begin{bmatrix}x_1\\x_2\\\vdots\\x_n\end{bmatrix}=\boldsymbol{P}\begin{bmatrix}y_1\\y_2\\\vdots\\y_n\end{bmatrix} \quad 或 \quad \begin{bmatrix}y_1\\y_2\\\vdots\\y_n\end{bmatrix}=\boldsymbol{P}^{-1}\begin{bmatrix}x_1\\x_2\\\vdots\\x_n\end{bmatrix}。 \tag{1.2}$$

证 由题设可知

$$\boldsymbol{\gamma}=(\boldsymbol{\alpha}_1,\boldsymbol{\alpha}_2,\cdots,\boldsymbol{\alpha}_n)\begin{bmatrix}x_1\\x_2\\\vdots\\x_n\end{bmatrix},$$

$$\boldsymbol{\gamma}=(\boldsymbol{\beta}_1,\boldsymbol{\beta}_2,\cdots,\boldsymbol{\beta}_n)\begin{bmatrix}y_1\\y_2\\\vdots\\y_n\end{bmatrix}=(\boldsymbol{\alpha}_1,\boldsymbol{\alpha}_2,\cdots,\boldsymbol{\alpha}_n)\boldsymbol{P}\begin{bmatrix}y_1\\y_2\\\vdots\\y_n\end{bmatrix},$$

根据 $\boldsymbol{\gamma}$ 在基 $\boldsymbol{\alpha}_1,\boldsymbol{\alpha}_2,\cdots,\boldsymbol{\alpha}_n$ 下的坐标的唯一性,有

$$\begin{bmatrix}x_1\\x_2\\\vdots\\x_n\end{bmatrix}=\boldsymbol{P}\begin{bmatrix}y_1\\y_2\\\vdots\\y_n\end{bmatrix} \quad 或 \quad \begin{bmatrix}y_1\\y_2\\\vdots\\y_n\end{bmatrix}=\boldsymbol{P}^{-1}\begin{bmatrix}x_1\\x_2\\\vdots\\x_n\end{bmatrix}。$$

式(1.2)就是当基变换矩阵 $\boldsymbol{P}$ 已知时,元素 $\boldsymbol{\gamma}$ 在两个基下的坐标之间的关系。 证毕。

例 1.12 设 $\boldsymbol{\alpha}_1=(1,0,0)^{\mathrm{T}},\boldsymbol{\alpha}_2=(1,1,0)^{\mathrm{T}},\boldsymbol{\alpha}_3=(1,1,1)^{\mathrm{T}}$ 及 $\boldsymbol{\beta}_1=(1,1,0)^{\mathrm{T}},\boldsymbol{\beta}_2=(0,1,1)^{\mathrm{T}},\boldsymbol{\beta}_3=(1,0,1)^{\mathrm{T}}$ 是线性空间 $\mathbf{R}^3$ 的两个基,求

(1) 由基 $\boldsymbol{\alpha}_1,\boldsymbol{\alpha}_2,\boldsymbol{\alpha}_3$ 到基 $\boldsymbol{\beta}_1,\boldsymbol{\beta}_2,\boldsymbol{\beta}_3$ 的过渡矩阵 $\boldsymbol{P}$;

(2) 已知向量 $\boldsymbol{x}$ 在基 $\boldsymbol{\alpha}_1,\boldsymbol{\alpha}_2,\boldsymbol{\alpha}_3$ 下的坐标为 $(1,0,2)^{\mathrm{T}}$,求 $\boldsymbol{x}$ 在基 $\boldsymbol{\beta}_1,\boldsymbol{\beta}_2,\boldsymbol{\beta}_3$ 下的坐标。

解 (1) 由 $(\boldsymbol{\beta}_1,\boldsymbol{\beta}_2,\boldsymbol{\beta}_3)=(\boldsymbol{\alpha}_1,\boldsymbol{\alpha}_2,\boldsymbol{\alpha}_3)\boldsymbol{P}$,即

$$\begin{bmatrix}1&0&1\\1&1&0\\0&1&1\end{bmatrix}=\begin{bmatrix}1&1&1\\0&1&1\\0&0&1\end{bmatrix}\boldsymbol{P},$$

从而

$$\boldsymbol{P}=\begin{bmatrix}1&1&1\\0&1&1\\0&0&1\end{bmatrix}^{-1}\begin{bmatrix}1&0&1\\1&1&0\\0&1&1\end{bmatrix}=\begin{bmatrix}0&-1&1\\1&0&-1\\0&1&1\end{bmatrix};$$

(2) $\boldsymbol{x}$ 在基 $\boldsymbol{\beta}_1,\boldsymbol{\beta}_2,\boldsymbol{\beta}_3$ 下的坐标为

$$\begin{bmatrix} y_1 \\ y_2 \\ y_3 \end{bmatrix} = \boldsymbol{P}^{-1} \begin{bmatrix} x_1 \\ x_2 \\ x_3 \end{bmatrix} = \begin{bmatrix} 0 & -1 & 1 \\ 1 & 0 & -1 \\ 0 & 1 & 1 \end{bmatrix}^{-1} \begin{bmatrix} 1 \\ 0 \\ 2 \end{bmatrix} = \begin{bmatrix} \frac{3}{2} \\ \frac{1}{2} \\ \frac{3}{2} \end{bmatrix}。$$

例 1.13　在线性空间 $\mathbf{R}[x]_2$ 中，求 $f(x)=1+x+x^2$ 在基 $1,(x-1),(x-2)(x-1)$ 下的坐标。

解　取 $\mathbf{R}[x]_2$ 的简单基 $1,x,x^2$，则 $f(x)$ 在简单基下的坐标为 $(1,1,1)^{\mathrm{T}}$。

设简单基 $1,x,x^2$ 到基 $1,(x-1),(x-2)(x-1)$ 的过渡矩阵为 $\boldsymbol{P}$，则

$$(1,x-1,x^2-3x+2)=(1,x,x^2)\boldsymbol{P},$$

$$\boldsymbol{P}=\begin{bmatrix} 1 & -1 & 2 \\ 0 & 1 & -3 \\ 0 & 0 & 1 \end{bmatrix},$$

所以 $f(x)$ 在基 $1,(x-1),(x-2)(x-1)$ 下的坐标为

$$\begin{bmatrix} 1 & -1 & 2 \\ 0 & 1 & -3 \\ 0 & 0 & 1 \end{bmatrix}^{-1} \begin{bmatrix} 1 \\ 1 \\ 1 \end{bmatrix} = \begin{bmatrix} 3 \\ 4 \\ 1 \end{bmatrix}。$$

例 1.14　在线性空间 $\mathbf{R}[x]_2$ 中取两个基：

$$(\mathrm{I}):\boldsymbol{\alpha}_1=2,\boldsymbol{\alpha}_2=x-2,\boldsymbol{\alpha}_3=(x-2)^2$$

和

$$(\mathrm{II}):\boldsymbol{\beta}_1=1,\boldsymbol{\beta}_2=x-1,\boldsymbol{\beta}_3=(x-1)^2,$$

求由基(Ⅰ)到基(Ⅱ)的过渡矩阵。

解　设 $(\boldsymbol{\beta}_1,\boldsymbol{\beta}_2,\boldsymbol{\beta}_3)=(\boldsymbol{\alpha}_1,\boldsymbol{\alpha}_2,\boldsymbol{\alpha}_3)\boldsymbol{P}$，取 $\mathbf{R}[x]_2$ 的简单基 $1,x,x^2$，则可求得

$$(\boldsymbol{\alpha}_1,\boldsymbol{\alpha}_2,\boldsymbol{\alpha}_3)=(1,x,x^2)\boldsymbol{A},$$
$$(\boldsymbol{\beta}_1,\boldsymbol{\beta}_2,\boldsymbol{\beta}_3)=(1,x,x^2)\boldsymbol{B},$$

式中

$$\boldsymbol{A}=\begin{bmatrix} 2 & -2 & 4 \\ 0 & 1 & -4 \\ 0 & 0 & 1 \end{bmatrix},\ \boldsymbol{B}=\begin{bmatrix} 1 & -1 & 1 \\ 0 & 1 & -2 \\ 0 & 0 & 1 \end{bmatrix},$$

于是

$$(\boldsymbol{\beta}_1,\boldsymbol{\beta}_2,\boldsymbol{\beta}_3)=(\boldsymbol{\alpha}_1,\boldsymbol{\alpha}_2,\boldsymbol{\alpha}_3)\boldsymbol{A}^{-1}\boldsymbol{B},$$

由此可解得

$$\boldsymbol{P}=\boldsymbol{A}^{-1}\boldsymbol{B}=\frac{1}{2}\begin{bmatrix}1&1&1\\0&2&4\\0&0&2\end{bmatrix}。$$

例 1.15 在线性空间 $\mathbf{R}^{2\times 2}$ 中取两个基：

$$(\text{Ⅰ}):\boldsymbol{A}_1=\begin{bmatrix}1&0\\0&0\end{bmatrix},\boldsymbol{A}_2=\begin{bmatrix}1&1\\0&0\end{bmatrix},\boldsymbol{A}_3=\begin{bmatrix}1&1\\1&0\end{bmatrix},\boldsymbol{A}_4=\begin{bmatrix}1&1\\1&1\end{bmatrix}$$

和

$$(\text{Ⅱ}):\boldsymbol{B}_1=\begin{bmatrix}1&0\\1&1\end{bmatrix},\boldsymbol{B}_2=\begin{bmatrix}0&1\\1&1\end{bmatrix},\boldsymbol{B}_3=\begin{bmatrix}1&1\\1&0\end{bmatrix},\boldsymbol{B}_4=\begin{bmatrix}1&1\\0&1\end{bmatrix},$$

求：(1) 由基(Ⅰ)到基(Ⅱ)的过渡矩阵；

(2) 在基(Ⅰ)与基(Ⅱ)下有相同坐标的所有矩阵。

解 (1) 取 $\mathbf{R}^{2\times 2}$ 的简单基 $\boldsymbol{E}_{11}=\begin{bmatrix}1&0\\0&0\end{bmatrix},\boldsymbol{E}_{12}=\begin{bmatrix}0&1\\0&0\end{bmatrix},\boldsymbol{E}_{21}=\begin{bmatrix}0&0\\1&0\end{bmatrix},\boldsymbol{E}_{22}=\begin{bmatrix}0&0\\0&1\end{bmatrix}$，则有

$$(\boldsymbol{A}_1,\boldsymbol{A}_2,\boldsymbol{A}_3,\boldsymbol{A}_4)=(\boldsymbol{E}_{11},\boldsymbol{E}_{12},\boldsymbol{E}_{21},\boldsymbol{E}_{22})\boldsymbol{A},$$

$$(\boldsymbol{B}_1,\boldsymbol{B}_2,\boldsymbol{B}_3,\boldsymbol{B}_4)=(\boldsymbol{E}_{11},\boldsymbol{E}_{12},\boldsymbol{E}_{21},\boldsymbol{E}_{22})\boldsymbol{B},$$

即

$$(\boldsymbol{E}_{11},\boldsymbol{E}_{11}+\boldsymbol{E}_{12},\boldsymbol{E}_{11}+\boldsymbol{E}_{12}+\boldsymbol{E}_{21},\boldsymbol{E}_{11}+\boldsymbol{E}_{12}+\boldsymbol{E}_{21}+\boldsymbol{E}_{22})=(\boldsymbol{E}_{11},\boldsymbol{E}_{12},\boldsymbol{E}_{21},\boldsymbol{E}_{22})\boldsymbol{A},$$

$$(\boldsymbol{E}_{11}+\boldsymbol{E}_{21}+\boldsymbol{E}_{22},\boldsymbol{E}_{12}+\boldsymbol{E}_{21}+\boldsymbol{E}_{22},\boldsymbol{E}_{11}+\boldsymbol{E}_{12}+\boldsymbol{E}_{21},\boldsymbol{E}_{11}+\boldsymbol{E}_{12}+\boldsymbol{E}_{22})=(\boldsymbol{E}_{11},\boldsymbol{E}_{12},\boldsymbol{E}_{21},\boldsymbol{E}_{22})\boldsymbol{B},$$

式中

$$\boldsymbol{A}=\begin{bmatrix}1&1&1&1\\0&1&1&1\\0&0&1&1\\0&0&0&1\end{bmatrix},\boldsymbol{B}=\begin{bmatrix}1&0&1&1\\0&1&1&1\\1&1&1&0\\1&1&0&1\end{bmatrix},$$

于是 $(\boldsymbol{B}_1,\boldsymbol{B}_2,\boldsymbol{B}_3,\boldsymbol{B}_4)=(\boldsymbol{A}_1,\boldsymbol{A}_2,\boldsymbol{A}_3,\boldsymbol{A}_4)\boldsymbol{A}^{-1}\boldsymbol{B}$，即由基(Ⅰ)到基(Ⅱ)的过渡矩阵为

$$\boldsymbol{P}=\boldsymbol{A}^{-1}\boldsymbol{B}=\begin{bmatrix}1&-1&0&0\\-1&0&0&1\\0&0&1&-1\\1&1&0&1\end{bmatrix}。$$

(2)设 $\boldsymbol{A}\in\mathbf{R}^{2\times2}$ 在基(Ⅰ)与基(Ⅱ)下的坐标均为 $\boldsymbol{x}=(x_1,x_2,x_3,x_4)^{\mathrm{T}}$，则由坐标变换公式得 $\boldsymbol{x}=\boldsymbol{P}\boldsymbol{x}$，即 $(\boldsymbol{I}-\boldsymbol{P})\boldsymbol{x}=\boldsymbol{0}$，由于

$$\boldsymbol{I}-\boldsymbol{P}=\begin{bmatrix}0&1&0&0\\1&1&0&-1\\0&0&0&1\\-1&-1&0&0\end{bmatrix}\rightarrow\begin{bmatrix}1&0&0&0\\0&1&0&0\\0&0&0&1\\0&0&0&0\end{bmatrix},$$

从而，方程组的通解为 $x_1=0,x_2=0,x_3=k,x_4=0(k\in\mathbf{R})$，故在两个基下有相同坐标的所有矩阵为

$$\boldsymbol{A}=0\boldsymbol{A}_1+0\boldsymbol{A}_2+k\boldsymbol{A}_3+0\boldsymbol{A}_4=\begin{bmatrix}k&k\\k&0\end{bmatrix}\qquad(k\in\mathbf{R})。$$

1.3 线性子空间

1.3.1 子空间的概念

定义 1.8 设 V 是数域 $\mathbf{K}$ 上的线性空间，W 是 V 的一个非空子集。如果 W 对于 V 中所定义的加法与数乘运算也构成数域 $\mathbf{K}$ 上的线性空间，则称 W 为 V 的线性子空间，简称子空间。

对于线性空间 V，仅由 V 的零元素构成的集合 $\{\boldsymbol{\theta}\}$ 和 V 本身都是 V 的子空间，这两个子空间称为 V 的平凡子空间或假子空间，V 的其他子空间称为非平凡子空间或真子空间。我们关心的当然是非平凡子空间的情况。

由于线性子空间也是线性空间，因此前面引入的有关基、维数与坐标等概念，也可应用到线性子空间中去。因为子空间 W 中不可能有比 V 更多的线性无关的元素，所以子空间 W 的维数不可能超过 V 的维数，即 $\dim W\leqslant\dim V$。

判断一个非空子集是否为子空间时，可以按照线性空间的定义来进行，但利用如下定理来判定更为方便。

定理 1.2 线性空间 V 的非空子集 W 是 V 的子空间的充分必要条件是，W 对于 V 中定义的加法与数乘运算封闭，即

(1)如果 $\boldsymbol{\alpha},\boldsymbol{\beta}\in W$，则 $\boldsymbol{\alpha}+\boldsymbol{\beta}\in W$；

(2)如果 $\boldsymbol{\alpha}\in W,k\in\mathbf{K}$，则 $k\boldsymbol{\alpha}\in W$。

证 必要性是显然的。下证充分性。

已知 W 对于 V 的加法与数乘运算封闭。由于 W 中的元素均是 V 中的元素，所以线性空间定义中的运算律(1)、(2)、(5)～(8)均成立。又设 $\boldsymbol{\alpha}\in W\subset V$，由于 $\boldsymbol{\theta}=0\boldsymbol{\alpha}\in W$，$-\boldsymbol{\alpha}=(-1)\boldsymbol{\alpha}\in W$，故运算律(3)与(4)也成立，从而 W 是一个线性空间。　证毕。

例 1.16 取线性空间 $\mathbf{R}^{n\times n}$ 的子集 $W=\{\boldsymbol{A}\mid\boldsymbol{A}^{\mathrm{T}}=\boldsymbol{A},\boldsymbol{A}\in\mathbf{R}^{n\times n}\}$，证明 W 是 $\mathbf{R}^{n\times n}$ 的子空间，并求其维数。

证 因为 $\boldsymbol{O}\in W$，所以 W 非空。对任意 $\boldsymbol{A},\boldsymbol{B}\in W$，有 $\boldsymbol{A}^{\mathrm{T}}=\boldsymbol{A},\boldsymbol{B}^{\mathrm{T}}=\boldsymbol{B}$，从而 $(\boldsymbol{A}+\boldsymbol{B})^{\mathrm{T}}=\boldsymbol{A}^{\mathrm{T}}+\boldsymbol{B}^{\mathrm{T}}=\boldsymbol{A}+\boldsymbol{B}$，即 $\boldsymbol{A}+\boldsymbol{B}\in W$；又对任意 $k\in\mathbf{R}$ 和 $\boldsymbol{A}\in W$，有 $(k\boldsymbol{A})^{\mathrm{T}}=k\boldsymbol{A}^{\mathrm{T}}=k\boldsymbol{A}$，即 $k\boldsymbol{A}\in W$，故 W 是 $\mathbf{R}^{n\times n}$ 的子空间。取 W 中的 $\dfrac{n(n+1)}{2}$ 个矩阵

$$\boldsymbol{F}_{ij}=\boldsymbol{E}_{ij}+\boldsymbol{E}_{ji}\quad(i,j=1,2,\cdots,n;i<j),$$
$$\boldsymbol{F}_{ii}=\boldsymbol{E}_{ii}\quad(i=1,2,\cdots,n),$$

容易证明该矩阵组线性无关，且对任意 $\boldsymbol{A}=(a_{ij})_{n\times n}\in W$，有

$$\boldsymbol{A}=\sum_{i=1}^{n}\sum_{j=i}^{n}a_{ij}\boldsymbol{F}_{ij},$$

故 $\dim W=\dfrac{n(n+1)}{2}$。 证毕。

常用以下方法来得到子空间。

定理 1.3 设 V 是数域 $\mathbf{K}$ 上的线性空间，在 V 中任意取定 m 个元素 $\boldsymbol{\alpha}_1,\boldsymbol{\alpha}_2,\cdots,\boldsymbol{\alpha}_m$，构造子集

$$W=\{k_1\boldsymbol{\alpha}_1+k_2\boldsymbol{\alpha}_2+\cdots+k_m\boldsymbol{\alpha}_m\mid k_1,k_2,\cdots,k_m\in\mathbf{K}\},$$

则 W 是 V 的子空间，称为由元素组 $\boldsymbol{\alpha}_1,\boldsymbol{\alpha}_2,\cdots,\boldsymbol{\alpha}_m$ 生成的子空间，记为 $\mathrm{span}(\boldsymbol{\alpha}_1,\boldsymbol{\alpha}_2,\cdots,\boldsymbol{\alpha}_m)$。

证 由于 $\boldsymbol{\alpha}_1\in W$，所以 W 非空。对任意 $\boldsymbol{\alpha},\boldsymbol{\beta}\in W,k\in\mathbf{K}$，有

$$\boldsymbol{\alpha}=k_1\boldsymbol{\alpha}_1+k_2\boldsymbol{\alpha}_2+\cdots+k_m\boldsymbol{\alpha}_m,\quad\boldsymbol{\beta}=l_1\boldsymbol{\alpha}_1+l_2\boldsymbol{\alpha}_2+\cdots+l_m\boldsymbol{\alpha}_m,$$

由于

$$\boldsymbol{\alpha}+\boldsymbol{\beta}=(k_1+l_1)\boldsymbol{\alpha}_1+(k_2+l_2)\boldsymbol{\alpha}_2+\cdots+(k_m+l_m)\boldsymbol{\alpha}_m\in W,$$
$$k\boldsymbol{\alpha}=(kk_1)\boldsymbol{\alpha}_1+(kk_2)\boldsymbol{\alpha}_2+\cdots+(kk_m)\boldsymbol{\alpha}_m\in W,$$

故 W 是 V 的子空间。 证毕。

若 $\boldsymbol{\alpha}_1,\boldsymbol{\alpha}_2,\cdots,\boldsymbol{\alpha}_r$ 是子空间 W 的一个基，显然有 $W=\mathrm{span}(\boldsymbol{\alpha}_1,\boldsymbol{\alpha}_2,\cdots,\boldsymbol{\alpha}_r)$。生成子空间的重要意义在于：有限维线性空间是由它的基生成的子空间。

由定义容易证明生成子空间的如下结论。

结论 1 $\mathrm{span}(\boldsymbol{\alpha}_1,\boldsymbol{\alpha}_2,\cdots,\boldsymbol{\alpha}_s)$ 的维数等于元素组 $\boldsymbol{\alpha}_1,\boldsymbol{\alpha}_2,\cdots,\boldsymbol{\alpha}_s$ 的秩，且 $\boldsymbol{\alpha}_1,\boldsymbol{\alpha}_2,\cdots,\boldsymbol{\alpha}_s$ 的极大无关组是该生成子空间的基。

结论 2 设 $\boldsymbol{\alpha}_1,\boldsymbol{\alpha}_2,\cdots,\boldsymbol{\alpha}_s$ 和 $\boldsymbol{\beta}_1,\boldsymbol{\beta}_2,\cdots,\boldsymbol{\beta}_t$ 是线性空间 V 的两组元素，若 $\boldsymbol{\alpha}_1,\boldsymbol{\alpha}_2,\cdots,\boldsymbol{\alpha}_s$ 可由 $\boldsymbol{\beta}_1,\boldsymbol{\beta}_2,\cdots,\boldsymbol{\beta}_t$ 线性表示，则

$$\mathrm{span}(\boldsymbol{\alpha}_1,\boldsymbol{\alpha}_2,\cdots,\boldsymbol{\alpha}_s)\subset\mathrm{span}(\boldsymbol{\beta}_1,\boldsymbol{\beta}_2,\cdots,\boldsymbol{\beta}_t);$$

若 $\boldsymbol{\alpha}_1,\boldsymbol{\alpha}_2,\cdots,\boldsymbol{\alpha}_s$ 与 $\boldsymbol{\beta}_1,\boldsymbol{\beta}_2,\cdots,\boldsymbol{\beta}_t$ 等价，则

$$\text{span}(\boldsymbol{\alpha}_1,\boldsymbol{\alpha}_2,\cdots,\boldsymbol{\alpha}_s)=\text{span}(\boldsymbol{\beta}_1,\boldsymbol{\beta}_2,\cdots,\boldsymbol{\beta}_t)。$$

例 1.17 设$\boldsymbol{\alpha}_1=(1,3,-1,2)^{\mathrm{T}}$，$\boldsymbol{\alpha}_2=(2,-1,-2,3)^{\mathrm{T}}$，$\boldsymbol{\alpha}_3=(4,5,-4,7)^{\mathrm{T}}$，求 span($\boldsymbol{\alpha}_1$，$\boldsymbol{\alpha}_2$，$\boldsymbol{\alpha}_3$)的基与维数。

解 将矩阵($\boldsymbol{\alpha}_1$，$\boldsymbol{\alpha}_2$，$\boldsymbol{\alpha}_3$)化为阶梯形矩阵，即

$$(\boldsymbol{\alpha}_1,\boldsymbol{\alpha}_2,\boldsymbol{\alpha}_3)=\begin{bmatrix}1&2&4\\3&-1&5\\-1&-2&-4\\2&3&7\end{bmatrix}\to\begin{bmatrix}1&2&4\\0&1&1\\0&0&0\\0&0&0\end{bmatrix}\to\begin{bmatrix}1&0&2\\0&1&1\\0&0&0\\0&0&0\end{bmatrix}。$$

可知$\boldsymbol{\alpha}_1$，$\boldsymbol{\alpha}_2$ 线性无关，且$\boldsymbol{\alpha}_3=2\boldsymbol{\alpha}_1+\boldsymbol{\alpha}_2$。

所以$\boldsymbol{\alpha}_1$，$\boldsymbol{\alpha}_2$ 为 span($\boldsymbol{\alpha}_1$，$\boldsymbol{\alpha}_2$，$\boldsymbol{\alpha}_3$)的基，dimspan($\boldsymbol{\alpha}_1$，$\boldsymbol{\alpha}_2$，$\boldsymbol{\alpha}_3$)＝2。

例 1.18 在线性空间 $\mathbf{R}^{2\times 2}$ 中，求由矩阵

$$\boldsymbol{A}_1=\begin{bmatrix}2&1\\-1&3\end{bmatrix},\boldsymbol{A}_2=\begin{bmatrix}1&0\\2&0\end{bmatrix},\boldsymbol{A}_3=\begin{bmatrix}3&1\\1&3\end{bmatrix},\boldsymbol{A}_4=\begin{bmatrix}1&1\\-3&3\end{bmatrix}$$

生成的子空间的基与维数。

解 例 1.11 已求得该矩阵组的秩为 2，且$\boldsymbol{A}_1$，$\boldsymbol{A}_2$ 是一个极大无关组，故 span($\boldsymbol{A}_1$，$\boldsymbol{A}_2$，$\boldsymbol{A}_3$，$\boldsymbol{A}_4$)的维数为 2，且$\boldsymbol{A}_1$，$\boldsymbol{A}_2$ 是它的一个基。

定理 1.4 （基的扩充定理）线性空间 V^n 的 m 维子空间 W 的任何一个基都可以扩充成 V 的一个基。

证 设 $\boldsymbol{\alpha}_1$，$\boldsymbol{\alpha}_2$，…，$\boldsymbol{\alpha}_m$ 是 W 的一个基，对维数差 $n-m$ 使用归纳法。当 $n-m=0$ 时，$W=V$，此时 $\boldsymbol{\alpha}_1$，$\boldsymbol{\alpha}_2$，…，$\boldsymbol{\alpha}_m$ 已是 V 的一个基。假定 $n-m=k$ 时定理成立，考虑 $n-m=k+1$ 的情形。因为 $\boldsymbol{\alpha}_1$，$\boldsymbol{\alpha}_2$，…，$\boldsymbol{\alpha}_m\in V$ 且线性无关，但又不是 V 的基，故有 $\boldsymbol{\alpha}_{m+1}\in V$ 且 $\boldsymbol{\alpha}_{m+1}$ 不能由 $\boldsymbol{\alpha}_1$，$\boldsymbol{\alpha}_2$，…，$\boldsymbol{\alpha}_m$ 线性表示，因而 $\boldsymbol{\alpha}_1$，$\boldsymbol{\alpha}_2$，…，$\boldsymbol{\alpha}_m$，$\boldsymbol{\alpha}_{m+1}$ 线性无关。由于 span($\boldsymbol{\alpha}_1$，$\boldsymbol{\alpha}_2$，…，$\boldsymbol{\alpha}_m$，$\boldsymbol{\alpha}_{m+1}$)是 V 的 $m+1$ 维子空间，且 $n-(m+1)=(n-m)-1=(k+1)-1=k$，由归纳假设知 $\boldsymbol{\alpha}_1$，$\boldsymbol{\alpha}_2$，…，$\boldsymbol{\alpha}_m$，$\boldsymbol{\alpha}_{m+1}$ 可以扩充成 V 的基，故 $\boldsymbol{\alpha}_1$，$\boldsymbol{\alpha}_2$，…，$\boldsymbol{\alpha}_m$ 可以扩充成 V 的基。 证毕。

1.3.2 子空间的交与和、直和

定义 1.9 设 V 是数域 $\mathbf{K}$ 上的线性空间，W_1 和 W_2 是 V 的两个子空间，记

$$W_1\cap W_2=\{\boldsymbol{\alpha}\mid\boldsymbol{\alpha}\in W_1\text{ 且 }\boldsymbol{\alpha}\in W_2\},$$

称 $W_1\cap W_2$ 为 W_1 与 W_2 的交空间。记

$$W_1+W_2=\{\boldsymbol{\alpha}\mid\boldsymbol{\alpha}=\boldsymbol{\alpha}_1+\boldsymbol{\alpha}_2,\boldsymbol{\alpha}_1\in W_1,\boldsymbol{\alpha}_2\in W_2\},$$

称 W_1+W_2 为 W_1 与 W_2 的和空间。

证 首先证明 $W_1\cap W_2$ 构成 V 的子空间。

首先，由 $\boldsymbol{\theta}\in W_1$，$\boldsymbol{\theta}\in W_2$ 得 $\boldsymbol{\theta}\in W_1\cap W_2$，所以 $W_1\cap W_2$ 非空。其次，对任意 $\boldsymbol{\alpha},\boldsymbol{\beta}\in W_1\cap W_2$，有 $\boldsymbol{\alpha},\boldsymbol{\beta}\in W_1$ 且 $\boldsymbol{\alpha},\boldsymbol{\beta}\in W_2$，而 W_1 和 W_2 是子空间，所以 $\boldsymbol{\alpha}+\boldsymbol{\beta}\in W_1$，$\boldsymbol{\alpha}+\boldsymbol{\beta}\in W_2$，从而 $\boldsymbol{\alpha}+\boldsymbol{\beta}\in W_1\cap W_2$；又对任意 $k\in\mathbf{K}$，有 $k\boldsymbol{\alpha}\in W_1$ 且 $k\boldsymbol{\alpha}\in W_2$，从而 $k\boldsymbol{\alpha}\in W_1\cap W_2$，即 $W_1\cap W_2$ 构成 V 的子空间。

下面证明 W_1+W_2 构成 V 的子空间。

因为 $\boldsymbol{\theta}=\boldsymbol{\theta}+\boldsymbol{\theta}\in W_1+W_2$，所以 W_1+W_2 非空。对任意 $\boldsymbol{\alpha},\boldsymbol{\beta}\in W_1+W_2$，有 $\boldsymbol{\alpha}=\boldsymbol{\alpha}_1+\boldsymbol{\alpha}_2$，$\boldsymbol{\beta}=\boldsymbol{\beta}_1+\boldsymbol{\beta}_2$，其中 $\boldsymbol{\alpha}_1,\boldsymbol{\beta}_1\in W_1$，$\boldsymbol{\alpha}_2,\boldsymbol{\beta}_2\in W_2$。由于 W_1 和 W_2 是子空间，所以 $\boldsymbol{\alpha}_1+\boldsymbol{\beta}_1\in W_1$，$\boldsymbol{\alpha}_2+\boldsymbol{\beta}_2\in W_2$，从而 $\boldsymbol{\alpha}+\boldsymbol{\beta}=(\boldsymbol{\alpha}_1+\boldsymbol{\beta}_1)+(\boldsymbol{\alpha}_2+\boldsymbol{\beta}_2)\in W_1+W_2$；同样，对任意 $k\in\mathbf{K}$，有 $k\boldsymbol{\alpha}=k\boldsymbol{\alpha}_1+k\boldsymbol{\alpha}_2\in W_1+W_2$，即 W_1+W_2 是 V 的子空间。　证毕。

需要注意的是，两个子空间的并

$$W_1\cup W_2=\{\boldsymbol{\alpha}\mid\boldsymbol{\alpha}\in W_1\text{ 或 }\boldsymbol{\alpha}\in W_2\}$$

不一定构成子空间。例如，设 $V=\mathbf{R}^2$，取 $\boldsymbol{\alpha},\boldsymbol{\beta}\in\mathbf{R}^2$，使 $\boldsymbol{\alpha},\boldsymbol{\beta}$ 线性无关。令 $W_1=\mathrm{span}(\boldsymbol{\alpha})$，$W_2=\mathrm{span}(\boldsymbol{\beta})$，因为 $\boldsymbol{\alpha}\in W_1$，$\boldsymbol{\beta}\in W_2$，所以 $\boldsymbol{\alpha}\in W_1\cup W_2$，$\boldsymbol{\beta}\in W_1\cup W_2$，但 $\boldsymbol{\alpha}+\boldsymbol{\beta}\notin W_1$，$\boldsymbol{\alpha}+\boldsymbol{\beta}\notin W_2$，即 $\boldsymbol{\alpha}+\boldsymbol{\beta}\notin W_1\cup W_2$。这说明 $W_1\cup W_2$ 对加法运算不封闭，故 $W_1\cup W_2$ 不是子空间。

例 1.19　设 $\boldsymbol{\alpha}_1,\boldsymbol{\alpha}_2,\cdots,\boldsymbol{\alpha}_s$ 与 $\boldsymbol{\beta}_1,\boldsymbol{\beta}_2,\cdots,\boldsymbol{\beta}_t$ 是数域 $\mathbf{K}$ 上线性空间 V 的两个元素组，则

$$\mathrm{span}(\boldsymbol{\alpha}_1,\boldsymbol{\alpha}_2,\cdots,\boldsymbol{\alpha}_s)+\mathrm{span}(\boldsymbol{\beta}_1,\boldsymbol{\beta}_2,\cdots,\boldsymbol{\beta}_t)=\mathrm{span}(\boldsymbol{\alpha}_1,\boldsymbol{\alpha}_2,\cdots,\boldsymbol{\alpha}_s,\boldsymbol{\beta}_1,\boldsymbol{\beta}_2,\cdots,\boldsymbol{\beta}_t)。$$

证　由子空间和的定义，有

$$\begin{aligned}&\mathrm{span}(\boldsymbol{\alpha}_1,\boldsymbol{\alpha}_2,\cdots,\boldsymbol{\alpha}_s)+\mathrm{span}(\boldsymbol{\beta}_1,\boldsymbol{\beta}_2,\cdots,\boldsymbol{\beta}_t)\\&=\{\boldsymbol{\alpha}+\boldsymbol{\beta}\mid\boldsymbol{\alpha}\in\mathrm{span}(\boldsymbol{\alpha}_1,\boldsymbol{\alpha}_2,\cdots,\boldsymbol{\alpha}_s),\boldsymbol{\beta}\in\mathrm{span}(\boldsymbol{\beta}_1,\boldsymbol{\beta}_2,\cdots,\boldsymbol{\beta}_t)\}\\&=\{k_1\boldsymbol{\alpha}_1+\cdots+k_s\boldsymbol{\alpha}_s+l_1\boldsymbol{\beta}_1+\cdots+l_t\boldsymbol{\beta}_t\mid k_i,l_j\in\mathbf{K},i=1,\cdots,s;\ j=1,\cdots,t\}\\&=\mathrm{span}(\boldsymbol{\alpha}_1,\boldsymbol{\alpha}_2,\cdots,\boldsymbol{\alpha}_s,\boldsymbol{\beta}_1,\boldsymbol{\beta}_2,\cdots,\boldsymbol{\beta}_t)。\end{aligned}$$

证毕。

例 1.20　设 $\mathbf{R}^{2\times2}$ 的两个子空间分别为

$$W_1=\left\{\boldsymbol{A}\,\middle|\,\boldsymbol{A}=\begin{bmatrix}x_1&x_2\\x_3&x_4\end{bmatrix},x_1-x_2+x_3-x_4=0\right\},$$

$$W_2=\mathrm{span}(\boldsymbol{B}_1,\boldsymbol{B}_2),\quad\boldsymbol{B}_1=\begin{bmatrix}1&0\\2&3\end{bmatrix},\quad\boldsymbol{B}_2=\begin{bmatrix}1&-1\\0&1\end{bmatrix},$$

试将 W_1+W_2 表示为生成子空间，并求它的一个基与维数。

解　将 W_1 表示为生成子空间。容易求得方程 $x_1-x_2+x_3-x_4=0$ 的基础解系为

$$\boldsymbol{\alpha}_1=\begin{bmatrix}1\\1\\0\\0\end{bmatrix},\quad\boldsymbol{\alpha}_2=\begin{bmatrix}-1\\0\\1\\0\end{bmatrix},\quad\boldsymbol{\alpha}_3=\begin{bmatrix}1\\0\\0\\1\end{bmatrix},$$

它们对应着 W_1 的一个基

$$\boldsymbol{A}_1=\begin{bmatrix}1 & 1\\0 & 0\end{bmatrix},\quad \boldsymbol{A}_2=\begin{bmatrix}-1 & 0\\1 & 0\end{bmatrix},\quad \boldsymbol{A}_3=\begin{bmatrix}1 & 0\\0 & 1\end{bmatrix},$$

于是 $W_1=\mathrm{span}(\boldsymbol{A}_1,\boldsymbol{A}_2,\boldsymbol{A}_3)$。根据例 1.19,有

$$W_1+W_2=\mathrm{span}(\boldsymbol{A}_1,\boldsymbol{A}_2,\boldsymbol{A}_3,\boldsymbol{B}_1,\boldsymbol{B}_2)$$

$\boldsymbol{B}_1,\boldsymbol{B}_2$ 对应的向量分别为

$$\boldsymbol{\beta}_1=\begin{bmatrix}1\\0\\2\\3\end{bmatrix},\quad \boldsymbol{\beta}_2=\begin{bmatrix}1\\-1\\0\\1\end{bmatrix},$$

容易求得 $\boldsymbol{\alpha}_1,\boldsymbol{\alpha}_2,\boldsymbol{\alpha}_3,\boldsymbol{\beta}_1,\boldsymbol{\beta}_2$ 的一个极大无关组为 $\boldsymbol{\alpha}_1,\boldsymbol{\alpha}_2,\boldsymbol{\alpha}_3,\boldsymbol{\beta}_2$,所以矩阵 $\boldsymbol{A}_1,\boldsymbol{A}_2,\boldsymbol{A}_3,\boldsymbol{B}_1,\boldsymbol{B}_2$ 的极大无关组为 $\boldsymbol{A}_1,\boldsymbol{A}_2,\boldsymbol{A}_3,\boldsymbol{B}_2$,它们即为 W_1+W_2 的一个基,且 $\dim(W_1+W_2)=4$。

定理 1.5 (维数定理)设 V 是数域 $\mathbf{K}$ 上的线性空间,W_1,W_2 是 V 的两个子空间,则

$$\dim W_1+\dim W_2=\dim(W_1+W_2)+\dim(W_1\cap W_2)。$$

证 设 $\dim W_1=r,\dim W_2=s,\dim(W_1\cap W_2)=m$,只需证明 $\dim(W_1+W_2)=r+s-m$。

如果 $m\neq 0$,取 $W_1\cap W_2$ 的一个基 $\boldsymbol{\alpha}_1,\boldsymbol{\alpha}_2,\cdots,\boldsymbol{\alpha}_m$,它可以扩充成 W_1 的一个基 $\boldsymbol{\alpha}_1,\boldsymbol{\alpha}_2,\cdots,\boldsymbol{\alpha}_m,\boldsymbol{\beta}_1,\boldsymbol{\beta}_2,\cdots,\boldsymbol{\beta}_{r-m}$,也可以扩充成 W_2 的一个基 $\boldsymbol{\alpha}_1,\boldsymbol{\alpha}_2,\cdots,\boldsymbol{\alpha}_m,\boldsymbol{\gamma}_1,\boldsymbol{\gamma}_2,\cdots,\boldsymbol{\gamma}_{s-m}$,即

$$W_1=\mathrm{span}(\boldsymbol{\alpha}_1,\boldsymbol{\alpha}_2,\cdots,\boldsymbol{\alpha}_m,\boldsymbol{\beta}_1,\boldsymbol{\beta}_2,\cdots,\boldsymbol{\beta}_{r-m}),$$

$$W_2=\mathrm{span}(\boldsymbol{\alpha}_1,\boldsymbol{\alpha}_2,\cdots,\boldsymbol{\alpha}_m,\boldsymbol{\gamma}_1,\boldsymbol{\gamma}_2,\cdots,\boldsymbol{\gamma}_{s-m}),$$

所以

$$W_1+W_2=\mathrm{span}(\boldsymbol{\alpha}_1,\boldsymbol{\alpha}_2,\cdots,\boldsymbol{\alpha}_m,\boldsymbol{\beta}_1,\boldsymbol{\beta}_2,\cdots,\boldsymbol{\beta}_{r-m},\boldsymbol{\gamma}_1,\boldsymbol{\gamma}_2,\cdots,\boldsymbol{\gamma}_{s-m}),$$

因此只要证明 $\boldsymbol{\alpha}_1,\boldsymbol{\alpha}_2,\cdots,\boldsymbol{\alpha}_m,\boldsymbol{\beta}_1,\boldsymbol{\beta}_2,\cdots,\boldsymbol{\beta}_{r-m},\boldsymbol{\gamma}_1,\boldsymbol{\gamma}_2,\cdots,\boldsymbol{\gamma}_{s-m}$ 线性无关即可。

设

$$k_1\boldsymbol{\alpha}_1+k_2\boldsymbol{\alpha}_2+\cdots+k_m\boldsymbol{\alpha}_m+p_1\boldsymbol{\beta}_1+p_2\boldsymbol{\beta}_2+\cdots+p_{r-m}\boldsymbol{\beta}_{r-m}+q_1\boldsymbol{\gamma}_1+q_2\boldsymbol{\gamma}_2+\cdots+q_{s-m}\boldsymbol{\gamma}_{s-m}=\boldsymbol{\theta},$$

令

$$\begin{aligned}\boldsymbol{\xi}&=k_1\boldsymbol{\alpha}_1+k_2\boldsymbol{\alpha}_2+\cdots+k_m\boldsymbol{\alpha}_m+p_1\boldsymbol{\beta}_1+p_2\boldsymbol{\beta}_2+\cdots+p_{r-m}\boldsymbol{\beta}_{r-m}\\&=-q_1\boldsymbol{\gamma}_1-q_2\boldsymbol{\gamma}_2-\cdots-q_{s-m}\boldsymbol{\gamma}_{s-m},\end{aligned}$$

由上式第一个等号知 $\boldsymbol{\xi}\in W_1$,由第二个等号知 $\boldsymbol{\xi}\in W_2$,于是 $\boldsymbol{\xi}\in W_1\cap W_2$,故可令

$$\boldsymbol{\xi}=l_1\boldsymbol{\alpha}_1+l_2\boldsymbol{\alpha}_2+\cdots+l_m\boldsymbol{\alpha}_m,$$

因此

$$l_1\boldsymbol{\alpha}_1+l_2\boldsymbol{\alpha}_2+\cdots+l_m\boldsymbol{\alpha}_m=-q_1\boldsymbol{\gamma}_1-q_2\boldsymbol{\gamma}_2-\cdots-q_{s-m}\boldsymbol{\gamma}_{s-m},$$

即

$$l_1\boldsymbol{\alpha}_1+l_2\boldsymbol{\alpha}_2+\cdots+l_m\boldsymbol{\alpha}_m+q_1\boldsymbol{\gamma}_1+q_2\boldsymbol{\gamma}_2+\cdots+q_{s-m}\boldsymbol{\gamma}_{s-m}=\boldsymbol{\theta},$$

由于 $\boldsymbol{\alpha}_1,\boldsymbol{\alpha}_2,\cdots,\boldsymbol{\alpha}_m,\boldsymbol{\gamma}_1,\boldsymbol{\gamma}_2,\cdots,\boldsymbol{\gamma}_{s-m}$ 线性无关,所以

$$l_1=l_2=\cdots=l_m=q_1=q_2=\cdots=q_{s-m}=0,$$

因而 $\boldsymbol{\xi}=\boldsymbol{\theta}$，从而有

$$k_1\boldsymbol{\alpha}_1+k_2\boldsymbol{\alpha}_2+\cdots+k_m\boldsymbol{\alpha}_m+p_1\boldsymbol{\beta}_1+p_2\boldsymbol{\beta}_2+\cdots+p_{r-m}\boldsymbol{\beta}_{r-m}=\boldsymbol{\theta},$$

由于$\boldsymbol{\alpha}_1,\boldsymbol{\alpha}_2,\cdots,\boldsymbol{\alpha}_m,\boldsymbol{\beta}_1,\boldsymbol{\beta}_2,\cdots,\boldsymbol{\beta}_{r-m}$线性无关，又得

$$k_1=k_2=\cdots=k_m=p_1=p_2=\cdots=p_{r-m}=0,$$

这就证明了$\boldsymbol{\alpha}_1,\boldsymbol{\alpha}_2,\cdots,\boldsymbol{\alpha}_m,\boldsymbol{\beta}_1,\boldsymbol{\beta}_2,\cdots,\boldsymbol{\beta}_{r-m},\boldsymbol{\gamma}_1,\boldsymbol{\gamma}_2,\cdots,\boldsymbol{\gamma}_{s-m}$线性无关，因而它是 W_1+W_2 的一个基，W_1+W_2 的维数为 $r+s-m$。

如果 $m=0$，即 $W_1\cap W_2=\{\boldsymbol{\theta}\}$，取 W_1 的基$\boldsymbol{\beta}_1,\boldsymbol{\beta}_2,\cdots,\boldsymbol{\beta}_r$ 和 W_2 的基$\boldsymbol{\gamma}_1,\boldsymbol{\gamma}_2,\cdots,\boldsymbol{\gamma}_s$，同样可证 $\boldsymbol{\beta}_1,\boldsymbol{\beta}_2,\cdots,\boldsymbol{\beta}_r,\boldsymbol{\gamma}_1,\boldsymbol{\gamma}_2,\cdots,\boldsymbol{\gamma}_s$ 是 W_1+W_2 的基。仍得维数公式。 证毕。

定义 1.10 设 W_1 和 W_2 是线性空间 V 的两个子空间，若 $W_1\cap W_2=\{\boldsymbol{\theta}\}$，则称 W_1 与 W_2 的和空间 W_1+W_2 是直和，记为 $W_1\oplus W_2$。

定理 1.6 设 W_1 和 W_2 是线性空间 V 的两个子空间，则下列命题等价：

(1)W_1+W_2 是直和；

(2)W_1+W_2 中每个元素 $\boldsymbol{\alpha}$ 分解为 $\boldsymbol{\alpha}=\boldsymbol{\alpha}_1+\boldsymbol{\alpha}_2(\boldsymbol{\alpha}_1\in W_1,\boldsymbol{\alpha}_2\in W_2)$的方法是唯一的；

(3)若$\boldsymbol{\alpha}_1,\boldsymbol{\alpha}_2,\cdots,\boldsymbol{\alpha}_r$ 是 W_1 的基，$\boldsymbol{\beta}_1,\boldsymbol{\beta}_2,\cdots,\boldsymbol{\beta}_s$ 是 W_2 的基，则$\boldsymbol{\alpha}_1,\boldsymbol{\alpha}_2,\cdots,\boldsymbol{\alpha}_r,\boldsymbol{\beta}_1,\boldsymbol{\beta}_2,\cdots,\boldsymbol{\beta}_s$ 是W_1+W_2 的基；

(4)$\dim(W_1+W_2)=\dim W_1+\dim W_2$。

证 采用循环论证。

(1)⇒(2)设 W_1+W_2 是直和，则 $W_1\cap W_2=\{\boldsymbol{\theta}\}$。如果 $\boldsymbol{\alpha}\in W_1+W_2$ 的分解式不唯一，则有

$$\boldsymbol{\alpha}=\boldsymbol{\alpha}_1+\boldsymbol{\alpha}_2=\boldsymbol{\beta}_1+\boldsymbol{\beta}_2,\quad \boldsymbol{\alpha}_1,\boldsymbol{\beta}_1\in W_1,\boldsymbol{\alpha}_2,\boldsymbol{\beta}_2\in W_2,$$

其中$\boldsymbol{\alpha}_1\neq\boldsymbol{\beta}_1$，从而$\boldsymbol{\alpha}_2\neq\boldsymbol{\beta}_2$。令 $\boldsymbol{\gamma}=\boldsymbol{\alpha}_1-\boldsymbol{\beta}_1=\boldsymbol{\beta}_2-\boldsymbol{\alpha}_2$，则 $\boldsymbol{\gamma}\neq\boldsymbol{\theta}$。但 $\boldsymbol{\gamma}\in W_1,\boldsymbol{\gamma}\in W_2$，所以$\boldsymbol{\gamma}\in W_1\cap W_2$，这与 $W_1\cap W_2=\{\boldsymbol{\theta}\}$矛盾，故(2)成立。

(2)⇒(3)显然 $W_1+W_2=\mathrm{span}(\boldsymbol{\alpha}_1,\boldsymbol{\alpha}_2,\cdots,\boldsymbol{\alpha}_r,\boldsymbol{\beta}_1,\boldsymbol{\beta}_2,\cdots,\boldsymbol{\beta}_s)$，所以只需证明元素组$\boldsymbol{\alpha}_1,\boldsymbol{\alpha}_2,\cdots,\boldsymbol{\alpha}_r,\boldsymbol{\beta}_1,\boldsymbol{\beta}_2,\cdots,\boldsymbol{\beta}_s$ 线性无关。如若不然，它们线性相关，则 $\mathbf{K}$ 内存在不全为零的数 $k_1,k_2,\cdots,k_r,c_1,c_2,\cdots,c_s$ 使

$$k_1\boldsymbol{\alpha}_1+k_2\boldsymbol{\alpha}_2+\cdots+k_r\boldsymbol{\alpha}_r+c_1\boldsymbol{\beta}_1+c_2\boldsymbol{\beta}_2+\cdots+c_s\boldsymbol{\beta}_s=\boldsymbol{\theta},$$

这样 $\boldsymbol{\theta}$ 就有两种不同的分解式，与(2)矛盾，故(3)成立。

(3)⇒(4)由(3)知 $\dim W_1=r,\dim W_2=s,\dim(W_1+W_2)=r+s$，故(4)成立。

(4)⇒(1)由维数定理可得 $\dim(W_1\cap W_2)=0$，因此 $W_1\cap W_2=\{\boldsymbol{\theta}\}$。 证毕。

例如，三维线性空间 $\mathbf{R}^3$ 的三个子空间如下：

$$W_1=\{(a,b,0)\mid a,b\in\mathbf{R}\},W_2=\{(0,0,c)\mid c\in\mathbf{R}\},W_3=\{(0,d,e)\mid d,e\in\mathbf{R}\},$$

W_1+W_3 不是直和，因为 W_1+W_3 中有向量(1,2,3)分解式不唯一：

$$(1,2,3)=(1,1,0)+(0,1,3),$$

$$(1,2,3)=(1,3,0)+(0,-1,3),$$

但 W_1+W_2 是直和，因为当 $\boldsymbol{u}\in W_1+W_2$ 时，有

$$\boldsymbol{u}=(a,b,0)+(0,0,c)=(a,b,c)$$

若 $\boldsymbol{u}$ 还有另一种表示

$$\boldsymbol{u}=(a_1,b_1,0)+(0,0,c_1)=(a_1,b_1,c_1),$$

则显然 $a_1=a,b_1=b,c_1=c$，故 W_1+W_2 中每个向量的分解式唯一，从而 W_1+W_2 是直和。

线性子空间的交与和、直和等概念可以推广到多个子空间的情形，在此不再详述。

如果能将一个线性空间分解成若干子空间的直和，那么对整个线性空间的研究就可以归结为对若干较简单的子空间的研究。

1.4　线性变换

以下定义的映射与变换是函数概念的推广。

1.4.1　线性映射的概念

定义 1.11　设 S 与 S' 是任意两个非空集合，如果按某一规则 σ，使对于每个 $\boldsymbol{\alpha}\in S$，都有一个确定的元素 $\boldsymbol{\beta}\in S'$ 与之对应，则称 σ 为集合 S 到 S' 的一个映射，记为 $\sigma:S\to S'$。$\boldsymbol{\alpha}$ 与 $\boldsymbol{\beta}$ 的对应记为 $\sigma(\boldsymbol{\alpha})=\boldsymbol{\beta}$，称 $\boldsymbol{\beta}$ 为 $\boldsymbol{\alpha}$ 在映射 σ 下的像，而称 $\boldsymbol{\alpha}$ 为 $\boldsymbol{\beta}$ 在映射 σ 下的一个原像。如果对任意 $\boldsymbol{\alpha}_1,\boldsymbol{\alpha}_2\in S$，当 $\boldsymbol{\alpha}_1\neq\boldsymbol{\alpha}_2$ 时，有 $\sigma(\boldsymbol{\alpha}_1)\neq\sigma(\boldsymbol{\alpha}_2)$，则称 σ 是单射（或一对一的）；如果对任意 $\boldsymbol{\beta}\in S'$ 都有 $\boldsymbol{\alpha}\in S$ 使得 $\sigma(\boldsymbol{\alpha})=\boldsymbol{\beta}$，则称 σ 是满射（或映上的）；如果 σ 既是单射又是满射，则称 σ 是双射（或一一对应的）。由集合 S 到 S 自身的映射称为 S 上的一个变换。

任意定义一个在实数域 $\mathbf{R}$ 上的函数 $y=f(x)$ 都是 $\mathbf{R}$ 到 $\mathbf{R}$ 自身的映射。因此，函数是映射的一种特殊情形。

下面来看几个例子。

例 1.21　$\mathbf{Z}$ 是全体整数的集合，$\mathbf{Z}'$ 是全体偶数的集合，定义

$$\sigma(n)=2n\quad(n\in\mathbf{Z}),$$

则 σ 是 $\mathbf{Z}$ 到 $\mathbf{Z}'$ 的一个映射，它是一一对应的。

例 1.22　对任意 $\mathbf{A}\in\mathbf{R}^{n\times n}$，定义 $\sigma(\mathbf{A})=\det\boldsymbol{A}$，因为不同的矩阵行列式可以相等，所以 σ 不是 $\mathbf{R}^{n\times n}$ 到 $\mathbf{R}$ 的单射；对于任意实数 a，一定存在一个对角矩阵 $\boldsymbol{D}=\mathrm{diag}(1,1,\cdots,1,a)$，使 $\det\boldsymbol{D}=a$，所以 σ 是 $\mathbf{R}^{n\times n}$ 到 $\mathbf{R}$ 的一个满射。

定义 1.12　设 σ 是 S 与 S' 的一个映射，如果对任意 $\boldsymbol{\alpha},\boldsymbol{\beta}\in S$ 和 $k\in\mathbf{K}$，都有

$$\sigma(\boldsymbol{\alpha}+\boldsymbol{\beta})=\sigma(\boldsymbol{\alpha})+\sigma(\boldsymbol{\beta}),\ \sigma(k\boldsymbol{\alpha})=k\sigma(\boldsymbol{\alpha}),$$

则称 σ 是 S 到 S' 的一个线性映射。

例 1.23　记 $P[x]_n$ 是数域 $\mathbf{K}$ 上的次数不超过 n 的多项式全体，设映射 $\sigma: P[x]_{n+1} \to P[x]_n$，对任意 $f(x) \in P[x]_{n+1}$，$\sigma(f(x)) = \frac{\mathrm{d}}{\mathrm{d}x} f(x)$ 是线性映射，即多项式求导运算是线性映射。

1.4.2　线性变换的概念与性质

定义 1.13　线性空间 V 到自身的线性映射称为 V 的线性变换。也就是说，V 是数域 $\mathbf{K}$ 上的线性空间，T 是 V 到自身的一个映射，如果对任意 $\boldsymbol{\alpha}, \boldsymbol{\beta} \in V$ 和 $k \in \mathbf{K}$，都有

$$T(\boldsymbol{\alpha}+\boldsymbol{\beta}) = T(\boldsymbol{\alpha}) + T(\boldsymbol{\beta}),\ T(k\boldsymbol{\alpha}) = kT(\boldsymbol{\alpha}),$$

则称 T 是 V 的一个线性变换。

例 1.24　线性空间 V^n 的恒等变换（或单位变换）I 和零变换

$$I(\boldsymbol{\alpha}) = \boldsymbol{\alpha},\ O(\boldsymbol{\alpha}) = \boldsymbol{\theta}(\boldsymbol{\alpha} \in V^n),$$

都是线性变换。

例 1.25　设 V^n 是数域 $\mathbf{K}$ 上的线性空间，$k \in \mathbf{K}$，$\boldsymbol{\alpha} \in V^n$，变换 $\boldsymbol{\alpha} \to k\boldsymbol{\alpha}$，即

$$T(\boldsymbol{\alpha}) = k\boldsymbol{\alpha} \quad (\boldsymbol{\alpha} \in V^n),$$

不难验证，T 是 V^n 的一个线性变换，称此变换为倍数变换（或放大变换）。

例 1.26　由关系式

$$T\begin{bmatrix} x \\ y \end{bmatrix} = \begin{bmatrix} \cos\varphi & -\sin\varphi \\ \sin\varphi & \cos\varphi \end{bmatrix} \begin{bmatrix} x \\ y \end{bmatrix}$$

确定的变换 T 是坐标系 xOy 绕原点 O 沿逆时针方向旋转 φ 角度的旋转变换，不难验证，旋转变换是线性变换。

例 1.27　在线性空间 $P[x]_n$ 中，求微分的变换

$$D(f(x)) = f'(x) \quad (f(x) \in P[x]_n)$$

是一个线性变换。

例 1.28　在线性空间 $C[a,b]$ 中，求积分的变换

$$J(f(x))=\int_a^x f(t)\mathrm{d}t \quad (f(x)\in C[a,b])$$

是一个线性变换。

例 1.29　取定矩阵 $\boldsymbol{A},\boldsymbol{B},\boldsymbol{C}\in \mathbf{R}^{n\times n}$，定义 $\mathbf{R}^{n\times n}$ 的变换

$$T(\boldsymbol{X})=\boldsymbol{AX}+\boldsymbol{XB}+\boldsymbol{C}(\boldsymbol{X}\in \mathbf{R}^{n\times n}),$$

由于对任意 $\boldsymbol{X},\boldsymbol{Y}\in \mathbf{R}^{n\times n}$，$k\in \mathbf{R}$，有

$$T(\boldsymbol{X}+\boldsymbol{Y})=\boldsymbol{A}(\boldsymbol{X}+\boldsymbol{Y})+(\boldsymbol{X}+\boldsymbol{Y})\boldsymbol{B}+\boldsymbol{C}=(\boldsymbol{AX}+\boldsymbol{XB})+(\boldsymbol{AY}+\boldsymbol{YB})+\boldsymbol{C},$$

$$T(k\boldsymbol{X})=\boldsymbol{A}(k\boldsymbol{X})+(k\boldsymbol{X})\boldsymbol{B}+\boldsymbol{C}=k(\boldsymbol{AX}+\boldsymbol{XB})+\boldsymbol{C},$$

可见，当 $\boldsymbol{C}\neq \boldsymbol{O}$ 时，T 不是线性变换；当 $\boldsymbol{C}=\boldsymbol{O}$ 时，T 是线性变换。

从定义可以推出线性变换的一些简单而重要的性质。

(1) $T(\boldsymbol{\theta})=\boldsymbol{\theta}, T(-\boldsymbol{\alpha})=-T(\boldsymbol{\alpha})$；

(2) 若 $\boldsymbol{\beta}=k_1\boldsymbol{\alpha}_1+k_2\boldsymbol{\alpha}_2+\cdots+k_m\boldsymbol{\alpha}_m$，则 $T(\boldsymbol{\beta})=k_1T(\boldsymbol{\alpha}_1)+k_2T(\boldsymbol{\alpha}_2)+\cdots+k_mT(\boldsymbol{\alpha}_m)$；

(3) 线性相关的元素组经过线性变换后，仍保持线性相关；

这是因为，若 $\boldsymbol{\alpha}_1,\boldsymbol{\alpha}_2,\cdots,\boldsymbol{\alpha}_m$ 线性相关，则存在不全为零的数 $k_1,k_2,\cdots,k_m$，使

$$k_1\boldsymbol{\alpha}_1+k_2\boldsymbol{\alpha}_2+\cdots+k_m\boldsymbol{\alpha}_m=\boldsymbol{\theta},$$

于是 $k_1T(\boldsymbol{\alpha}_1)+k_2T(\boldsymbol{\alpha}_2)+\cdots+k_mT(\boldsymbol{\alpha}_m)=\boldsymbol{\theta}$，故 $T(\boldsymbol{\alpha}_1),T(\boldsymbol{\alpha}_2),\cdots,T(\boldsymbol{\alpha}_m)$ 也线性相关。

但应注意，线性变换可能将线性无关的元素组变成线性相关的元素组。例如，零变换就是这样。

(4) 如果线性变换 T 是一个单射（或一对一的），那么线性无关的元素组经过线性变换后，仍保持线性无关。

这是因为，若 $\boldsymbol{\alpha}_1,\boldsymbol{\alpha}_2,\cdots,\boldsymbol{\alpha}_m$ 线性无关，设

$$k_1T(\boldsymbol{\alpha}_1)+k_2T(\boldsymbol{\alpha}_2)+\cdots+k_mT(\boldsymbol{\alpha}_m)=\boldsymbol{\theta},$$

则有 $T(k_1\boldsymbol{\alpha}_1+k_2\boldsymbol{\alpha}_2+\cdots+k_m\boldsymbol{\alpha}_m)=\boldsymbol{\theta}$，由于 T 是单射，从而

$$k_1\boldsymbol{\alpha}_1+k_2\boldsymbol{\alpha}_2+\cdots+k_m\boldsymbol{\alpha}_m=\boldsymbol{\theta},$$

由 $\boldsymbol{\alpha}_1,\boldsymbol{\alpha}_2,\cdots,\boldsymbol{\alpha}_m$ 线性无关知，$k_1=k_2=\cdots=k_m=0$，故 $T(\boldsymbol{\alpha}_1)$，$T(\boldsymbol{\alpha}_2)$，…，$T(\boldsymbol{\alpha}_m)$ 也线性无关。

1.4.3　线性变换的矩阵

定义 1.14　设 V 是数域 $\mathbf{K}$ 上的 n 维线性空间，$\boldsymbol{\alpha}_1,\boldsymbol{\alpha}_2,\cdots,\boldsymbol{\alpha}_n$ 是 V 的一个基，T 是 V 的线性变换，基的像 $T(\boldsymbol{\alpha}_1)$，$T(\boldsymbol{\alpha}_2)$，…，$T(\boldsymbol{\alpha}_n)$ 可以唯一地由基 $\boldsymbol{\alpha}_1,\boldsymbol{\alpha}_2,\cdots,\boldsymbol{\alpha}_n$ 线性表示为

$$\begin{cases} T(\boldsymbol{\alpha}_1)=a_{11}\boldsymbol{\alpha}_1+a_{21}\boldsymbol{\alpha}_2+\cdots+a_{n1}\boldsymbol{\alpha}_n \\ T(\boldsymbol{\alpha}_2)=a_{12}\boldsymbol{\alpha}_1+a_{22}\boldsymbol{\alpha}_2+\cdots+a_{n2}\boldsymbol{\alpha}_n \\ \quad\vdots \\ T(\boldsymbol{\alpha}_n)=a_{1n}\boldsymbol{\alpha}_1+a_{2n}\boldsymbol{\alpha}_2+\cdots+a_{nn}\boldsymbol{\alpha}_n \end{cases}, \tag{1.3}$$

称矩阵

$$\boldsymbol{A}=\begin{bmatrix} a_{11} & a_{12} & \cdots & a_{1n} \\ a_{21} & a_{22} & \cdots & a_{2n} \\ \vdots & \vdots & \ddots & \vdots \\ a_{n1} & a_{n2} & \cdots & a_{nn} \end{bmatrix}$$

为 T 在基$\boldsymbol{\alpha}_1,\boldsymbol{\alpha}_2,\cdots,\boldsymbol{\alpha}_n$ 下的矩阵。形式上采用矩阵乘法规则，式(1.3)可以表示为

$$T(\boldsymbol{\alpha}_1,\boldsymbol{\alpha}_2,\cdots,\boldsymbol{\alpha}_n)=(T(\boldsymbol{\alpha}_1),T(\boldsymbol{\alpha}_2),\cdots,T(\boldsymbol{\alpha}_n))=(\boldsymbol{\alpha}_1,\boldsymbol{\alpha}_2,\cdots,\boldsymbol{\alpha}_n)\boldsymbol{A}。\tag{1.4}$$

可见在取定基后，线性变换 T 通过式(1.3)或(1.4)确定一个矩阵 $\boldsymbol{A}$。反之，假定给出了一个 n 阶方阵 $\boldsymbol{A}$，由式(1.3)或(1.4)就确定了某一线性变换 T 在基$\boldsymbol{\alpha}_1,\boldsymbol{\alpha}_2,\cdots,\boldsymbol{\alpha}_n$ 下的像，这时也就唯一确定了线性变换 T。这样一来，线性变换就可以用矩阵来表示了。

例如，例 1.24 中线性空间 V^n 的恒等变换 I 和零变换在任意一组基下的矩阵分别为 n 阶单位矩阵 $\boldsymbol{I}$ 和零矩阵 $\boldsymbol{O}$，即

$$I(\boldsymbol{\alpha}_1,\boldsymbol{\alpha}_2,\cdots,\boldsymbol{\alpha}_n)=(\boldsymbol{\alpha}_1,\boldsymbol{\alpha}_2,\cdots,\boldsymbol{\alpha}_n)\boldsymbol{I},$$

$$O(\boldsymbol{\alpha}_1,\boldsymbol{\alpha}_2,\cdots,\boldsymbol{\alpha}_n)=(\boldsymbol{\alpha}_1,\boldsymbol{\alpha}_2,\cdots,\boldsymbol{\alpha}_n)\boldsymbol{O}。$$

例 1.25 中线性空间 V^n 的倍数变换 T 在任意一组基下的矩阵为纯量矩阵 $k\boldsymbol{I}$，即

$$T(\boldsymbol{\alpha}_1,\boldsymbol{\alpha}_2,\cdots,\boldsymbol{\alpha}_n)=(\boldsymbol{\alpha}_1,\boldsymbol{\alpha}_2,\cdots,\boldsymbol{\alpha}_n)k\boldsymbol{I}。$$

定理 1.7 设线性空间 V^n 的线性变换 T 在基$\boldsymbol{\alpha}_1,\boldsymbol{\alpha}_2,\cdots,\boldsymbol{\alpha}_n$ 下的矩阵为 $\boldsymbol{A}$，如果 V^n 中元素 $\boldsymbol{\alpha}$ 在基$\boldsymbol{\alpha}_1,\boldsymbol{\alpha}_2,\cdots,\boldsymbol{\alpha}_n$ 下的坐标为 $(x_1,x_2,\cdots,x_n)^{\mathrm{T}}$，$T(\boldsymbol{\alpha})$在基$\boldsymbol{\alpha}_1,\boldsymbol{\alpha}_2,\cdots,\boldsymbol{\alpha}_n$ 下的坐标为 $(y_1,y_2,\cdots,y_n)^{\mathrm{T}}$，则

$$\begin{bmatrix} y_1 \\ y_2 \\ \vdots \\ y_n \end{bmatrix}=\boldsymbol{A}\begin{bmatrix} x_1 \\ x_2 \\ \vdots \\ x_n \end{bmatrix}。\tag{1.5}$$

证 根据定理的假设，有

$$T(\boldsymbol{\alpha}_1,\boldsymbol{\alpha}_2,\cdots,\boldsymbol{\alpha}_n)=(\boldsymbol{\alpha}_1,\boldsymbol{\alpha}_2,\cdots,\boldsymbol{\alpha}_n)\boldsymbol{A},$$

$$\boldsymbol{\alpha}=(\boldsymbol{\alpha}_1,\boldsymbol{\alpha}_2,\cdots,\boldsymbol{\alpha}_n)\begin{bmatrix} x_1 \\ x_2 \\ \vdots \\ x_n \end{bmatrix},$$

所以

$$T(\boldsymbol{\alpha})=T(\boldsymbol{\alpha}_1,\boldsymbol{\alpha}_2,\cdots,\boldsymbol{\alpha}_n)\begin{bmatrix} x_1 \\ x_2 \\ \vdots \\ x_n \end{bmatrix}=(\boldsymbol{\alpha}_1,\boldsymbol{\alpha}_2,\cdots,\boldsymbol{\alpha}_n)\boldsymbol{A}\begin{bmatrix} x_1 \\ x_2 \\ \vdots \\ x_n \end{bmatrix},$$

由元素坐标的唯一性，得

$$\begin{bmatrix} y_1 \\ y_2 \\ \vdots \\ y_n \end{bmatrix} = \boldsymbol{A} \begin{bmatrix} x_1 \\ x_2 \\ \vdots \\ x_n \end{bmatrix}。$$

证毕。

例 1.30　在 $\mathbf{R}^3$ 中线性变换 T 将基 $\boldsymbol{\alpha}_1=(1,1,-1)^{\mathrm{T}}, \boldsymbol{\alpha}_2=(0,2,-1)^{\mathrm{T}}, \boldsymbol{\alpha}_3=(1,0,-1)^{\mathrm{T}}$ 变为 $\boldsymbol{\beta}_1=(1,-1,0)^{\mathrm{T}}, \boldsymbol{\beta}_2=(0,1,-1)^{\mathrm{T}}, \boldsymbol{\beta}_3=(0,3,-2)^{\mathrm{T}}$，求：

(1) T 在基 $\boldsymbol{\alpha}_1,\boldsymbol{\alpha}_2,\boldsymbol{\alpha}_3$ 下的矩阵；

(2) 向量 $\boldsymbol{\alpha}=(1,2,3)^{\mathrm{T}}$ 及 $T(\boldsymbol{\alpha})$ 在基 $\boldsymbol{\alpha}_1,\boldsymbol{\alpha}_2,\boldsymbol{\alpha}_3$ 下的坐标。

解　(1) 设 T 在基 $\boldsymbol{\alpha}_1,\boldsymbol{\alpha}_2,\boldsymbol{\alpha}_3$ 下的矩阵为 $\boldsymbol{A}$，即

$$T(\boldsymbol{\alpha}_1,\boldsymbol{\alpha}_2,\boldsymbol{\alpha}_3)=(\boldsymbol{\alpha}_1,\boldsymbol{\alpha}_2,\boldsymbol{\alpha}_3)\boldsymbol{A},$$

又 $T(\boldsymbol{\alpha}_1,\boldsymbol{\alpha}_2,\boldsymbol{\alpha}_3)=(\boldsymbol{\beta}_1,\boldsymbol{\beta}_2,\boldsymbol{\beta}_3)$，故 $(\boldsymbol{\beta}_1,\boldsymbol{\beta}_2,\boldsymbol{\beta}_3)=(\boldsymbol{\alpha}_1,\boldsymbol{\alpha}_2,\boldsymbol{\alpha}_3)\boldsymbol{A}$，从而

$$\begin{aligned} \boldsymbol{A} &= (\boldsymbol{\alpha}_1,\boldsymbol{\alpha}_2,\boldsymbol{\alpha}_3)^{-1}(\boldsymbol{\beta}_1,\boldsymbol{\beta}_2,\boldsymbol{\beta}_3) \\ &= \begin{bmatrix} 1 & 0 & 1 \\ 1 & 2 & 0 \\ -1 & -1 & -1 \end{bmatrix}^{-1} \begin{bmatrix} 1 & 0 & 0 \\ -1 & 1 & 3 \\ 0 & -1 & -2 \end{bmatrix} = \begin{bmatrix} 1 & -1 & -1 \\ -1 & 1 & 2 \\ 0 & 1 & 1 \end{bmatrix}; \end{aligned}$$

(2) 设 $\boldsymbol{\alpha}=(\boldsymbol{\alpha}_1,\boldsymbol{\alpha}_2,\boldsymbol{\alpha}_3)\begin{bmatrix} x_1 \\ x_2 \\ x_3 \end{bmatrix}$，即

$$\begin{bmatrix} 1 \\ 2 \\ 3 \end{bmatrix} = \begin{bmatrix} 1 & 0 & 1 \\ 1 & 2 & 0 \\ -1 & -1 & -1 \end{bmatrix} \begin{bmatrix} x_1 \\ x_2 \\ x_3 \end{bmatrix},$$

解得 $x_1=10, x_2=-4, x_3=-9$，所以 $\boldsymbol{\alpha}$ 在基 $\boldsymbol{\alpha}_1,\boldsymbol{\alpha}_2,\boldsymbol{\alpha}_3$ 下的坐标为 $(10,-4,-9)^{\mathrm{T}}$；

设 $T(\boldsymbol{\alpha})$ 在基 $\boldsymbol{\alpha}_1,\boldsymbol{\alpha}_2,\boldsymbol{\alpha}_3$ 下的坐标为 $(y_1,y_2,y_3)^{\mathrm{T}}$，则

$$\begin{bmatrix} y_1 \\ y_2 \\ y_3 \end{bmatrix} = \boldsymbol{A} \begin{bmatrix} x_1 \\ x_2 \\ x_3 \end{bmatrix} = \begin{bmatrix} 1 & -1 & -1 \\ -1 & 1 & 2 \\ 0 & 1 & 1 \end{bmatrix} \begin{bmatrix} 10 \\ -4 \\ -9 \end{bmatrix} = \begin{bmatrix} 23 \\ -32 \\ -13 \end{bmatrix}。$$

例 1.31　设 $\mathbf{R}^3$ 的线性变换为

$$T(x_1,x_2,x_3)=(x_1,x_2,x_1-x_2)^{\mathrm{T}},$$

取 $\mathbf{R}^3$ 的基 $\boldsymbol{e}_1=(1,0,0)^{\mathrm{T}}, \boldsymbol{e}_2=(0,1,0)^{\mathrm{T}}, \boldsymbol{e}_3=(0,0,1)^{\mathrm{T}}$，则

$$\begin{cases} T(\boldsymbol{e}_1)=(1,0,1)=\boldsymbol{e}_1+0\,\boldsymbol{e}_2+\boldsymbol{e}_3 \\ T(\boldsymbol{e}_2)=(0,1,-1)=0\,\boldsymbol{e}_1+\boldsymbol{e}_2-\boldsymbol{e}_3 \\ T(\boldsymbol{e}_3)=(0,0,0)=0\,\boldsymbol{e}_1+0\,\boldsymbol{e}_2+0\,\boldsymbol{e}_3 \end{cases},$$

所以 T 在基 $\boldsymbol{e}_1,\boldsymbol{e}_2,\boldsymbol{e}_3$ 下的矩阵为

$$A=\begin{bmatrix}1&0&0\\0&1&0\\1&-1&0\end{bmatrix},$$

如果取 $\mathbf{R}^3$ 的基 $\boldsymbol{a}_1=(1,1,1)^{\mathrm{T}},\boldsymbol{a}_2=(1,1,0)^{\mathrm{T}},\boldsymbol{a}_3=(1,0,0)^{\mathrm{T}}$，则有

$$\begin{cases}T(\boldsymbol{a}_1)=(1,1,0)=0\,\boldsymbol{a}_1+\boldsymbol{a}_2+0\,\boldsymbol{a}_3\\T(\boldsymbol{a}_2)=(1,1,0)=0\,\boldsymbol{a}_1+\boldsymbol{a}_2+0\,\boldsymbol{a}_3,\\T(\boldsymbol{a}_3)=(1,0,1)=\boldsymbol{a}_1-\boldsymbol{a}_2+a_3\end{cases}$$

从而 T 在基 $\boldsymbol{a}_1,\boldsymbol{a}_2,\boldsymbol{a}_3$ 下的矩阵为

$$\boldsymbol{B}=\begin{bmatrix}0&0&1\\1&1&-1\\0&0&1\end{bmatrix}。$$

由例 1.31 可见，线性变换所对应的矩阵与所取的基有关，同一线性变换在不同基下的矩阵有如下关系。

定理 1.8 设 $\boldsymbol{\alpha}_1,\boldsymbol{\alpha}_2,\cdots,\boldsymbol{\alpha}_n$ 和 $\boldsymbol{\beta}_1,\boldsymbol{\beta}_2,\cdots,\boldsymbol{\beta}_n$ 为线性空间 V^n 的两个基，且由基 $\boldsymbol{\alpha}_1,\boldsymbol{\alpha}_2,\cdots,\boldsymbol{\alpha}_n$ 到基 $\boldsymbol{\beta}_1,\boldsymbol{\beta}_2,\cdots,\boldsymbol{\beta}_n$ 的过渡矩阵为 $\boldsymbol{P}$，V^n 中的线性变换 T 在这两个基下的矩阵分别为 $\boldsymbol{A}$ 和 $\boldsymbol{B}$，则

$$\boldsymbol{B}=\boldsymbol{P}^{-1}\boldsymbol{AP},$$

即同一线性变换在不同基下的矩阵是相似的，且相似变换矩阵就是两个基之间的过渡矩阵。

证 根据定理的假设，有

$$T(\boldsymbol{\alpha}_1,\boldsymbol{\alpha}_2,\cdots,\boldsymbol{\alpha}_n)=(\boldsymbol{\alpha}_1,\boldsymbol{\alpha}_2,\cdots,\boldsymbol{\alpha}_n)\boldsymbol{A},$$
$$T(\boldsymbol{\beta}_1,\boldsymbol{\beta}_2,\cdots,\boldsymbol{\beta}_n)=(\boldsymbol{\beta}_1,\boldsymbol{\beta}_2,\cdots,\boldsymbol{\beta}_n)\boldsymbol{B},$$

及

$$(\boldsymbol{\beta}_1,\boldsymbol{\beta}_2,\cdots,\boldsymbol{\beta}_n)=(\boldsymbol{\alpha}_1,\boldsymbol{\alpha}_2,\cdots,\boldsymbol{\alpha}_n)\boldsymbol{P},$$

于是

$$T(\boldsymbol{\beta}_1,\boldsymbol{\beta}_2,\cdots,\boldsymbol{\beta}_n)=T(\boldsymbol{\alpha}_1,\boldsymbol{\alpha}_2,\cdots,\boldsymbol{\alpha}_n)\boldsymbol{P}=(\boldsymbol{\alpha}_1,\boldsymbol{\alpha}_2,\cdots,\boldsymbol{\alpha}_n)\boldsymbol{AP}=(\boldsymbol{\beta}_1,\boldsymbol{\beta}_2,\cdots,\boldsymbol{\beta}_n)\boldsymbol{P}^{-1}\boldsymbol{AP},$$

由于线性变换 T 在 $\boldsymbol{\beta}_1,\boldsymbol{\beta}_2,\cdots,\boldsymbol{\beta}_n$ 这个基下的矩阵是唯一的，故 $\boldsymbol{B}=\boldsymbol{P}^{-1}\boldsymbol{AP}$。 证毕。

例 1.32 在 $\mathbf{R}[x]_3$ 中，线性变换为微分运算 D，求 D 在基 $f_1(x)=x^3+3x^2$，$f_2(x)=2x^3+5x^2$，$f_3(x)=2x+1$，$f_4(x)=x+1$ 下的矩阵。

解 取 $\mathbf{R}[x]_3$ 的简单基 $x^3,x^2,x,1$，则

$$D(x^3)=3x^2,D(x^2)=2x,D(x)=1,D(1)=0,$$

设 D 在简单基 $x^3,x^2,x,1$ 下的矩阵为 $\boldsymbol{A}$，由 $D(x^3,x^2,x,1)=(x^3,x^2,x,1)\boldsymbol{A}$，得

$$\boldsymbol{A}=\begin{bmatrix}0&0&0&0\\3&0&0&0\\0&2&0&0\\0&0&1&0\end{bmatrix},$$

设由简单基 $x^3,x^2,x,1$ 到基 $f_1(x),f_2(x),f_3(x),f_4(x)$ 的过渡矩阵为 $\boldsymbol{P}$，由

$$(f_1(x),f_2(x),f_3(x),f_4(x))=(x^3,x^2,x,1)\boldsymbol{P}$$

得

$$\boldsymbol{P}=\begin{bmatrix}1&2&0&0\\3&5&0&0\\0&0&2&1\\0&0&1&1\end{bmatrix},$$

所以 D 在基 $f_1(x)$，$f_2(x)$，$f_3(x)$，$f_4(x)$ 下的矩阵为

$$\boldsymbol{B}=\boldsymbol{P}^{-1}\boldsymbol{A}\boldsymbol{P}=\begin{bmatrix}6&12&0&0\\-3&-6&0&0\\6&10&-2&-1\\-6&-10&4&2\end{bmatrix}。$$

例 1.33　设 $\mathbf{R}[x]_2$ 的线性变换 T 把基 $f_1(x)=1+x^2,f_2(x)=x,f_3(x)=x^2$ 变为基 $g_1(x)=1+2x^2,g_2(x)=-1+2x-x^2,g_3(x)=1$，求 T 在基 $f_1(x),f_2(x),f_3(x)$ 和基 $g_1(x),g_2(x),g_3(x)$ 下的矩阵。

解　取 $\mathbf{R}[x]_2$ 的简单基 $1,x,x^2$，则有

$$(f_1(x),f_2(x),f_3(x))=(1,x,x^2)\boldsymbol{P}_1,(g_1(x),g_2(x),g_3(x))=(1,x,x^2)\boldsymbol{P}_2,$$

式中，

$$\boldsymbol{P}_1=\begin{bmatrix}1&0&0\\0&1&0\\1&0&1\end{bmatrix},\quad \boldsymbol{P}_2=\begin{bmatrix}1&-1&1\\0&2&0\\2&-1&0\end{bmatrix},$$

于是

$$(g_1(x),g_2(x),g_3(x))=(f_1(x),f_2(x),f_3(x))\boldsymbol{P}_1^{-1}\boldsymbol{P}_2=(f_1(x),f_2(x),f_3(x))\boldsymbol{P},$$

式中，

$$\boldsymbol{P}=\boldsymbol{P}_1^{-1}\boldsymbol{P}_2=\begin{bmatrix}1&-1&1\\0&2&0\\1&0&-1\end{bmatrix},$$

由假设有 $T(f_i(x))=g_i(x)(i=1,2,3)$，从而

$$T(f_1(x),f_2(x),f_3(x))=(g_1(x),g_2(x),g_3(x))=(f_1(x),f_2(x),f_3(x))\boldsymbol{P},$$

即 T 在基 $f_1(x),f_2(x),f_3(x)$ 下的矩阵为 $\boldsymbol{P}$，又有

$$T(g_1(x),g_2(x),g_3(x))=T(f_1(x),f_2(x),f_3(x))\boldsymbol{P}=(g_1(x),g_2(x),g_3(x))\boldsymbol{P},$$

故 T 在基 $g_1(x),g_2(x),g_3(x)$ 下的矩阵也是 $\boldsymbol{P}$。

例 1.34　给定 $\mathbf{R}^{2\times 2}$ 的一个基 $\boldsymbol{A}_1=\begin{bmatrix}1&0\\0&0\end{bmatrix},\boldsymbol{A}_2=\begin{bmatrix}-1&1\\0&0\end{bmatrix},\boldsymbol{A}_3=\begin{bmatrix}-1&0\\1&0\end{bmatrix},\boldsymbol{A}_4=$

$\begin{bmatrix}-1&0\\0&1\end{bmatrix}$及线性变换 $T(\boldsymbol{X})=\begin{bmatrix}1&0\\0&-1\end{bmatrix}\boldsymbol{X}$，其中 $\boldsymbol{X}\in\mathbf{R}^{2\times2}$，求 T 在基$\boldsymbol{A}_1,\boldsymbol{A}_2,\boldsymbol{A}_3,\boldsymbol{A}_4$ 下的矩阵。

解 方法一(直接法)

$$T(\boldsymbol{A}_1)=\begin{bmatrix}1&0\\0&-1\end{bmatrix}\begin{bmatrix}1&0\\0&0\end{bmatrix}=\begin{bmatrix}1&0\\0&0\end{bmatrix},$$

设 $T(\boldsymbol{A}_1)=a_{11}\boldsymbol{A}_1+a_{21}\boldsymbol{A}_2+a_{31}\boldsymbol{A}_3+a_{41}\boldsymbol{A}_4$，即

$$\begin{bmatrix}1&0\\0&0\end{bmatrix}=a_{11}\begin{bmatrix}1&0\\0&0\end{bmatrix}+a_{21}\begin{bmatrix}-1&1\\0&0\end{bmatrix}+a_{31}\begin{bmatrix}-1&0\\1&0\end{bmatrix}+a_{41}\begin{bmatrix}-1&0\\0&1\end{bmatrix},$$

解得 $\begin{bmatrix}a_{11}\\a_{21}\\a_{31}\\a_{41}\end{bmatrix}=\begin{bmatrix}1\\0\\0\\0\end{bmatrix}$，即为 $T(\boldsymbol{A}_1)$在基$\boldsymbol{A}_1,\boldsymbol{A}_2,\boldsymbol{A}_3,\boldsymbol{A}_4$ 下的坐标。

同理，$T(\boldsymbol{A}_2),T(\boldsymbol{A}_3),T(\boldsymbol{A}_4)$在基$\boldsymbol{A}_1,\boldsymbol{A}_2,\boldsymbol{A}_3,\boldsymbol{A}_4$ 下的坐标分别为

$$\begin{bmatrix}a_{12}\\a_{22}\\a_{32}\\a_{42}\end{bmatrix}=\begin{bmatrix}0\\1\\0\\0\end{bmatrix},\quad\begin{bmatrix}a_{13}\\a_{23}\\a_{33}\\a_{43}\end{bmatrix}=\begin{bmatrix}-2\\0\\-1\\0\end{bmatrix},\quad\begin{bmatrix}a_{14}\\a_{24}\\a_{34}\\a_{44}\end{bmatrix}=\begin{bmatrix}-2\\0\\0\\-1\end{bmatrix},$$

于是 T 在基$\boldsymbol{A}_1,\boldsymbol{A}_2,\boldsymbol{A}_3,\boldsymbol{A}_4$ 下的矩阵为

$$\boldsymbol{B}=\begin{bmatrix}1&0&-2&-2\\0&1&0&0\\0&0&-1&0\\0&0&0&-1\end{bmatrix}。$$

方法二(间接法)

取 $\mathbf{R}^{2\times2}$的简单基$\boldsymbol{E}_{11}=\begin{bmatrix}1&0\\0&0\end{bmatrix}$，$\boldsymbol{E}_{12}=\begin{bmatrix}0&1\\0&0\end{bmatrix}$，$\boldsymbol{E}_{21}=\begin{bmatrix}0&0\\1&0\end{bmatrix}$，$\boldsymbol{E}_{22}=\begin{bmatrix}0&0\\0&1\end{bmatrix}$，设由基$\boldsymbol{E}_{11}$，$\boldsymbol{E}_{12},\boldsymbol{E}_{21},\boldsymbol{E}_{22}$到基$\boldsymbol{A}_1,\boldsymbol{A}_2,\boldsymbol{A}_3,\boldsymbol{A}_4$ 的过渡矩阵为 $\boldsymbol{P}$，则

$$(\boldsymbol{A}_1,\boldsymbol{A}_2,\boldsymbol{A}_3,\boldsymbol{A}_4)=(\boldsymbol{E}_{11},\boldsymbol{E}_{12},\boldsymbol{E}_{21},\boldsymbol{E}_{22})\boldsymbol{P},$$

即

$$(\boldsymbol{E}_{11},-\boldsymbol{E}_{11}+\boldsymbol{E}_{12},-\boldsymbol{E}_{11}+\boldsymbol{E}_{21},-\boldsymbol{E}_{11}+\boldsymbol{E}_{22})=(\boldsymbol{E}_{11},\boldsymbol{E}_{12},\boldsymbol{E}_{21},\boldsymbol{E}_{22})\boldsymbol{P},$$

得

$$\boldsymbol{P}=\begin{bmatrix}1&-1&-1&-1\\0&1&0&0\\0&0&1&0\\0&0&0&1\end{bmatrix},$$

而

$$T(\boldsymbol{E}_{11})=\begin{bmatrix}1&0\\0&-1\end{bmatrix}\begin{bmatrix}1&0\\0&0\end{bmatrix}=\begin{bmatrix}1&0\\0&0\end{bmatrix},$$

同理可得

$$T(\boldsymbol{E}_{12})=\begin{bmatrix}0 & 1\\ 0 & 0\end{bmatrix},T(\boldsymbol{E}_{21})=\begin{bmatrix}0 & 0\\ -1 & 0\end{bmatrix},\ T(\boldsymbol{E}_{22})=\begin{bmatrix}0 & 0\\ 0 & -1\end{bmatrix},$$

则 T 在简单基 $\boldsymbol{E}_{11},\boldsymbol{E}_{12},\boldsymbol{E}_{21},\boldsymbol{E}_{22}$ 下的矩阵为

$$\boldsymbol{A}=\begin{bmatrix}1 & 0 & 0 & 0\\ 0 & 1 & 0 & 0\\ 0 & 0 & -1 & 0\\ 0 & 0 & 0 & -1\end{bmatrix},$$

于是 T 在基 $\boldsymbol{A}_1,\boldsymbol{A}_2,\boldsymbol{A}_3,\boldsymbol{A}_4$ 下的矩阵为

$$\boldsymbol{B}=\boldsymbol{P}^{-1}\boldsymbol{A}\boldsymbol{P}=\begin{bmatrix}1 & 0 & -2 & -2\\ 0 & 1 & 0 & 0\\ 0 & 0 & -1 & 0\\ 0 & 0 & 0 & -1\end{bmatrix}。$$

例 1.35　密码学以研究秘密通信为目的，研究信息编码与解码的技巧，其中的一种方法是使用线性变换。首先，在不同英文字母与数字间建立一一对应关系：

原文	a	b	c	d	e	f	g	h	i	j	k	l	m	n	o	p	q	r	s	t	u	v	w	x	y	z
明码	1	2	3	4	5	6	7	8	9	10	11	12	13	14	15	16	17	18	19	20	21	22	23	24	25	26

例如，要发出信息“design”，使用上述方法，明码为 4,5,19,9,7,14，它可以写成向量 $\boldsymbol{\alpha}_1=(4,5,19)^{\mathrm{T}}$，$\boldsymbol{\alpha}_2=(9,7,14)^{\mathrm{T}}$。现选取一可逆矩阵

$$\boldsymbol{A}=\begin{bmatrix}1 & 0 & 3\\ 0 & 1 & 1\\ 2 & 1 & 0\end{bmatrix},$$

并定义线性变换 $T(\boldsymbol{\alpha})=\boldsymbol{A}\boldsymbol{\alpha}$，则 $T(\boldsymbol{\alpha}_1)=(31,14,13)^{\mathrm{T}}$，$T(\boldsymbol{\alpha}_2)=(51,21,25)^{\mathrm{T}}$。在此变换下明码 4,5,19,9,7,14 就变成了密码 31,14,13,51,21,25，收到此信息后利用逆变换进行解码，就可以得到原信息。

1.4.4　线性变换矩阵的化简

为了更好地利用矩阵来研究线性变换，自然希望找到线性空间的一个基，使得线性变换在该基下的矩阵尽可能简单。根据定理 1.8，同一个线性变换在不同基下的矩阵是相似的，可以根据矩阵相似对角化的方法得出线性变换在某个基下的矩阵为对角矩阵的方法。

这一问题不做详细介绍，仅以下面的例子进行说明。

例 1.36 已知$\mathbf{R}^2$的线性变换

$$T(x_1,x_2)^{\mathrm{T}}=(3x_1+4x_2,5x_1+2x_2)^{\mathrm{T}},$$

求$\mathbf{R}^2$的一个基,使T在该基下的矩阵为对角矩阵。

解 由于$T(\boldsymbol{e}_1)=T(1,0)^{\mathrm{T}}=(3,5)^{\mathrm{T}}=3\boldsymbol{e}_1+5\boldsymbol{e}_2$,$T(\boldsymbol{e}_2)=T(0,1)^{\mathrm{T}}=(4,2)^{\mathrm{T}}=4\boldsymbol{e}_1+2\boldsymbol{e}_2$,所以$T$在基$\boldsymbol{e}_1,\boldsymbol{e}_2$下的矩阵为$\boldsymbol{A}=\begin{bmatrix}3&4\\5&2\end{bmatrix}$,可求得$\boldsymbol{P}=\begin{bmatrix}-4&1\\5&1\end{bmatrix}$,使$\boldsymbol{P}^{-1}\boldsymbol{AP}=\begin{bmatrix}-2&0\\0&7\end{bmatrix}=\boldsymbol{\Lambda}$,由$(\boldsymbol{\alpha}_1,\boldsymbol{\alpha}_2)=(\boldsymbol{e}_1,\boldsymbol{e}_2)\boldsymbol{P}$,得$\mathbf{R}^2$的基$\boldsymbol{\alpha}_1=(-4,5)^{\mathrm{T}}$,$\boldsymbol{\alpha}_2=(1,1)^{\mathrm{T}}$,且$T$在基$\boldsymbol{\alpha}_1,\boldsymbol{\alpha}_2$下的矩阵为对角矩阵$\boldsymbol{\Lambda}$。

对于任意线性变换T,并不是总能找到线性空间的一个基,使得T在该基下的矩阵为对角矩阵。为了使得线性变换在基下的矩阵尽可能简单,可以考虑线性变换在某个基下的矩阵为约当矩阵的问题,这是第3章要介绍的内容。

习题 1

1. 设$\mathbf{R}$为实数域,V为全体二阶实对称矩阵组成的集合。定义V中两个元素的加法及数乘元素为通常定义下的矩阵加法与数乘矩阵。验证V对于这两种运算构成$\mathbf{R}$上的线性空间,并写出该空间的一个基,求其维数。

2. 判别下列集合对于所指定的运算是否构成相应数域上的线性空间,为什么?

(1)次数等于$m(m\geqslant 1)$的实系数多项式的集合,对于多项式的加法和实数与多项式的乘法;

(2)数域$\mathbf{K}$上二维向量的集合,其加法与数乘运算分别定义为

$$(a_1,b_1)\oplus(a_2,b_2)=(a_1+a_2,0),\quad k\circ(a_1,b_1)=(ka_1,0);$$

(3)与向量$(0,0,1)$不平行的全体三维向量,对于向量的加法和数乘向量运算。

3. 设$\mathbf{R}$为实数域,$V=\{\boldsymbol{\alpha}=(a_1,a_2)\mid a_1,a_2\in\mathbf{R}\}$是$\mathbf{R}$上的线性空间,定义$V$中两个元素$\boldsymbol{\alpha},\boldsymbol{\beta}$的加法运算$\boldsymbol{\alpha}\oplus\boldsymbol{\beta}=(a_1+b_1,a_2+b_2+a_1b_1)$,定义$V$中元素$\boldsymbol{\alpha}$与$\mathbf{R}$中元素$k$的数乘运算$k\circ\boldsymbol{\alpha}=\left(ka_1,ka_2+\dfrac{1}{2}k(k-1)a_1^2\right)$,求零元素与负元素。

4. 全体实函数的集合,按通常函数的加法和数与函数的乘法构成实数域上的线性空间,判断该线性空间中下列元素组的线性相关性:

(1)x,x^2,e^{2x};(2)$1,\cos^2x,\cos 2x$。

5. 在$\mathbf{R}^3$中求向量$\boldsymbol{\alpha}=(3,7,1)^{\mathrm{T}}$在基$\boldsymbol{\alpha}_1=(1,3,5)^{\mathrm{T}},\boldsymbol{\alpha}_2=(6,3,2)^{\mathrm{T}},\boldsymbol{\alpha}_3=(3,1,0)^{\mathrm{T}}$下的坐标。

6. 已知$\mathbf{R}^4$的两个基：

(Ⅰ)：$\boldsymbol{\alpha}_1=(1,0,0,0)^{\mathrm{T}},\boldsymbol{\alpha}_2=(0,1,0,0)^{\mathrm{T}},\boldsymbol{\alpha}_3=(0,0,1,0)^{\mathrm{T}},\boldsymbol{\alpha}_4=(0,0,0,1)^{\mathrm{T}}$；

(Ⅱ)：$\boldsymbol{\beta}_1=(2,1,0,1)^{\mathrm{T}},\boldsymbol{\beta}_2=(0,1,2,2)^{\mathrm{T}},\boldsymbol{\beta}_3=(-2,1,2,1)^{\mathrm{T}},\boldsymbol{\beta}_4=(1,3,1,2)^{\mathrm{T}}$。

求基(Ⅰ)到(Ⅱ)的过渡矩阵，并求$\boldsymbol{\eta}=(1,1,1,1)^{\mathrm{T}}$在基(Ⅱ)下的坐标。

7. 已知$\mathbf{R}[x]_3$的两个基：

(Ⅰ)：$1,x-1,(x-1)^2,(x-1)^3$；

(Ⅱ)：$1,x+1,(x+1)^2,(x+1)^3$。

设$f(x)=5x^3+3x^2+x+2\in\mathbf{R}[x]_3$，求：

(1)$f(x)$在基(Ⅰ)下的坐标；

(2)由基(Ⅰ)到基(Ⅱ)的过渡矩阵；

(3)$f(x)$在基(Ⅱ)下的坐标。

8. 设四维线性空间V的两个基$\boldsymbol{\alpha}_1,\boldsymbol{\alpha}_2,\boldsymbol{\alpha}_3,\boldsymbol{\alpha}_4$和$\boldsymbol{\beta}_1,\boldsymbol{\beta}_2,\boldsymbol{\beta}_3,\boldsymbol{\beta}_4$满足以下条件：

$$\boldsymbol{\alpha}_1+2\boldsymbol{\alpha}_2=\boldsymbol{\beta}_3,\ \boldsymbol{\alpha}_2+2\boldsymbol{\alpha}_3=\boldsymbol{\beta}_4,\ \boldsymbol{\beta}_1+2\boldsymbol{\beta}_2=\boldsymbol{\alpha}_3,\ \boldsymbol{\beta}_2+2\boldsymbol{\beta}_3=\boldsymbol{\alpha}_4。$$

(1)求由基$\boldsymbol{\alpha}_1,\boldsymbol{\alpha}_2,\boldsymbol{\alpha}_3,\boldsymbol{\alpha}_4$到$\boldsymbol{\beta}_1,\boldsymbol{\beta}_2,\boldsymbol{\beta}_3,\boldsymbol{\beta}_4$的过渡矩阵；

(2)求元素$\boldsymbol{\alpha}=2\boldsymbol{\beta}_1-\boldsymbol{\beta}_2+\boldsymbol{\beta}_3+\boldsymbol{\beta}_4$在基$\boldsymbol{\alpha}_1,\boldsymbol{\alpha}_2,\boldsymbol{\alpha}_3,\boldsymbol{\alpha}_4$下的坐标。

9. 验证线性空间V的子集合W是否构成V的线性子空间。若构成子空间，求其基与维数。

(1)$V=\mathbf{R}^4,W=\{(a_1,a_2,a_3,a_4)\mid a_1+a_2+a_3=a_4\}$；

(2)$V=\mathbf{R}^4,W=\{(a_1,a_2,a_3,a_4)\mid a_1^2=a_2\}$；

(3)$V=\mathbf{R}^{2\times 3},W=\left\{\begin{bmatrix}-1 & b & 0\\ 0 & c & d\end{bmatrix}\middle| b,c,d\in\mathbf{R}\right\}$；

(4)$V=\mathbf{R}[x]$(实数域$\mathbf{R}$上的多项式集合)，$W=\{$实数域$\mathbf{R}$上的n次多项式$\}$；

(5)$V=\mathbf{R}^{n\times n},W=\{\boldsymbol{A}\mid\boldsymbol{A}^{\mathrm{T}}=\boldsymbol{A},\boldsymbol{A}\in\mathbf{R}^{n\times n}\}$；

(6)$V=\mathbf{R}^{n\times n},W=\{\boldsymbol{A}\mid\boldsymbol{A}^{\mathrm{T}}=-\boldsymbol{A},\boldsymbol{A}\in\mathbf{R}^{n\times n}\}$。

10. 在$\mathbf{R}^4$中设$\boldsymbol{\alpha}_1=(2,1,3,-1)^{\mathrm{T}},\boldsymbol{\alpha}_2=(-1,1,-3,1)^{\mathrm{T}},\boldsymbol{\alpha}_3=(4,5,3,-1)^{\mathrm{T}},\boldsymbol{\alpha}_4=(1,5,-3,1)^{\mathrm{T}}$，求$\operatorname{span}(\boldsymbol{\alpha}_1,\boldsymbol{\alpha}_2,\boldsymbol{\alpha}_3,\boldsymbol{\alpha}_4)$的基与维数。

11. 设$W_1=\operatorname{span}(\boldsymbol{\alpha}_1,\boldsymbol{\alpha}_2),W_2=\operatorname{span}(\boldsymbol{\beta}_1,\boldsymbol{\beta}_2)$，其中$\boldsymbol{\alpha}_1=(1,2,1,0)^{\mathrm{T}},\boldsymbol{\alpha}_2=(-1,1,1,1)^{\mathrm{T}},\boldsymbol{\beta}_1=(2,-1,0,1)^{\mathrm{T}},\boldsymbol{\beta}_2=(1,-1,3,7)^{\mathrm{T}}$，求$W_1+W_2$与$W_1\cap W_2$的维数。

12. 设$\boldsymbol{\alpha}_1,\boldsymbol{\alpha}_2,\boldsymbol{\alpha}_3$是三维线性空间$V$的一个基，试求由$\boldsymbol{\beta}_1=\boldsymbol{\alpha}_1-2\boldsymbol{\alpha}_2+3\boldsymbol{\alpha}_3,\boldsymbol{\beta}_2=2\boldsymbol{\alpha}_1+3\boldsymbol{\alpha}_2+2\boldsymbol{\alpha}_3,\boldsymbol{\beta}_3=4\boldsymbol{\alpha}_1+13\boldsymbol{\alpha}_2$生成的子空间$\operatorname{span}(\boldsymbol{\beta}_1,\boldsymbol{\beta}_2,\boldsymbol{\beta}_3)$的基与维数。

13. 设$V=\mathbf{R}^{n\times n},W_1=\{\boldsymbol{A}\mid\boldsymbol{A}^{\mathrm{T}}=\boldsymbol{A},\boldsymbol{A}\in\mathbf{R}^{n\times n}\},W_2=\{\boldsymbol{A}\mid\boldsymbol{A}^{\mathrm{T}}=-\boldsymbol{A},\boldsymbol{A}\in\mathbf{R}^{n\times n}\}$，试证明$V=W_1\oplus W_2$。

14. 判断下面的变换是否是线性变换。

(1)在线性空间V中，定义$T(\boldsymbol{\alpha})=\boldsymbol{\alpha}_0(\boldsymbol{\alpha}\in V)$，其中$\boldsymbol{\alpha}_0$是$V$中一个固定的元素；

(2)在$\mathbf{R}^3$中,定义$T(a_1,a_2,a_3)^{\mathrm{T}}=(a_1^2,a_2+a_3,a_3)^{\mathrm{T}}$;

(3)在$\mathbf{R}^{n\times n}$中,$T(\boldsymbol{X})=\boldsymbol{BXC}$,其中$\boldsymbol{X}\in\mathbf{R}^{n\times n}$,$\boldsymbol{B}$和$\boldsymbol{C}$是取定的$n$阶方阵;

(4)在$\mathbf{R}[x]$中,$T(f(x))=f(x+1)$。

15. 在$\mathbf{R}^3$中线性变换T为$T(x_1,x_2,x_3)^{\mathrm{T}}=(2x_1-x_2,x_2-x_3,x_2+x_3)^{\mathrm{T}}$,求$T$在基$\boldsymbol{\alpha}_1=(1,0,0)^{\mathrm{T}}$,$\boldsymbol{\alpha}_2=(0,1,0)^{\mathrm{T}}$,$\boldsymbol{\alpha}_3=(0,0,1)^{\mathrm{T}}$及基$\boldsymbol{\beta}_1=(1,1,0)^{\mathrm{T}}$,$\boldsymbol{\beta}_2=(0,1,1)^{\mathrm{T}}$,$\boldsymbol{\beta}_3=(0,0,1)^{\mathrm{T}}$下的矩阵。

16. 在$\mathbf{R}[x]_3$中,$f(x)=a_0+a_1x+a_2x^2+a_3x^3$,线性变换为

$$T(f(x))=(a_0-a_1)+(a_1-a_2)x+(a_2-a_3)x^2+(a_3-a_0)x^3,$$

求T在基$1,x,x^2,x^3$下的矩阵$\mathbf{A}$。

17. 给定$\mathbf{R}^3$的两个基:

(Ⅰ):$\boldsymbol{\alpha}_1=(1,0,1)^{\mathrm{T}}$,$\boldsymbol{\alpha}_2=(2,1,0)^{\mathrm{T}}$,$\boldsymbol{\alpha}_3=(1,1,1)^{\mathrm{T}}$;

(Ⅱ):$\boldsymbol{\beta}_1=(1,2,-1)^{\mathrm{T}}$,$\boldsymbol{\beta}_2=(2,2,-1)^{\mathrm{T}}$,$\boldsymbol{\beta}_3=(2,-1,-1)^{\mathrm{T}}$。

有线性变换$T(\boldsymbol{\alpha}_i)=\boldsymbol{\beta}_i(i=1,2,3)$,求:

(1)由基(Ⅰ)到(Ⅱ)的过渡矩阵;

(2)T在基(Ⅰ)下的矩阵;

(3)T在基(Ⅱ)下的矩阵。

18. 函数集合$V=\{(a_2x^2+a_1x+a_0)\mathrm{e}^x\mid a_0,a_1,a_2\in\mathbf{R}\}$对于函数的线性运算构成三维实线性空间,取$V$的基$f_1(x)=x^2\mathrm{e}^x$,$f_2(x)=x\mathrm{e}^x$,$f_3(x)=\mathrm{e}^x$,求微分变换$D$在该基下的矩阵。

第 2 章

内积空间

在线性空间中，元素之间的运算只有加法和数乘，统称为线性运算。但是，如果以三维几何空间 $\mathbf{R}^3$ 作为线性空间的一个模型，我们会发现，$\mathbf{R}^3$ 中诸如向量的长度、向量间的夹角等度量概念在线性空间的理论中都未得到反映，而这些度量性质在很多实际问题中却是很关键的。因此有必要在一般的线性空间中引进内积运算，从而导出内积空间的概念。

本章重点讨论实数域上的内积空间(欧氏空间)，以及几种重要的线性变换，包括正交变换、对称变换等。同时，对复数域上的内积空间(酉空间)以及酉变换等也给出简单介绍。

2.1 欧氏空间

2.1.1 欧氏空间的概念与性质

定义 2.1 设 V 是实数域 $\mathbf{R}$ 上的线性空间，如果对于 V 中任意两个元素 $\boldsymbol{\alpha},\boldsymbol{\beta}$ 都有一个实数与之相对应，记为$(\boldsymbol{\alpha},\boldsymbol{\beta})$，且满足下列条件($\boldsymbol{\alpha},\boldsymbol{\beta},\boldsymbol{\gamma}\in V, k\in\mathbf{R}$)：

(1)$(\boldsymbol{\alpha},\boldsymbol{\beta})=(\boldsymbol{\beta},\boldsymbol{\alpha})$；

(2)$(\boldsymbol{\alpha}+\boldsymbol{\beta},\boldsymbol{\gamma})=(\boldsymbol{\alpha},\boldsymbol{\gamma})+(\boldsymbol{\beta},\boldsymbol{\gamma})$；

(3)$(k\boldsymbol{\alpha},\boldsymbol{\beta})=k(\boldsymbol{\alpha},\boldsymbol{\beta})$；

(4)$(\boldsymbol{\alpha},\boldsymbol{\alpha})\geqslant 0$，当且仅当 $\boldsymbol{\alpha}=\boldsymbol{\theta}$ 时等号成立，

则称实数$(\boldsymbol{\alpha},\boldsymbol{\beta})$为 $\boldsymbol{\alpha}$ 与 $\boldsymbol{\beta}$ 的内积。定义了内积的实线性空间 V 称为欧几里得(Euclid)空间(简称欧氏空间)，也称为实内积空间。

线性空间的内涵十分广泛，引入内积的方法也是多种多样的，只要符合内积的 4 个条件就行。

例 2.1 对实向量空间 $\mathbf{R}^n$ 中的向量 $\boldsymbol{\alpha}=(a_1,a_2,\cdots,a_n)^{\mathrm{T}}$，$\boldsymbol{\beta}=(b_1,b_2,\cdots,b_n)^{\mathrm{T}}$，定义

$$(\boldsymbol{\alpha},\boldsymbol{\beta})=a_1b_1+a_2b_2+\cdots+a_nb_n=\boldsymbol{\beta}^{\mathrm{T}}\boldsymbol{\alpha}。\tag{2.1}$$

容易验证，它满足内积的 4 个条件，称为 $\mathbf{R}^n$ 的标准内积。在引入上述内积后，向量空间 $\mathbf{R}^n$ 就是一个欧氏空间。

需要指出的是，在同一个线性空间中引入不同的内积，则认为构成了不同的欧氏空间。例如，在实 n 维向量构成的集合 V 中，定义

$$(\boldsymbol{\alpha},\boldsymbol{\beta})=k_1a_1b_1+k_2a_2b_2+\cdots+k_na_nb_n \quad (k_1,k_2,\cdots,k_n>0),$$

或

$$(\boldsymbol{\alpha},\boldsymbol{\beta})=\boldsymbol{\beta}^{\mathrm{T}}\boldsymbol{A}\boldsymbol{\alpha}=\boldsymbol{\alpha}^{\mathrm{T}}\boldsymbol{A}\boldsymbol{\beta}\ (\boldsymbol{A}\text{ 是 }n\text{ 阶正定矩阵}),$$

则它们都是 V 的内积。本书中，如不特殊说明，$\mathbf{R}^n$ 中的内积是指例 2.1 中定义的标准内积。

例 2.2 对于实矩阵空间 $\mathbf{R}^{m\times n}$ 中的矩阵 $\boldsymbol{A}=(a_{ij})_{m\times n}$，$\boldsymbol{B}=(b_{ij})_{m\times n}$，定义

$$(\boldsymbol{A},\boldsymbol{B})=\sum_{i=1}^{m}\sum_{j=1}^{n}a_{ij}b_{ij}=\mathrm{tr}(\boldsymbol{A}\boldsymbol{B}^{\mathrm{T}}),\tag{2.2}$$

其中 $\mathrm{tr}(\boldsymbol{A}\boldsymbol{B}^{\mathrm{T}})$ 称为矩阵 $\boldsymbol{A}\boldsymbol{B}^{\mathrm{T}}$ 的迹，它等于矩阵 $\boldsymbol{A}\boldsymbol{B}^{\mathrm{T}}$ 的对角线上的所有元素之和。容易验证，式(2.2)是内积，$\mathbf{R}^{m\times n}$ 按此内积构成欧氏空间，称式(2.2)为 $\mathbf{R}^{m\times n}$ 的标准内积。

例 2.3 对于实连续函数线性空间 $C[a,b]$ 中的函数 $f(x)$，$g(x)$，定义

$$(f(x),g(x))=\int_a^b f(x)g(x)\mathrm{d}x,\tag{2.3}$$

根据定积分的性质易知它是内积，$C[a,b]$ 按照此内积构成欧氏空间，称式(2.3)为 $C[a,b]$ 的标准内积。

根据内积定义，欧氏空间的内积有如下基本性质($\boldsymbol{\alpha},\boldsymbol{\beta},\boldsymbol{\gamma}\in V$；$\boldsymbol{\alpha}_i,\boldsymbol{\beta}_j\in V$；$k,k_i,l_j\in\mathbf{R}$)：

(1) $(\boldsymbol{\alpha},k\boldsymbol{\beta})=k(\boldsymbol{\alpha},\boldsymbol{\beta})$；

(2) $(\boldsymbol{\alpha},\boldsymbol{\beta}+\boldsymbol{\gamma})=(\boldsymbol{\alpha},\boldsymbol{\beta})+(\boldsymbol{\alpha},\boldsymbol{\gamma})$；

(3) $(\boldsymbol{\alpha},\boldsymbol{\theta})=(\boldsymbol{\theta},\boldsymbol{\alpha})=0$；

(4) $\left(\sum_{i=1}^{m}k_i\boldsymbol{\alpha}_i,\sum_{j=1}^{n}l_j\boldsymbol{\beta}_j\right)=\sum_{i=1}^{m}\sum_{j=1}^{n}k_il_j(\boldsymbol{\alpha}_i,\boldsymbol{\beta}_j)$；

(5) $(\boldsymbol{\alpha},\boldsymbol{\beta})^2\leqslant(\boldsymbol{\alpha},\boldsymbol{\alpha})(\boldsymbol{\beta},\boldsymbol{\beta})$，当且仅当 $\boldsymbol{\alpha},\boldsymbol{\beta}$ 线性相关时等号成立。性质(5)又称为 Cauchy-Schwarz(柯西-施瓦兹)不等式。

证 只证性质(5)。若 $\boldsymbol{\alpha},\boldsymbol{\beta}$ 线性相关，不妨设 $\boldsymbol{\beta}=k\boldsymbol{\alpha}$，于是

$$(\boldsymbol{\alpha},\boldsymbol{\beta})^2=(\boldsymbol{\alpha},k\boldsymbol{\alpha})^2=k^2\ (\boldsymbol{\alpha},\boldsymbol{\alpha})^2=(\boldsymbol{\alpha},\boldsymbol{\alpha})(k\boldsymbol{\alpha},k\boldsymbol{\alpha})=(\boldsymbol{\alpha},\boldsymbol{\alpha})(\boldsymbol{\beta},\boldsymbol{\beta})。$$

反之，若 $(\boldsymbol{\alpha},\boldsymbol{\beta})^2=(\boldsymbol{\alpha},\boldsymbol{\alpha})(\boldsymbol{\beta},\boldsymbol{\beta})$，则当 $\boldsymbol{\beta}=\boldsymbol{\theta}$ 时，$\boldsymbol{\alpha}$ 与 $\boldsymbol{\beta}$ 线性相关；当 $\boldsymbol{\beta}\neq\boldsymbol{\theta}$ 时，有

$$\left(\boldsymbol{\alpha}-\frac{(\boldsymbol{\alpha},\boldsymbol{\beta})}{(\boldsymbol{\beta},\boldsymbol{\beta})}\boldsymbol{\beta},\boldsymbol{\alpha}-\frac{(\boldsymbol{\alpha},\boldsymbol{\beta})}{(\boldsymbol{\beta},\boldsymbol{\beta})}\boldsymbol{\beta}\right)=(\boldsymbol{\alpha},\boldsymbol{\alpha})-\frac{(\boldsymbol{\alpha},\boldsymbol{\beta})^2}{(\boldsymbol{\beta},\boldsymbol{\beta})}=0,$$

于是 $\boldsymbol{\alpha}-\dfrac{(\boldsymbol{\alpha},\boldsymbol{\beta})}{(\boldsymbol{\beta},\boldsymbol{\beta})}\boldsymbol{\beta}=\boldsymbol{\theta}$，即 $\boldsymbol{\alpha}$ 与 $\boldsymbol{\beta}$ 线性相关。

如果 $\boldsymbol{\alpha},\boldsymbol{\beta}$ 线性无关，则对任意实数 t，有 $\boldsymbol{\alpha}+t\boldsymbol{\beta}\neq\boldsymbol{\theta}$，从而

$$0<(\boldsymbol{\alpha}+t\boldsymbol{\beta},\boldsymbol{\alpha}+t\boldsymbol{\beta})=(\boldsymbol{\alpha},\boldsymbol{\alpha})+2t(\boldsymbol{\alpha},\boldsymbol{\beta})+t^2(\boldsymbol{\beta},\boldsymbol{\beta}),$$

这说明实系数方程 $(\boldsymbol{\beta},\boldsymbol{\beta})t^2+2(\boldsymbol{\alpha},\boldsymbol{\beta})t+(\boldsymbol{\alpha},\boldsymbol{\alpha})=0$ 无实根，因此

$$(\boldsymbol{\alpha},\boldsymbol{\beta})^2<(\boldsymbol{\alpha},\boldsymbol{\alpha})(\boldsymbol{\beta},\boldsymbol{\beta})。$$

证毕。

在不同的欧氏空间中，元素及其内积的含义不一样，因此 Cauchy-Schwarz 不等式也具有不同的形式。例如在 $\mathbf{R}^n$ 中，有

$$\left(\sum_{i=1}^n a_ib_i\right)^2\leqslant\left(\sum_{i=1}^n a_i^2\right)\left(\sum_{i=1}^n b_i^2\right);$$

而在 $C[a,b]$ 中，有

$$\left(\int_a^b f(x)g(x)\mathrm{d}x\right)^2\leqslant\left(\int_a^b f^2(x)\mathrm{d}x\right)\left(\int_a^b g^2(x)\mathrm{d}x\right)。$$

2.1.2　度量矩阵

定义 2.2　设 V 是 n 维欧氏空间，$\boldsymbol{\alpha}_1,\boldsymbol{\alpha}_2,\cdots,\boldsymbol{\alpha}_n$ 是 V 的一个基，称 n 阶方阵

$$\boldsymbol{A}=(a_{ij})_{n\times n}\quad(a_{ij}=(\boldsymbol{\alpha}_i,\boldsymbol{\alpha}_j),i,j=1,2,\cdots,n)$$

为基 $\boldsymbol{\alpha}_1,\boldsymbol{\alpha}_2,\cdots,\boldsymbol{\alpha}_n$ 的度量矩阵或 Gram 矩阵。

任取 n 维欧氏空间 V 中两个元素 $\boldsymbol{\alpha}$ 和 $\boldsymbol{\beta}$，设 $\boldsymbol{\alpha},\boldsymbol{\beta}$ 在 V 的基 $\boldsymbol{\alpha}_1,\boldsymbol{\alpha}_2,\cdots,\boldsymbol{\alpha}_n$ 下的坐标分别为 $\boldsymbol{x}=(x_1,x_2,\cdots,x_n)^{\mathrm{T}}$ 和 $\boldsymbol{y}=(y_1,y_2,\cdots,y_n)^{\mathrm{T}}$，则由内积的性质得

$$(\boldsymbol{\alpha},\boldsymbol{\beta})=\left(\sum_{i=1}^n x_i\boldsymbol{\alpha}_i,\sum_{j=1}^n y_j\boldsymbol{\alpha}_j\right)=\sum_{i=1}^n\sum_{j=1}^n x_i(\boldsymbol{\alpha}_i,\boldsymbol{\alpha}_j)y_j=\boldsymbol{x}^{\mathrm{T}}\boldsymbol{A}\boldsymbol{y}。\tag{2.4}$$

这表明，在知道一个基的度量矩阵后，任意两个元素的内积就可以通过坐标按式(2.4)来进行计算，因而度量矩阵完全确定了内积。于是，可以用任意正定矩阵作为度量矩阵来规定内积。而向量的长度、夹角等可度量的量是用内积来刻画的，这就是度量矩阵名称的由来。

度量矩阵有以下一些重要的性质。

性质 1　度量矩阵是正定的。

证　设 $\boldsymbol{\alpha}_1,\boldsymbol{\alpha}_2,\cdots,\boldsymbol{\alpha}_n$ 是 n 维欧氏空间 V 的一个基，由于

$$a_{ij}=(\boldsymbol{\alpha}_i,\boldsymbol{\alpha}_j)=(\boldsymbol{\alpha}_j,\boldsymbol{\alpha}_i)=a_{ji},$$

所以度量矩阵 $\boldsymbol{A}=(a_{ij})_{n\times n}$ 是实对称矩阵。又对任意非零元素 $\boldsymbol{\alpha}$，它在基 $\boldsymbol{\alpha}_1,\boldsymbol{\alpha}_2,\cdots,\boldsymbol{\alpha}_n$ 下的坐标为 $\boldsymbol{x}=(x_1,x_2,\cdots,x_n)^{\mathrm{T}}\neq(0,0,\cdots,0)^{\mathrm{T}}$，由式(2.4)得 $\boldsymbol{x}^{\mathrm{T}}\boldsymbol{A}\boldsymbol{x}=(\boldsymbol{\alpha},\boldsymbol{\alpha})>0$，故度量矩阵是正定的。

证毕。

性质 2　设 $\boldsymbol{\alpha}_1,\boldsymbol{\alpha}_2,\cdots,\boldsymbol{\alpha}_n$ 和 $\boldsymbol{\beta}_1,\boldsymbol{\beta}_2,\cdots,\boldsymbol{\beta}_n$ 是欧氏空间 V 的两个基，且基 $\boldsymbol{\alpha}_1,\boldsymbol{\alpha}_2,\cdots,\boldsymbol{\alpha}_n$ 的度量矩阵为 $\boldsymbol{A}$，基 $\boldsymbol{\beta}_1,\boldsymbol{\beta}_2,\cdots,\boldsymbol{\beta}_n$ 的度量矩阵为 $\boldsymbol{B}$，又设 $(\boldsymbol{\beta}_1,\boldsymbol{\beta}_2,\cdots,\boldsymbol{\beta}_n)=(\boldsymbol{\alpha}_1,\boldsymbol{\alpha}_2,\cdots,\boldsymbol{\alpha}_n)\boldsymbol{P}$，则 $\boldsymbol{B}=\boldsymbol{P}^{\mathrm{T}}\boldsymbol{A}\boldsymbol{P}$。即不同基的度量矩阵是合同的，且合同变换矩阵 $\boldsymbol{P}$ 是这两个基的过渡矩阵。

证　设 $\boldsymbol{P}=(p_{ij})_{n\times n}$，由 $(\boldsymbol{\beta}_1,\boldsymbol{\beta}_2,\cdots,\boldsymbol{\beta}_n)=(\boldsymbol{\alpha}_1,\boldsymbol{\alpha}_2,\cdots,\boldsymbol{\alpha}_n)\boldsymbol{P}$ 得

$$\boldsymbol{\beta}_i=p_{1i}\boldsymbol{\alpha}_1+p_{2i}\boldsymbol{\alpha}_2+\cdots+p_{ni}\boldsymbol{\alpha}_n\quad(i=1,2,\cdots,n),$$

于是

$$(\boldsymbol{\beta}_i,\boldsymbol{\beta}_j)=\left(\sum_{s=1}^{n}p_{si}\boldsymbol{\alpha}_s,\sum_{t=1}^{n}p_{tj}\boldsymbol{\alpha}_t\right)=\sum_{s=1}^{n}\sum_{t=1}^{n}p_{si}(\boldsymbol{\alpha}_s,\boldsymbol{\alpha}_t)p_{tj}$$

$$=(p_{1i},p_{2i},\cdots,p_{ni})\boldsymbol{A}\begin{bmatrix}p_{1j}\\p_{2j}\\\vdots\\p_{nj}\end{bmatrix}\quad(i,j=1,2,\cdots,n),$$

故 $\boldsymbol{B}=\boldsymbol{P}^{\mathrm{T}}\boldsymbol{A}\boldsymbol{P}$。 证毕。

例 2.4 设欧氏空间 $P[x]_2$ 中的内积为

$$(f(x),g(x))=\int_{-1}^{1}f(x)g(x)\mathrm{d}x,$$

(1)求基 $1,x,x^2$ 的度量矩阵；

(2)求 $f(x)=1-x+x^2$ 与 $g(x)=1-4x-5x^2$ 的内积。

解 (1)设基 $1,x,x^2$ 的度量矩阵为 $\boldsymbol{A}=(a_{ij})_{3\times 3}$，

$$a_{11}=(1,1)=\int_{-1}^{1}\mathrm{d}x=2,a_{12}=a_{21}=(1,x)=\int_{-1}^{1}x\mathrm{d}x=0,a_{13}=a_{31}=(1,x^2)=\int_{-1}^{1}x^2\mathrm{d}x=\frac{2}{3},$$

$$a_{22}=(x,x)=\int_{-1}^{1}x^2\mathrm{d}x=\frac{2}{3},a_{23}=a_{32}=(x,x^2)=\int_{-1}^{1}x^3\mathrm{d}x=0,$$

$$a_{33}=(x^2,x^2)=\int_{-1}^{1}x^4\mathrm{d}x=\frac{2}{5},$$

所以基 $1,x,x^2$ 的度量矩阵为

$$\boldsymbol{A}=\begin{bmatrix}2&0&\frac{2}{3}\\0&\frac{2}{3}&0\\\frac{2}{3}&0&\frac{2}{5}\end{bmatrix};$$

(2)$f(x),g(x)$ 在基 $1,x,x^2$ 下的坐标分别为 $\boldsymbol{x}=(1,-1,1)^{\mathrm{T}}$，$\boldsymbol{y}=(1,-4,-5)^{\mathrm{T}}$，由式(2.4)知，

$$(f(x),g(x))=\boldsymbol{x}^{\mathrm{T}}\boldsymbol{A}\boldsymbol{y}=(1,-1,1)\begin{bmatrix}2&0&\frac{2}{3}\\0&\frac{2}{3}&0\\\frac{2}{3}&0&\frac{2}{5}\end{bmatrix}\begin{bmatrix}1\\-4\\-5\end{bmatrix}=0。$$

这与直接计算定积分得到的结果是一致的。

2.2 标准正交基

2.2.1 元素的长度与夹角

定义 2.3 设V是欧氏空间,对任意$\boldsymbol{\alpha}\in V$,称非负实数$\sqrt{(\boldsymbol{\alpha},\boldsymbol{\alpha})}$为$\boldsymbol{\alpha}$的长度(或范数,模),记为$\|\boldsymbol{\alpha}\|=\sqrt{(\boldsymbol{\alpha},\boldsymbol{\alpha})}$。

如果$\|\boldsymbol{\alpha}\|=1$,则称$\boldsymbol{\alpha}$为单位元素。如果$\boldsymbol{\alpha}\neq\boldsymbol{\theta}$,则元素$\dfrac{\boldsymbol{\alpha}}{\|\boldsymbol{\alpha}\|}$就是一个单位元素。这种得到单位元素的方法称为把$\boldsymbol{\alpha}$单位化。

例如,对于$\mathbf{R}^n$中的向量$\boldsymbol{\alpha}=(a_1,a_2,\cdots,a_n)^{\mathrm{T}}$,其长度为$\|\boldsymbol{\alpha}\|=\sqrt{\sum\limits_{i=1}^{n}a_i^2}$;对于$\mathbf{R}^{m\times n}$中的矩阵$\boldsymbol{A}=(a_{ij})_{m\times n}$,其长度为$\|\boldsymbol{A}\|=\sqrt{\sum\limits_{i=1}^{m}\sum\limits_{j=1}^{n}a_{ij}^2}$;对于$C[a,b]$中的函数$f(x)$,其长度为$\|f(x)\|=\sqrt{\int_a^b f^2(x)\mathrm{d}x}$。

一般欧氏空间中元素的长度与几何空间中向量的长度有类似的性质。

定理 2.1 设V是欧氏空间,对任意$\boldsymbol{\alpha},\boldsymbol{\beta}\in V$和$k\in\mathbf{R}$,有

(1)非负性$\|\boldsymbol{\alpha}\|\geqslant 0$,当且仅当$\boldsymbol{\alpha}=\boldsymbol{\theta}$时,$\|\boldsymbol{\alpha}\|=0$;

(2)齐次性$\|k\boldsymbol{\alpha}\|=|k|\,\|\boldsymbol{\alpha}\|$;

(3)三角不等式$\|\boldsymbol{\alpha}+\boldsymbol{\beta}\|\leqslant\|\boldsymbol{\alpha}\|+\|\boldsymbol{\beta}\|$;

(4)Cauchy-Schwarz 不等式$|(\boldsymbol{\alpha},\boldsymbol{\beta})|\leqslant\|\boldsymbol{\alpha}\|\,\|\boldsymbol{\beta}\|$,当且仅当$\boldsymbol{\alpha},\boldsymbol{\beta}$线性相关时等号成立。

证 (1)(2)显然。

先证(4),由 Cauchy-Schwarz 不等式$(\boldsymbol{\alpha},\boldsymbol{\beta})^2\leqslant(\boldsymbol{\alpha},\boldsymbol{\alpha})(\boldsymbol{\beta},\boldsymbol{\beta})$,即得$|(\boldsymbol{\alpha},\boldsymbol{\beta})|\leqslant\|\boldsymbol{\alpha}\|\,\|\boldsymbol{\beta}\|$。

下证(3),根据 Cauchy-Schwarz 不等式$|(\boldsymbol{\alpha},\boldsymbol{\beta})|\leqslant\|\boldsymbol{\alpha}\|\,\|\boldsymbol{\beta}\|$,于是

$$\begin{aligned}\|\boldsymbol{\alpha}+\boldsymbol{\beta}\|^2&=(\boldsymbol{\alpha}+\boldsymbol{\beta},\boldsymbol{\alpha}+\boldsymbol{\beta})=(\boldsymbol{\alpha},\boldsymbol{\alpha})+2(\boldsymbol{\alpha},\boldsymbol{\beta})+(\boldsymbol{\beta},\boldsymbol{\beta})\\&\leqslant\|\boldsymbol{\alpha}\|^2+2\|\boldsymbol{\alpha}\|\,\|\boldsymbol{\beta}\|+\|\boldsymbol{\beta}\|^2=(\|\boldsymbol{\alpha}\|+\|\boldsymbol{\beta}\|)^2,\end{aligned}$$

故(3)成立。 证毕。

定义 2.4 设$\boldsymbol{\alpha},\boldsymbol{\beta}$为欧氏空间$V$的两个非零元素,$\boldsymbol{\alpha}$与$\boldsymbol{\beta}$的夹角定义为

$$\langle\boldsymbol{\alpha},\boldsymbol{\beta}\rangle=\arccos\frac{(\boldsymbol{\alpha},\boldsymbol{\beta})}{\|\boldsymbol{\alpha}\|\,\|\boldsymbol{\beta}\|}\quad(0\leqslant\langle\boldsymbol{\alpha},\boldsymbol{\beta}\rangle\leqslant\pi),$$

对任意$\boldsymbol{\alpha},\boldsymbol{\beta}\in V$,如果$\langle\boldsymbol{\alpha},\boldsymbol{\beta}\rangle=\dfrac{\pi}{2}$(或$(\boldsymbol{\alpha},\boldsymbol{\beta})=0$),则称$\boldsymbol{\alpha}$与$\boldsymbol{\beta}$正交(或垂直),记为$\boldsymbol{\alpha}\perp\boldsymbol{\beta}$。

由定义可以看出,零元素与任意元素正交,只有零元素才与自己正交。这里正交的定义与解析几何中对于正交的说法一致,即两个非零元素正交的充分必要条件是它们的夹角为$\dfrac{\pi}{2}$。

例 2.5 在 $C[-\pi,\pi]$ 中，试证明三角函数组

$$1,\cos x,\sin x,\cos 2x,\sin 2x,\cdots,\cos nx,\sin nx,\cdots$$

是两两正交的，但它们不是单位元素。

证 可求得

$$(\sin mx,\sin nx)=\int_{-\pi}^{\pi}\sin mx\sin nx\,\mathrm{d}x$$
$$=\frac{1}{2}\int_{-\pi}^{\pi}(\cos(m-n)x-\cos(m+n)x)\mathrm{d}x=0\quad(m\neq n),$$

$$(\cos mx,\cos nx)=\int_{-\pi}^{\pi}\cos mx\cos nx\,\mathrm{d}x$$
$$=\frac{1}{2}\int_{-\pi}^{\pi}(\cos(m-n)x+\cos(m+n)x)\mathrm{d}x=0\quad(m\neq n),$$

$$(\sin mx,\cos nx)=\int_{-\pi}^{\pi}\sin mx\cos nx\,\mathrm{d}x$$
$$=\frac{1}{2}\int_{-\pi}^{\pi}(\sin(m+n)x+\sin(m-n)x)\mathrm{d}x=0,$$

$$(1,\cos nx)=\int_{-\pi}^{\pi}\cos nx\,\mathrm{d}x=0,$$

$$(1,\sin nx)=\int_{-\pi}^{\pi}\sin nx\,\mathrm{d}x=0,$$

因此函数组两两正交。又有

$$\|1\|=\sqrt{\int_{-\pi}^{\pi}1^2\mathrm{d}x}=\sqrt{2\pi},$$

$$\|\sin mx\|=\sqrt{\int_{-\pi}^{\pi}\sin^2 mx\,\mathrm{d}x}=\sqrt{\frac{1}{2}\int_{-\pi}^{\pi}(1-\cos 2mx)\mathrm{d}x}=\sqrt{\pi},$$

$$\|\cos mx\|=\sqrt{\int_{-\pi}^{\pi}\cos^2 mx\,\mathrm{d}x}=\sqrt{\frac{1}{2}\int_{-\pi}^{\pi}(1+\cos 2mx)\mathrm{d}x}=\sqrt{\pi},$$

所以它们不是单位元素。 证毕。

2.2.2 标准正交基

先讨论非零正交元素组的一个性质。

定理 2.2 设 $\boldsymbol{\alpha}_1,\boldsymbol{\alpha}_2,\cdots,\boldsymbol{\alpha}_m$ 是欧氏空间 V 中两两正交的非零元素组，则它线性无关。

证 设有一组实数 $k_1,k_2,\cdots,k_m$，使得

$$k_1\boldsymbol{\alpha}_1+k_2\boldsymbol{\alpha}_2+\cdots+k_m\boldsymbol{\alpha}_m=\boldsymbol{\theta},$$

两边与 $\boldsymbol{\alpha}_i(i=1,2,\cdots,m)$ 求内积，有

$$(k_1\boldsymbol{\alpha}_1+k_2\boldsymbol{\alpha}_2+\cdots+k_m\boldsymbol{\alpha}_m,\boldsymbol{\alpha}_i)=(\boldsymbol{\theta},\boldsymbol{\alpha}_i),$$

利用 $(\boldsymbol{\alpha}_i,\boldsymbol{\alpha}_j)=0(i\neq j)$，得 $k_i(\boldsymbol{\alpha}_i,\boldsymbol{\alpha}_i)=0(i=1,2,\cdots,m)$，又因 $\boldsymbol{\alpha}_i$ 非零，所以 $(\boldsymbol{\alpha}_i,\boldsymbol{\alpha}_i)>0$，故

有 $k_1=k_2=\cdots=k_m=0$，即 $\boldsymbol{\alpha}_1,\boldsymbol{\alpha}_2,\cdots,\boldsymbol{\alpha}_m$ 线性无关。 证毕。

定义 2.5 在 n 维欧氏空间中，由 n 个两两正交的元素组成的基称为正交基，由单位元素组成的正交基称为标准正交基。

在几何空间 $\mathbf{R}^3$ 中，$\boldsymbol{i}=(1,0,0)^{\mathrm{T}},\boldsymbol{j}=(0,1,0)^{\mathrm{T}},\boldsymbol{k}=(0,0,1)^{\mathrm{T}}$ 就是一个标准正交基；在欧氏空间 $\mathbf{R}^n$ 中，n 维单位坐标向量 $\boldsymbol{e}_1,\boldsymbol{e}_2,\cdots,\boldsymbol{e}_n$ 就是一个标准正交基；在欧氏空间 $\mathbf{R}^{m\times n}$ 中，$\boldsymbol{E}_{ij}(i=1,2,\cdots,m;j=1,2,\cdots,n)$ 就是一个标准正交基。

设 $\boldsymbol{\alpha}_1,\boldsymbol{\alpha}_2,\cdots,\boldsymbol{\alpha}_n$ 是 n 维欧氏空间 V 的一个基，利用 Gram-Schmidt 正交化方法（简称 Schmidt 正交化方法）可以将其正交化，得到 V 的正交基 $\boldsymbol{\beta}_1,\boldsymbol{\beta}_2,\cdots,\boldsymbol{\beta}_n$，进而单位化得到 V 的标准正交基，具体方法如下。

(1)正交化

$$\begin{aligned}
&\boldsymbol{\beta}_1=\boldsymbol{\alpha}_1,\\
&\boldsymbol{\beta}_2=\boldsymbol{\alpha}_2-\frac{(\boldsymbol{\alpha}_2,\boldsymbol{\beta}_1)}{(\boldsymbol{\beta}_1,\boldsymbol{\beta}_1)}\boldsymbol{\beta}_1,\\
&\boldsymbol{\beta}_3=\boldsymbol{\alpha}_3-\frac{(\boldsymbol{\alpha}_3,\boldsymbol{\beta}_1)}{(\boldsymbol{\beta}_1,\boldsymbol{\beta}_1)}\boldsymbol{\beta}_1-\frac{(\boldsymbol{\alpha}_3,\boldsymbol{\beta}_2)}{(\boldsymbol{\beta}_2,\boldsymbol{\beta}_2)}\boldsymbol{\beta}_2,\\
&\vdots\\
&\boldsymbol{\beta}_n=\boldsymbol{\alpha}_n-\frac{(\boldsymbol{\alpha}_n,\boldsymbol{\beta}_1)}{(\boldsymbol{\beta}_1,\boldsymbol{\beta}_1)}\boldsymbol{\beta}_1-\frac{(\boldsymbol{\alpha}_n,\boldsymbol{\beta}_2)}{(\boldsymbol{\beta}_2,\boldsymbol{\beta}_2)}\boldsymbol{\beta}_2-\cdots-\frac{(\boldsymbol{\alpha}_n,\boldsymbol{\beta}_{n-1})}{(\boldsymbol{\beta}_{n-1},\boldsymbol{\beta}_{n-1})}\boldsymbol{\beta}_{n-1};
\end{aligned}$$

(2)单位化

$$\boldsymbol{\varepsilon}_i=\frac{\boldsymbol{\beta}_i}{\|\boldsymbol{\beta}_i\|}\quad(i=1,2,\cdots,n),$$

$\boldsymbol{\varepsilon}_1,\boldsymbol{\varepsilon}_2,\cdots,\boldsymbol{\varepsilon}_n$ 即为 n 维欧氏空间 V 的一个标准正交基。

特别地，若 $\boldsymbol{\alpha}_1,\boldsymbol{\alpha}_2,\cdots,\boldsymbol{\alpha}_n$ 是取自 $\mathbf{R}^n$ 中的向量，这一方法就是线性代数中的 Schmidt 正交化过程。

例 2.6 在 $\mathbf{R}[x]_2$ 中定义内积

$$(f(x),g(x))=\int_{-1}^{1}f(x)g(x)\mathrm{d}x\quad(f(x),g(x)\in\mathbf{R}[x]_2),$$

试由 $\mathbf{R}[x]_2$ 的基 $\boldsymbol{\alpha}_1=1,\boldsymbol{\alpha}_2=x,\boldsymbol{\alpha}_3=x^2$ 出发构造一个标准正交基。

解 首先利用 Schmidt 正交化方法将 $\boldsymbol{\alpha}_1,\boldsymbol{\alpha}_2,\boldsymbol{\alpha}_3$ 正交化，即

$$\boldsymbol{\beta}_1=\boldsymbol{\alpha}_1=1,$$

$$\boldsymbol{\beta}_2=\boldsymbol{\alpha}_2-\frac{(\boldsymbol{\alpha}_2,\boldsymbol{\beta}_1)}{(\boldsymbol{\beta}_1,\boldsymbol{\beta}_1)}\boldsymbol{\beta}_1=x-\frac{\int_{-1}^{1}x\mathrm{d}x}{\int_{-1}^{1}\mathrm{d}x}=x,$$

$$\boldsymbol{\beta}_3=\boldsymbol{\alpha}_3-\frac{(\boldsymbol{\alpha}_3,\boldsymbol{\beta}_1)}{(\boldsymbol{\beta}_1,\boldsymbol{\beta}_1)}\boldsymbol{\beta}_1-\frac{(\boldsymbol{\alpha}_3,\boldsymbol{\beta}_2)}{(\boldsymbol{\beta}_2,\boldsymbol{\beta}_2)}\boldsymbol{\beta}_2=x^2-\frac{\int_{-1}^{1}x^2\mathrm{d}x}{\int_{-1}^{1}\mathrm{d}x}-\frac{\int_{-1}^{1}x^3\mathrm{d}x}{\int_{-1}^{1}x^2\mathrm{d}x}x=x^2-\frac{1}{3},$$

再将$\boldsymbol{\beta}_1,\boldsymbol{\beta}_2,\boldsymbol{\beta}_3$单位化，得

$$\boldsymbol{\varepsilon}_1=\frac{\boldsymbol{\beta}_1}{\|\boldsymbol{\beta}_1\|}=\frac{\boldsymbol{\beta}_1}{\sqrt{(\boldsymbol{\beta}_1,\boldsymbol{\beta}_1)}}=\frac{1}{\sqrt{\int_{-1}^{1}\mathrm{d}x}}=\frac{\sqrt{2}}{2},$$

$$\boldsymbol{\varepsilon}_2=\frac{\boldsymbol{\beta}_2}{\sqrt{(\boldsymbol{\beta}_2,\boldsymbol{\beta}_2)}}=\frac{x}{\sqrt{\int_{-1}^{1}x^2\mathrm{d}x}}=\frac{\sqrt{6}}{2}x,$$

$$\boldsymbol{\varepsilon}_3=\frac{\boldsymbol{\beta}_3}{\sqrt{(\boldsymbol{\beta}_3,\boldsymbol{\beta}_3)}}=\frac{x^2-\dfrac{1}{3}}{\sqrt{\int_{-1}^{1}\left(x^2-\dfrac{1}{3}\right)^2\mathrm{d}x}}=\frac{\sqrt{10}}{4}(3x^2-1),$$

则$\frac{\sqrt{2}}{2},\frac{\sqrt{6}}{2}x,\frac{\sqrt{10}}{4}(3x^2-1)$为$\mathbf{R}[x]_2$的一个标准正交基。

例 2.7 线性空间$V=\{\boldsymbol{A}|\boldsymbol{A}^{\mathrm{T}}=\boldsymbol{A},\boldsymbol{A}\in\mathbf{R}^{n\times n}\}$，对$V$中任意矩阵$\boldsymbol{A}=\begin{bmatrix}a_1&a_2\\a_3&a_4\end{bmatrix}$，$\boldsymbol{B}=\begin{bmatrix}b_1&b_2\\b_3&b_4\end{bmatrix}$，定义内积$(\boldsymbol{A},\boldsymbol{B})=\sum_{i=1}^{4}a_ib_i$，试写出线性空间$V$的一个标准正交基。

解 取线性空间V的一个简单基$\begin{bmatrix}1&0\\0&0\end{bmatrix},\begin{bmatrix}0&1\\1&0\end{bmatrix},\begin{bmatrix}0&0\\0&1\end{bmatrix}$。根据所定义的内积，易知它们两两正交，再将其单位化得$\begin{bmatrix}1&0\\0&0\end{bmatrix},\frac{1}{\sqrt{2}}\begin{bmatrix}0&1\\1&0\end{bmatrix},\begin{bmatrix}0&0\\0&1\end{bmatrix}$，即为$V$的一个标准正交基。

定理 2.3 n维欧氏空间V中的基$\boldsymbol{\alpha}_1,\boldsymbol{\alpha}_2,\cdots,\boldsymbol{\alpha}_n$是标准正交基的充分必要条件是，它的度量矩阵$\boldsymbol{A}$是单位矩阵。

这是因为$(\boldsymbol{\alpha}_i,\boldsymbol{\alpha}_j)=\begin{cases}1, & i=j\\0, & i\neq j\end{cases}\quad(i,j=1,2,\cdots,n)$。

在欧氏空间中，若取标准正交基，常常可以使一些计算问题简化。设$\boldsymbol{\varepsilon}_1,\boldsymbol{\varepsilon}_2,\cdots,\boldsymbol{\varepsilon}_n$是欧氏空间$V^n$的一个标准正交基，则该基的度量矩阵是$n$阶单位矩阵；$V^n$中的元素$\boldsymbol{\alpha}$的坐标可以通过内积简单地表示出来，即

$$\boldsymbol{\alpha}=(\boldsymbol{\varepsilon}_1,\boldsymbol{\alpha})\boldsymbol{\varepsilon}_1+(\boldsymbol{\varepsilon}_2,\boldsymbol{\alpha})\boldsymbol{\varepsilon}_2+\cdots+(\boldsymbol{\varepsilon}_n,\boldsymbol{\alpha})\boldsymbol{\varepsilon}_n。$$

事实上，设$\boldsymbol{\alpha}=x_1\boldsymbol{\varepsilon}_1+x_2\boldsymbol{\varepsilon}_2+\cdots+x_n\boldsymbol{\varepsilon}_n$，用$\boldsymbol{\varepsilon}_i$与等式两边作内积，即得$\boldsymbol{\alpha}$的坐标

$$x_i=(\boldsymbol{\varepsilon}_i,\boldsymbol{\alpha})\quad(i=1,2,\cdots,n),$$

同时，在标准正交基下，内积有特别简单的表达式，设

$$\boldsymbol{\alpha}=x_1\boldsymbol{\varepsilon}_1+x_2\boldsymbol{\varepsilon}_2+\cdots+x_n\boldsymbol{\varepsilon}_n,\boldsymbol{\beta}=y_1\boldsymbol{\varepsilon}_1+y_2\boldsymbol{\varepsilon}_2+\cdots+y_n\boldsymbol{\varepsilon}_n,$$

则

$$(\boldsymbol{\alpha},\boldsymbol{\beta})=x_1y_1+x_2y_2+\cdots+x_ny_n,$$

即在标准正交基下，n 维欧氏空间的内积等于对应坐标乘积之和。这个表达式正是几何中向量的内积在直角坐标系中坐标表达式的推广。

定理 2.4 在欧氏空间 V^n 中，

(1)两个标准正交基间的过渡矩阵是正交矩阵，即过渡矩阵 $\boldsymbol{A}$ 满足$\boldsymbol{A}^{\mathrm{T}}\boldsymbol{A}=\boldsymbol{I}$；

(2)如果两个基之间的过渡矩阵是正交矩阵，且其中一个基是标准正交基，则另一个也是标准正交基；

(3)矩阵 $\boldsymbol{A}$ 为正交矩阵的充分必要条件为列向量组为单位正交向量组。

证 (1)设$\boldsymbol{\varepsilon}_1,\boldsymbol{\varepsilon}_2,\cdots,\boldsymbol{\varepsilon}_n$ 及 $\boldsymbol{\mu}_1,\boldsymbol{\mu}_2,\cdots,\boldsymbol{\mu}_n$ 是 V^n 的两个标准正交基，且有

$$(\boldsymbol{\mu}_1,\boldsymbol{\mu}_2,\cdots,\boldsymbol{\mu}_n)=(\boldsymbol{\varepsilon}_1,\boldsymbol{\varepsilon}_2,\cdots,\boldsymbol{\varepsilon}_n)\boldsymbol{A},$$

其中 $\boldsymbol{A}=(a_{ij})_{n\times n}$，则有

$$\boldsymbol{\mu}_i=a_{1i}\boldsymbol{\varepsilon}_1+a_{2i}\boldsymbol{\varepsilon}_2+\cdots+a_{ni}\boldsymbol{\varepsilon}_n\quad(i=1,2,\cdots,n),\tag{2.5}$$

即$\boldsymbol{\mu}_i$ 的坐标恰为 $\boldsymbol{A}$ 的第 i 列，于是

$$a_{1i}a_{1j}+a_{2i}a_{2j}+\cdots+a_{ni}a_{nj}=(\boldsymbol{\mu}_i,\boldsymbol{\mu}_j)=\begin{cases}1, & i=j\\0, & i\neq j\end{cases},$$

即$\boldsymbol{A}^{\mathrm{T}}\boldsymbol{A}=\boldsymbol{I}$，故 $\boldsymbol{A}$ 是正交矩阵。

(2)设$\boldsymbol{\varepsilon}_1,\boldsymbol{\varepsilon}_2,\cdots,\boldsymbol{\varepsilon}_n$ 及$\boldsymbol{\mu}_1,\boldsymbol{\mu}_2,\cdots,\boldsymbol{\mu}_n$ 是 V^n 的两个基，且式(2.5)成立，其中 $\boldsymbol{A}$ 是正交矩阵。如果$\boldsymbol{\varepsilon}_1,\boldsymbol{\varepsilon}_2,\cdots,\boldsymbol{\varepsilon}_n$ 是标准正交基，则

$$(\boldsymbol{\mu}_i,\boldsymbol{\mu}_j)=a_{1i}a_{1j}+a_{2i}a_{2j}+\cdots+a_{ni}a_{nj}=\begin{cases}1, & i=j\\0, & i\neq j\end{cases},$$

即$\boldsymbol{\mu}_1,\boldsymbol{\mu}_2,\cdots,\boldsymbol{\mu}_n$ 是标准正交基。反之，若$\boldsymbol{\mu}_1,\boldsymbol{\mu}_2,\cdots,\boldsymbol{\mu}_n$ 是标准正交基，由于

$$(\boldsymbol{\varepsilon}_1,\boldsymbol{\varepsilon}_2,\cdots,\boldsymbol{\varepsilon}_n)=(\boldsymbol{\mu}_1,\boldsymbol{\mu}_2,\cdots,\boldsymbol{\mu}_n)\boldsymbol{A}^{-1},$$

且$\boldsymbol{A}^{-1}$仍是正交矩阵，同前可证得$\boldsymbol{\varepsilon}_1,\boldsymbol{\varepsilon}_2,\cdots,\boldsymbol{\varepsilon}_n$ 也是标准正交基。

(3)由(1)的证明过程即知。 证毕。

2.3 正交变换与对称变换

2.3.1 正交变换

定义 2.6 如果欧氏空间 V 的线性变换 T 保持内积不变，即对任意 $\boldsymbol{\alpha},\boldsymbol{\beta}\in V$，都有

$$(T(\boldsymbol{\alpha}),T(\boldsymbol{\beta}))=(\boldsymbol{\alpha},\boldsymbol{\beta}),$$

则称 T 为正交变换。

例 2.8 平面旋转变换(平面围绕坐标原点按逆时针方向旋转 θ 角度)

$$T(x_1,x_2)^{\mathrm{T}}=(x_1\cos\theta-x_2\sin\theta,x_1\sin\theta+x_2\cos\theta)^{\mathrm{T}}$$

就是欧氏空间 $\mathbf{R}^2$ 的一个正交变换。这是因为，对 $\mathbf{R}^2$ 中任意向量 $\boldsymbol{x}=(x_1,x_2)^{\mathrm{T}}$ 和 $\boldsymbol{y}=(y_1,y_2)^{\mathrm{T}}$，有

$$
\begin{aligned}
(T(\boldsymbol{x}),T(\boldsymbol{y}))&=(x_1\cos\theta-x_2\sin\theta)(y_1\cos\theta-y_2\sin\theta)+\\
&\quad(x_1\sin\theta+x_2\cos\theta)(y_1\sin\theta+y_2\cos\theta)\\
&=x_1y_1+x_2y_2=(\boldsymbol{x},\boldsymbol{y}),
\end{aligned}
$$

所以 T 是正交变换。

例 2.9 设 $\boldsymbol{A}$ 是 n 阶正交矩阵，$\mathbf{R}^n$ 的线性变换

$$T(\boldsymbol{x})=\boldsymbol{A}\boldsymbol{x}\quad(\boldsymbol{x}\in\mathbf{R}^n)$$

是正交变换。这是因为，对任意 $\boldsymbol{x},\boldsymbol{y}\in\mathbf{R}^n$，有

$$(T(\boldsymbol{x}),T(\boldsymbol{y}))=(\boldsymbol{A}\boldsymbol{x},\boldsymbol{A}\boldsymbol{y})=(\boldsymbol{A}\boldsymbol{x})^{\mathrm{T}}(\boldsymbol{A}\boldsymbol{y})=\boldsymbol{x}^{\mathrm{T}}\boldsymbol{A}^{\mathrm{T}}\boldsymbol{A}\boldsymbol{y}=\boldsymbol{x}^{\mathrm{T}}\boldsymbol{y}=(\boldsymbol{x},\boldsymbol{y})。$$

在有限维欧氏空间中，正交变换可以通过下面几个方面来加以描述。

定理 2.5 设 T 是 n 维欧氏空间 V 的线性变换，则下列命题等价：

(1) T 是正交变换；

(2) T 保持元素的长度不变，即对任意 $\boldsymbol{\alpha}\in V$，有 $\|T(\boldsymbol{\alpha})\|=\|\boldsymbol{\alpha}\|$；

(3) T 把 V 的标准正交基仍变为标准正交基；

(4) T 在 V 的任意标准正交基下的矩阵为正交矩阵。

证 (1)⇒(2) T 是正交变换，对任意 $\boldsymbol{\alpha}\in V$，有

$$\|T(\boldsymbol{\alpha})\|=\sqrt{(T(\boldsymbol{\alpha}),T(\boldsymbol{\alpha}))}=\sqrt{(\boldsymbol{\alpha},\boldsymbol{\alpha})}=\|\boldsymbol{\alpha}\|。$$

(2)⇒(1) T 保持元素的长度不变，则对任意 $\boldsymbol{\alpha},\boldsymbol{\beta}\in V$，有

$$(T(\boldsymbol{\alpha}+\boldsymbol{\beta}),T(\boldsymbol{\alpha}+\boldsymbol{\beta}))=(\boldsymbol{\alpha}+\boldsymbol{\beta},\boldsymbol{\alpha}+\boldsymbol{\beta}),$$

将上式两边展开，得

$$(T(\boldsymbol{\alpha}),T(\boldsymbol{\alpha}))+2(T(\boldsymbol{\alpha}),T(\boldsymbol{\beta}))+(T(\boldsymbol{\beta}),T(\boldsymbol{\beta}))=(\boldsymbol{\alpha},\boldsymbol{\alpha})+2(\boldsymbol{\alpha},\boldsymbol{\beta})+(\boldsymbol{\beta},\boldsymbol{\beta}),$$

由于 $(T(\boldsymbol{\alpha}),T(\boldsymbol{\alpha}))=(\boldsymbol{\alpha},\boldsymbol{\alpha})$ 且 $(T(\boldsymbol{\beta}),T(\boldsymbol{\beta}))=(\boldsymbol{\beta},\boldsymbol{\beta})$，代入上式得 $(T(\boldsymbol{\alpha}),T(\boldsymbol{\beta}))=(\boldsymbol{\alpha},\boldsymbol{\beta})$，即 T 是正交变换。

(1)⇒(3) T 是正交变换，设 $\boldsymbol{\varepsilon}_1,\boldsymbol{\varepsilon}_2,\cdots,\boldsymbol{\varepsilon}_n$ 是 V 的标准正交基，则有

$$(T(\boldsymbol{\varepsilon}_i),T(\boldsymbol{\varepsilon}_j))=(\boldsymbol{\varepsilon}_i,\boldsymbol{\varepsilon}_j)=\begin{cases}1, & i=j\\0, & i\neq j\end{cases},$$

于是 $T(\boldsymbol{\varepsilon}_1),T(\boldsymbol{\varepsilon}_2),\cdots,T(\boldsymbol{\varepsilon}_n)$ 是标准正交基。

(3)⇒(1) 如果 $\boldsymbol{\varepsilon}_1,\boldsymbol{\varepsilon}_2,\cdots,\boldsymbol{\varepsilon}_n$ 和 $T(\boldsymbol{\varepsilon}_1),T(\boldsymbol{\varepsilon}_2),\cdots,T(\boldsymbol{\varepsilon}_n)$ 都是 V 的标准正交基，任取 $\boldsymbol{\alpha},\boldsymbol{\beta}\in V$，有 $\boldsymbol{\alpha}=x_1\boldsymbol{\varepsilon}_1+\cdots+x_n\boldsymbol{\varepsilon}_n$，$\boldsymbol{\beta}=y_1\boldsymbol{\varepsilon}_1+\cdots+y_n\boldsymbol{\varepsilon}_n$，于是

$$
\begin{aligned}
(T(\boldsymbol{\alpha}),T(\boldsymbol{\beta}))&=(x_1T(\boldsymbol{\varepsilon}_1)+\cdots+x_nT(\boldsymbol{\varepsilon}_n),y_1T(\boldsymbol{\varepsilon}_1)+\cdots+y_nT(\boldsymbol{\varepsilon}_n))\\
&=\sum_{i=1}^{n}\sum_{j=1}^{n}x_iy_j(T(\boldsymbol{\varepsilon}_i),T(\boldsymbol{\varepsilon}_j))=\sum_{i=1}^{n}x_iy_i=(\boldsymbol{\alpha},\boldsymbol{\beta}),
\end{aligned}
$$

即 T 是正交变换。

(3)⇒(4) 及 (4)⇒(3) 由定理 2.4 即得。 证毕。

例 2.10 设 T 是欧氏空间 $\mathbf{R}^3$ 的线性变换，对任意 $\boldsymbol{\alpha}=(x_1,x_2,x_3)^{\mathrm{T}}\in\mathbf{R}^3$，恒等变换 $T(\boldsymbol{\alpha})=\boldsymbol{\alpha}$ 是一个正交变换。事实上，有

$$(T(\boldsymbol{\alpha}),T(\boldsymbol{\alpha}))=(\boldsymbol{\alpha},\boldsymbol{\alpha}),$$

即 $\|T(\boldsymbol{\alpha})\|=\|\boldsymbol{\alpha}\|$，由定理 2.5 知，$T$ 是一个正交变换。

2.3.2 对称变换

定义 2.7 设 T 是欧氏空间 V 的线性变换，如果对任意 $\boldsymbol{\alpha},\boldsymbol{\beta}\in V$ 都有

$$(T(\boldsymbol{\alpha}),\boldsymbol{\beta})=(\boldsymbol{\alpha},T(\boldsymbol{\beta})),$$

则称 T 为对称变换。

下面的定理表明，在有限维欧氏空间中，对称变换与实对称矩阵在标准正交基下是对应的，这也是称 T 为对称变换的原因。

定理 2.6 n 维欧氏空间 V 的线性变换 T 是对称变换的充分必要条件是，它在 V 的任意标准正交基下的矩阵是实对称矩阵。

证 设 $\boldsymbol{\varepsilon}_1,\boldsymbol{\varepsilon}_2,\cdots,\boldsymbol{\varepsilon}_n$ 是 V 的标准正交基，且

$$T(\boldsymbol{\varepsilon}_1,\boldsymbol{\varepsilon}_2,\cdots,\boldsymbol{\varepsilon}_n)=(\boldsymbol{\varepsilon}_1,\boldsymbol{\varepsilon}_2,\cdots,\boldsymbol{\varepsilon}_n)\mathbf{A},$$

其中 $\mathbf{A}=(a_{ij})_{n\times n}$，则有

$$T(\boldsymbol{\varepsilon}_i)=a_{1i}\boldsymbol{\varepsilon}_1+a_{2i}\boldsymbol{\varepsilon}_2+\cdots+a_{ni}\boldsymbol{\varepsilon}_n,$$

于是 $(T(\boldsymbol{\varepsilon}_i),\boldsymbol{\varepsilon}_j)=a_{ji}$，$(\boldsymbol{\varepsilon}_i,T(\boldsymbol{\varepsilon}_j))=a_{ij}$。

如果 T 是对称变换，则有

$$a_{ji}=(T(\boldsymbol{\varepsilon}_i),\boldsymbol{\varepsilon}_j)=(\boldsymbol{\varepsilon}_i,T(\boldsymbol{\varepsilon}_j))=a_{ij},$$

从而 $\mathbf{A}$ 是实对称矩阵。反之，若 $\mathbf{A}$ 是实对称矩阵，则有

$$(T(\boldsymbol{\varepsilon}_i),\boldsymbol{\varepsilon}_j)=a_{ji}=a_{ij}=(\boldsymbol{\varepsilon}_i,T(\boldsymbol{\varepsilon}_j)),$$

于是对任意 $\boldsymbol{\alpha},\boldsymbol{\beta}\in V$，有

$$\boldsymbol{\alpha}=x_1\boldsymbol{\varepsilon}_1+\cdots+x_n\boldsymbol{\varepsilon}_n,\quad \boldsymbol{\beta}=y_1\boldsymbol{\varepsilon}_1+\cdots+y_n\boldsymbol{\varepsilon}_n,$$

且

$$\begin{aligned}(T(\boldsymbol{\alpha}),\boldsymbol{\beta}) &= \left(\sum_{i=1}^{n}x_iT(\boldsymbol{\varepsilon}_i),\sum_{j=1}^{n}y_j\boldsymbol{\varepsilon}_j\right)=\sum_{i=1}^{n}\sum_{j=1}^{n}x_iy_j(T(\boldsymbol{\varepsilon}_i),\boldsymbol{\varepsilon}_j)\\ &=\sum_{i=1}^{n}\sum_{j=1}^{n}x_iy_j(\boldsymbol{\varepsilon}_i,T(\boldsymbol{\varepsilon}_j))=\left(\sum_{i=1}^{n}x_i\boldsymbol{\varepsilon}_i,\sum_{j=1}^{n}y_jT(\boldsymbol{\varepsilon}_j)\right)=(\boldsymbol{\alpha},T(\boldsymbol{\beta})),\end{aligned}$$

即 T 为对称变换。 证毕。

基于如上定理，可以利用实对称矩阵来讨论对称变换。

推论 设 T 是 n 维欧氏空间 V 的对称变换，则存在 V 的标准正交基，使 T 在该基下的矩阵为对角矩阵。

证 取 V 的标准正交基 $\boldsymbol{\varepsilon}_1,\boldsymbol{\varepsilon}_2,\cdots,\boldsymbol{\varepsilon}_n$，且设

$$T(\boldsymbol{\varepsilon}_1,\boldsymbol{\varepsilon}_2,\cdots,\boldsymbol{\varepsilon}_n)=(\boldsymbol{\varepsilon}_1,\boldsymbol{\varepsilon}_2,\cdots,\boldsymbol{\varepsilon}_n)\boldsymbol{A},$$

其中 $\boldsymbol{A}$ 是实对称矩阵。由于存在正交矩阵 $\boldsymbol{Q}$，使得

$$\boldsymbol{Q}^{-1}\boldsymbol{A}\boldsymbol{Q}=\boldsymbol{\Lambda},$$

其中 $\boldsymbol{\Lambda}$ 是对角矩阵，令 $(\boldsymbol{\mu}_1,\boldsymbol{\mu}_2,\cdots,\boldsymbol{\mu}_n)=(\boldsymbol{\varepsilon}_1,\boldsymbol{\varepsilon}_2,\cdots,\boldsymbol{\varepsilon}_n)\boldsymbol{Q}$，则由定理 2.4 知，$\boldsymbol{\mu}_1,\boldsymbol{\mu}_2,\cdots,\boldsymbol{\mu}_n$ 是 V 的标准正交基，且 T 在该基下的矩阵为 $\boldsymbol{\Lambda}$。 证毕。

例 2.11 设 $\boldsymbol{\alpha}_0$ 是欧氏空间 V 中一个单位元素，对任意 $\boldsymbol{\alpha}\in V$，定义

$$T(\boldsymbol{\alpha})=\boldsymbol{\alpha}-2(\boldsymbol{\alpha},\boldsymbol{\alpha}_0)\boldsymbol{\alpha}_0,$$

证明：(1) T 是线性变换；

(2) T 是正交变换；

(3) T 是对称变换。

证 (1) 对任意 $\boldsymbol{\alpha},\boldsymbol{\beta}\in V,k\in\mathbf{R}$，有

$$\begin{aligned}T(\boldsymbol{\alpha}+\boldsymbol{\beta})&=(\boldsymbol{\alpha}+\boldsymbol{\beta})-2(\boldsymbol{\alpha}+\boldsymbol{\beta},\boldsymbol{\alpha}_0)\boldsymbol{\alpha}_0\\&=\boldsymbol{\alpha}+\boldsymbol{\beta}-2(\boldsymbol{\alpha},\boldsymbol{\alpha}_0)\boldsymbol{\alpha}_0-2(\boldsymbol{\beta},\boldsymbol{\alpha}_0)\boldsymbol{\alpha}_0=T(\boldsymbol{\alpha})+T(\boldsymbol{\beta}),\end{aligned}$$

$$T(k\boldsymbol{\alpha})=k\boldsymbol{\alpha}-2(k\boldsymbol{\alpha},\boldsymbol{\alpha}_0)\boldsymbol{\alpha}_0=k\boldsymbol{\alpha}-2k(\boldsymbol{\alpha},\boldsymbol{\alpha}_0)\boldsymbol{\alpha}_0=kT(\boldsymbol{\alpha}),$$

故 T 是线性变换。

(2) 对任意 $\boldsymbol{\alpha},\boldsymbol{\beta}\in V$，有

$$\begin{aligned}(T(\boldsymbol{\alpha}),T(\boldsymbol{\beta}))&=(\boldsymbol{\alpha}-2(\boldsymbol{\alpha},\boldsymbol{\alpha}_0)\boldsymbol{\alpha}_0,\boldsymbol{\beta}-2(\boldsymbol{\beta},\boldsymbol{\alpha}_0)\boldsymbol{\alpha}_0)\\&=(\boldsymbol{\alpha},\boldsymbol{\beta})-2(\boldsymbol{\beta},\boldsymbol{\alpha}_0)(\boldsymbol{\alpha},\boldsymbol{\alpha}_0)-2(\boldsymbol{\alpha},\boldsymbol{\alpha}_0)(\boldsymbol{\alpha}_0,\boldsymbol{\beta})+4(\boldsymbol{\alpha},\boldsymbol{\alpha}_0)(\boldsymbol{\beta},\boldsymbol{\alpha}_0)(\boldsymbol{\alpha}_0,\boldsymbol{\alpha}_0)\\&=(\boldsymbol{\alpha},\boldsymbol{\beta})-4(\boldsymbol{\beta},\boldsymbol{\alpha}_0)(\boldsymbol{\alpha},\boldsymbol{\alpha}_0)+4(\boldsymbol{\alpha},\boldsymbol{\alpha}_0)(\boldsymbol{\beta},\boldsymbol{\alpha}_0)=(\boldsymbol{\alpha},\boldsymbol{\beta}),\end{aligned}$$

故 T 是正交变换。

(3) 对任意 $\boldsymbol{\alpha},\boldsymbol{\beta}\in V$，有

$$(T(\boldsymbol{\alpha}),\boldsymbol{\beta})=(\boldsymbol{\alpha}-2(\boldsymbol{\alpha},\boldsymbol{\alpha}_0)\boldsymbol{\alpha}_0,\boldsymbol{\beta})=(\boldsymbol{\alpha},\boldsymbol{\beta})-2(\boldsymbol{\alpha},\boldsymbol{\alpha}_0)(\boldsymbol{\alpha}_0,\boldsymbol{\beta}),$$

$$(\boldsymbol{\alpha},T(\boldsymbol{\beta}))=(\boldsymbol{\alpha},\boldsymbol{\beta}-2(\boldsymbol{\beta},\boldsymbol{\alpha}_0)\boldsymbol{\alpha}_0)=(\boldsymbol{\alpha},\boldsymbol{\beta})-2(\boldsymbol{\alpha},\boldsymbol{\alpha}_0)(\boldsymbol{\alpha}_0,\boldsymbol{\beta}),$$

因此

$$(T(\boldsymbol{\alpha}),\boldsymbol{\beta})=(\boldsymbol{\alpha},T(\boldsymbol{\beta})),$$

故 T 是对称变换。 证毕。

2.4 酉空间

欧氏空间是针对实数域上的线性空间讨论的，而酉空间是欧氏空间在复数域上的推广。在酉空间中，许多概念、结构及证明都与欧氏空间类似，下面只列举一些主要的概念和结论，其证明均略去。

2.4.1　酉空间与酉矩阵

定义 2.8　设复数域 $\mathbf{C}$，复矩阵 $\boldsymbol{A}=(a_{ij})_{m\times n}$，$a_{ij}\in\mathbf{C}$，定义其共轭矩阵为$\overline{\boldsymbol{A}}=(\overline{a_{ij}})_{m\times n}$，其中$\overline{a_{ij}}$是 a_{ij} 的共轭复数。定义矩阵 $\boldsymbol{A}$ 的共轭转置矩阵为$\boldsymbol{A}^{\mathrm{H}}$，即$\boldsymbol{A}^{\mathrm{H}}=(\overline{\boldsymbol{A}})^{\mathrm{T}}=\overline{\boldsymbol{A}^{\mathrm{T}}}$。

容易验证复共轭转置矩阵具有如下性质（$\boldsymbol{A},\boldsymbol{B}$ 是复矩阵，$k\in\mathbf{C}$）：

(1) $(\boldsymbol{A}^{\mathrm{H}})^{\mathrm{H}}=\boldsymbol{A}$；

(2) $(k\boldsymbol{A})^{\mathrm{H}}=\overline{k}\boldsymbol{A}^{\mathrm{H}}$；

(3) $(\boldsymbol{A}+\boldsymbol{B})^{\mathrm{H}}=\boldsymbol{A}^{\mathrm{H}}+\boldsymbol{B}^{\mathrm{H}}$；

(4) $(\boldsymbol{A}\boldsymbol{B})^{\mathrm{H}}=\boldsymbol{B}^{\mathrm{H}}\boldsymbol{A}^{\mathrm{H}}$；

(5) 当 $\boldsymbol{A}$ 可逆时，$(\boldsymbol{A}^{\mathrm{H}})^{-1}=(\boldsymbol{A}^{-1})^{\mathrm{H}}$。

与实对称矩阵$\boldsymbol{A}^{\mathrm{T}}=\boldsymbol{A}$ 相对应的有 Hermite（厄米特）矩阵的概念。

定义 2.9　如果方阵 $\boldsymbol{A}$ 满足$\boldsymbol{A}^{\mathrm{H}}=\boldsymbol{A}$，则称 $\boldsymbol{A}$ 为一个 Hermite 矩阵。如果方阵 $\boldsymbol{A}$ 满足$-\boldsymbol{A}^{\mathrm{H}}=\boldsymbol{A}$，则称 $\boldsymbol{A}$ 为反 Hermite 矩阵。

例如，$\begin{bmatrix}1 & 2+3\mathrm{i}\\ 2-3\mathrm{i} & 5\end{bmatrix}$为二阶 Hermite 矩阵，$\begin{bmatrix}0 & 2+3\mathrm{i}\\ -2+3\mathrm{i} & 0\end{bmatrix}$为二阶反 Hermite 矩阵。

定义 2.10　如果方阵 $\boldsymbol{A}$ 满足$\boldsymbol{A}^{\mathrm{H}}\boldsymbol{A}=\boldsymbol{A}\boldsymbol{A}^{\mathrm{H}}=\boldsymbol{I}$，则称 $\boldsymbol{A}$ 为一个酉矩阵，当 $\boldsymbol{A}$ 为实矩阵时，酉矩阵 $\boldsymbol{A}$ 也就是正交矩阵。

例如$\begin{bmatrix}\dfrac{2}{\sqrt{6}} & \dfrac{\mathrm{i}}{\sqrt{3}} & 0\\ \dfrac{\mathrm{i}}{\sqrt{6}} & \dfrac{1}{\sqrt{3}} & \dfrac{1}{\sqrt{2}}\\ -\dfrac{1}{\sqrt{6}} & \dfrac{\mathrm{i}}{\sqrt{3}} & -\dfrac{\mathrm{i}}{\sqrt{2}}\end{bmatrix}$为一个三阶酉矩阵。

定义 2.11　设 V 是复数域 $\mathbf{C}$ 上的线性空间，如果对于 V 中任意两个元素 $\boldsymbol{\alpha},\boldsymbol{\beta}$ 都有一复数与之对应，记为$(\boldsymbol{\alpha},\boldsymbol{\beta})$，且它满足下列条件（$\boldsymbol{\alpha},\boldsymbol{\beta},\boldsymbol{\gamma}\in V$；$k\in\mathbf{C}$）：

(1) $(\boldsymbol{\alpha},\boldsymbol{\beta})=\overline{(\boldsymbol{\beta},\boldsymbol{\alpha})}$；

(2) $(\boldsymbol{\alpha}+\boldsymbol{\beta},\boldsymbol{\gamma})=(\boldsymbol{\alpha},\boldsymbol{\gamma})+(\boldsymbol{\beta},\boldsymbol{\gamma})$；

(3) $(k\boldsymbol{\alpha},\boldsymbol{\beta})=k(\boldsymbol{\alpha},\boldsymbol{\beta})$；

(4) $(\boldsymbol{\alpha},\boldsymbol{\alpha})\geqslant 0$，当且仅当 $\boldsymbol{\alpha}=\boldsymbol{\theta}$ 时等号成立。

则称$(\boldsymbol{\alpha},\boldsymbol{\beta})$为 $\boldsymbol{\alpha}$ 与 $\boldsymbol{\beta}$ 的内积。定义了内积的复线性空间 V 称为酉空间，也称为复内积空间。

这里定义的内积与定义 2.1 的实线性空间的内积只是条件(1)不同。虽然$(\boldsymbol{\alpha},\boldsymbol{\beta})$一般是复数，但根据条件(1)，$(\boldsymbol{\alpha},\boldsymbol{\alpha})$是实数。没有这一规定，条件(4)就无意义了。显然欧氏空间是酉空间的特例。

对复线性空间 $\mathbf{C}^n$ 中的向量 $\boldsymbol{\alpha}=(a_1,a_2,\cdots,a_n)^{\mathrm{T}}$，$\boldsymbol{\beta}=(b_1,b_2,\cdots,b_n)^{\mathrm{T}}$，定义

$$(\boldsymbol{\alpha},\boldsymbol{\beta})=a_1\overline{b_1}+a_2\overline{b_2}+\cdots+a_n\overline{b_n}=\boldsymbol{\beta}^{\mathrm{H}}\boldsymbol{\alpha},$$

则它是内积，$\mathbf{C}^n$按此内积构成酉空间。其中$\boldsymbol{\beta}^{\mathrm{H}}$称为$\boldsymbol{\beta}$的共轭转置。

对于复线性空间$\mathbf{C}^{m\times n}$中的矩阵$\boldsymbol{A}=(a_{ij})_{m\times n}$，$\boldsymbol{B}=(b_{ij})_{m\times n}$，规定

$$(\boldsymbol{A},\boldsymbol{B})=\sum_{i=1}^{m}\sum_{j=1}^{n}a_{ij}\overline{b_{ij}}=\mathrm{tr}(\boldsymbol{A}\boldsymbol{B}^{\mathrm{H}}),$$

则它是内积，$\mathbf{C}^{m\times n}$按此内积构成酉空间。

根据内积定义，酉空间的内积有如下基本性质($\boldsymbol{\alpha},\boldsymbol{\beta},\boldsymbol{\gamma}\in V,\boldsymbol{\alpha}_i,\boldsymbol{\beta}_j\in V,k,k_i,l_j\in\mathbf{C}$)：

(1)$(\boldsymbol{\alpha},k\boldsymbol{\beta})=\overline{k}(\boldsymbol{\alpha},\boldsymbol{\beta})$，这是因为$(\boldsymbol{\alpha},k\boldsymbol{\beta})=\overline{(k\boldsymbol{\beta},\boldsymbol{\alpha})}=\overline{k}\,\overline{(\boldsymbol{\beta},\boldsymbol{\alpha})}=\overline{k}(\boldsymbol{\alpha},\boldsymbol{\beta})$；

(2)$(\boldsymbol{\alpha},\boldsymbol{\beta}+\boldsymbol{\gamma})=(\boldsymbol{\alpha},\boldsymbol{\beta})+(\boldsymbol{\alpha},\boldsymbol{\gamma})$；

(3)$(\boldsymbol{\alpha},\boldsymbol{\theta})=(\boldsymbol{\theta},\boldsymbol{\alpha})=0$；

(4)$\left(\sum_{i=1}^{m}k_i\boldsymbol{\alpha}_i,\sum_{j=1}^{n}l_j\boldsymbol{\beta}_j\right)=\sum_{i=1}^{m}\sum_{j=1}^{n}k_i\overline{l_j}(\boldsymbol{\alpha}_i,\boldsymbol{\beta}_j)$；

(5) Cauchy-Schwarz不等式仍成立，即

$$(\boldsymbol{\alpha},\boldsymbol{\beta})\overline{(\boldsymbol{\alpha},\boldsymbol{\beta})}\leqslant(\boldsymbol{\alpha},\boldsymbol{\alpha})(\boldsymbol{\beta},\boldsymbol{\beta})\text{或}|(\boldsymbol{\alpha},\boldsymbol{\beta})|^2\leqslant(\boldsymbol{\alpha},\boldsymbol{\alpha})(\boldsymbol{\beta},\boldsymbol{\beta}),$$

当且仅当$\boldsymbol{\alpha},\boldsymbol{\beta}$线性相关时等号成立。

与欧氏空间一样，因为$(\boldsymbol{\alpha},\boldsymbol{\alpha})\geqslant0$，故可定义元素$\boldsymbol{\alpha}\in V$的长度为$\|\boldsymbol{\alpha}\|=\sqrt{(\boldsymbol{\alpha},\boldsymbol{\alpha})}$，并称满足$\|\boldsymbol{\alpha}\|=1$的元素为单位元素。由于酉空间中的内积一般是复数，故元素之间不易定义夹角，但仍可引入正交等概念，即当$\boldsymbol{\alpha},\boldsymbol{\beta}\in V$满足$(\boldsymbol{\alpha},\boldsymbol{\beta})=0$时，称$\boldsymbol{\alpha}$与$\boldsymbol{\beta}$正交(或垂直)。

在n维酉空间中，同样可以定义正交基和标准正交基，并且也有下述一些重要结论。

定理 2.7 任意一组线性无关的元素均可以用Schmidt正交化方法将其正交化，并扩充成标准正交基。

定理 2.8 两个标准正交基间的过渡矩阵是酉矩阵。

2.4.2 酉变换与Hermite变换

类似于欧氏空间的正交变换和对称变换，可以引进酉空间的酉变换和Hermite变换。

定义 2.12 设T是酉空间V上的线性变换，如果对于V中任意元素$\boldsymbol{\alpha},\boldsymbol{\beta}$，都有

$$(T(\boldsymbol{\alpha}),T(\boldsymbol{\beta}))=(\boldsymbol{\alpha},\boldsymbol{\beta}),$$

则称T为V上的酉变换。如果线性变换T满足

$$(T(\boldsymbol{\alpha}),\boldsymbol{\beta})=(\boldsymbol{\alpha},T(\boldsymbol{\beta})),$$

则称T为V上的Hermite变换。

定理 2.9 设T是n维酉空间V的线性变换，则T是酉变换的充分必要条件是，T在V的标准正交基下的矩阵是酉矩阵；T是Hermite变换的充分必要条件是，T在V的标准正交基下的矩阵是Hermite矩阵。

定理 2.10 设T是n维酉空间V的Hermite变换，则存在V的标准正交基，使T在该基下的矩阵为实对角矩阵。

习题 2

1. 设 $\boldsymbol{x}=(x_1,x_2,\cdots,x_n)$，$\boldsymbol{y}=(y_1,y_2,\cdots,y_n)\in\mathbf{R}^n$，$\boldsymbol{A}$ 是 n 阶正定矩阵，令

$$(\boldsymbol{x},\boldsymbol{y})=\boldsymbol{x}\boldsymbol{A}\,\boldsymbol{y}^{\mathrm{T}},$$

(1)证明$(\boldsymbol{x},\boldsymbol{y})$是 $\mathbf{R}^n$ 的内积；

(2)求$(\boldsymbol{x},\boldsymbol{y})$关于 $\mathbf{R}^n$ 的基$\boldsymbol{e}_1,\boldsymbol{e}_2,\cdots,\boldsymbol{e}_n$ 的度量矩阵；

(3)写出相应的 Cauchy-Schwarz 不等式。

2. 设 V 是实数域 $\mathbf{R}$ 上的 n 维线性空间，$\boldsymbol{\alpha}_1,\boldsymbol{\alpha}_2,\cdots,\boldsymbol{\alpha}_n$ 是 V 的一个基，任意 $\boldsymbol{\alpha},\boldsymbol{\beta}\in V$，有

$$\boldsymbol{\alpha}=x_1\boldsymbol{\alpha}_1+x_2\boldsymbol{\alpha}_2+\cdots+x_n\boldsymbol{\alpha}_n,\boldsymbol{\beta}=y_1\boldsymbol{\alpha}_1+y_2\boldsymbol{\alpha}_2+\cdots+y_n\boldsymbol{\alpha}_n,$$

定义 $\boldsymbol{\alpha},\boldsymbol{\beta}$ 的内积为

$$(\boldsymbol{\alpha},\boldsymbol{\beta})=x_1y_1+2x_2y_2+\cdots+nx_ny_n,$$

验证 V 对这个内积构成欧氏空间。

3. 证明 $\boldsymbol{\varepsilon}_1=\left(\frac{1}{2},\frac{1}{2},\frac{1}{2},\frac{1}{2}\right)^{\mathrm{T}}$，$\boldsymbol{\varepsilon}_2=\left(\frac{1}{2},-\frac{1}{2},-\frac{1}{2},\frac{1}{2}\right)^{\mathrm{T}}$，$\boldsymbol{\varepsilon}_3=\left(\frac{1}{2},-\frac{1}{2},\frac{1}{2},-\frac{1}{2}\right)^{\mathrm{T}}$，$\boldsymbol{\varepsilon}_4=\left(\frac{1}{2},\frac{1}{2},-\frac{1}{2},-\frac{1}{2}\right)^{\mathrm{T}}$ 是欧氏空间$\mathbf{R}^4$ 的一个标准正交基。

4. 设$\boldsymbol{\alpha}_1,\boldsymbol{\alpha}_2,\boldsymbol{\alpha}_3$ 是三维欧氏空间 $\boldsymbol{V}$ 的一个标准正交基，试证 $\boldsymbol{\beta}_1=\frac{2}{3}\boldsymbol{\alpha}_1+\frac{2}{3}\boldsymbol{\alpha}_2+\frac{1}{3}\boldsymbol{\alpha}_3$，$\boldsymbol{\beta}_2=\frac{2}{3}\boldsymbol{\alpha}_1-\frac{1}{3}\boldsymbol{\alpha}_2-\frac{2}{3}\boldsymbol{\alpha}_3$，$\boldsymbol{\beta}_3=\frac{1}{3}\boldsymbol{\alpha}_1-\frac{2}{3}\boldsymbol{\alpha}_2+\frac{2}{3}\alpha_3$ 也是 $\boldsymbol{V}$ 的一个标准正交基。

5. 在欧氏空间$\mathbf{R}^4$ 中，求一个单位向量与$(1,1,0,0)^{\mathrm{T}}$，$(1,1,-1,-1)^{\mathrm{T}}$，$(1,-1,1,-1)^{\mathrm{T}}$ 都正交。

6. 在$\mathbf{R}^{2\times2}$中定义内积

$$(\boldsymbol{A},\boldsymbol{B})=\sum_{i=1}^{2}\sum_{j=1}^{2}a_{ij}b_{ij},\boldsymbol{A}=(a_{ij})_{2\times2},\boldsymbol{B}=(b_{ij})_{2\times2},$$

由$\mathbf{R}^{2\times2}$的基

$$\boldsymbol{A}_1=\begin{bmatrix}0&1\\1&1\end{bmatrix},\boldsymbol{A}_2=\begin{bmatrix}1&0\\1&1\end{bmatrix},\boldsymbol{A}_3=\begin{bmatrix}1&1\\0&1\end{bmatrix},\boldsymbol{A}_4=\begin{bmatrix}1&1\\1&0\end{bmatrix}$$

出发，构造一个正交基。

7. 设欧氏空间 $\mathbf{R}^{2\times2}$的子空间 $W=\left\{\boldsymbol{X}=\begin{bmatrix}x_1&x_2\\x_3&x_4\end{bmatrix}\middle| x_1-x_4=0,x_2-x_3=0\right\}$，定义 $\mathbf{R}^{2\times2}$

中的内积为 $(\boldsymbol{A},\boldsymbol{B})=\sum_{i=1}^{2}\sum_{j=1}^{2}a_{ij}b_{ij}$，$\boldsymbol{A}=(a_{ij})_{2\times2}$，$\boldsymbol{B}=(b_{ij})_{2\times2}$，给出子空间 W 的一个标准正交基。

8. 设 $\boldsymbol{\varepsilon}_1,\boldsymbol{\varepsilon}_2,\boldsymbol{\varepsilon}_3,\boldsymbol{\varepsilon}_4$ 是欧氏空间 $\mathbf{V}$ 的一个标准正交基，T 是 $\mathbf{V}$ 的线性变换，且

$$T(\boldsymbol{\varepsilon}_1)=\boldsymbol{\varepsilon}_1+\boldsymbol{\varepsilon}_2-\boldsymbol{\varepsilon}_4,T(\boldsymbol{\varepsilon}_2)=\boldsymbol{\varepsilon}_1+\boldsymbol{\varepsilon}_2-\boldsymbol{\varepsilon}_3,$$

$$T(\boldsymbol{\varepsilon}_3)=-\boldsymbol{\varepsilon}_2+\boldsymbol{\varepsilon}_3+\boldsymbol{\varepsilon}_4,T(\boldsymbol{\varepsilon}_4)=-\boldsymbol{\varepsilon}_1+\boldsymbol{\varepsilon}_3+\boldsymbol{\varepsilon}_4,$$

(1)证明 T 是一个对称变换；

(2)求 V 的一个标准正交基，使 T 在该基下的矩阵为对角矩阵。

9. 设 T 是欧氏空间 V 的线性变换，如果 T 满足

$$(T(\boldsymbol{\alpha}),\boldsymbol{\beta})=-(\boldsymbol{\alpha},T(\boldsymbol{\beta}))\quad(\boldsymbol{\alpha},\boldsymbol{\beta}\in V),$$

则称 T 为反对称变换。证明 T 为反对称变换的充分必要条件是，T 在 V 的标准正交基下的矩阵为反对称矩阵。

第 3 章

矩阵的 Jordan 标准形

在线性代数中，我们讨论了某矩阵相似于对角矩阵的条件，我们可以将对角矩阵看作与可对角化矩阵相似的标准形。但是，有些矩阵是不能与对角矩阵相似的，那么，那些不可对角化的矩阵相似于什么样的标准形呢？本章将引入 Jordan（约当）标准形的概念，我们将得到不可对角化的矩阵相似于 Jordan 矩阵即 Jordan 标准形。为此，我们首先讨论 λ-矩阵及其相关的一些性质。

3.1 不变因子、初等因子与行列式因子

不变因子、初等因子与行列式因子在计算不可对角化矩阵的相似矩阵（Jordan 标准形）时有重要的应用，本节只介绍与 Jordan 标准形密切相关的概念和结论，我们略去了某些复杂的证明。

3.1.1 不变因子与初等因子

定义 3.1 若矩阵 $\boldsymbol{A}$ 的元素为 $\lambda \in \mathbf{C}$ 的复系数多项式，则该矩阵就称为 λ-矩阵，记作$\boldsymbol{A}(\lambda)$。

例如，若 $\boldsymbol{A}$ 为一般的数字矩阵，则 $\lambda\boldsymbol{I}-\boldsymbol{A}$ 就是一个 λ-矩阵。同时，一般的数字矩阵也可以视为 λ-矩阵。

定义 3.2 以下三类变换称为 λ-矩阵的初等变换：

（1）互换两行（列）；

（2）某行（列）乘非零常复数 k；

(3)某行(列)乘多项式 $g(\lambda)$后加到另一行(列)。

定义 3.3 如果 λ-矩阵 $\boldsymbol{A}(\lambda)$经过有限次初等变换后可变成 $\boldsymbol{B}(\lambda)$,则称 $\boldsymbol{B}(\lambda)$与 $\boldsymbol{A}(\lambda)$等价,记为 $\boldsymbol{B}(\lambda)\sim\boldsymbol{A}(\lambda)$。

定理 3.1 若 λ-矩阵 $\boldsymbol{A}(\lambda)$与 $\boldsymbol{B}(\lambda)$等价,则 $\mathrm{rank}\boldsymbol{A}(\lambda)=\mathrm{rank}\boldsymbol{B}(\lambda)$,但反之不然。

定义 3.4 秩为 r 的 λ-矩阵

$$\boldsymbol{S}(\lambda)=\begin{bmatrix} d_1(\lambda) & 0 & \cdots & 0 & 0 & \cdots & 0 \\ 0 & d_2(\lambda) & \cdots & 0 & 0 & \cdots & 0 \\ \vdots & \vdots & \ddots & \vdots & \vdots & \vdots & \vdots \\ 0 & 0 & \cdots & d_r(\lambda) & 0 & \cdots & 0 \\ 0 & 0 & \cdots & 0 & 0 & \cdots & 0 \\ \vdots & \vdots & \vdots & \vdots & \vdots & \ddots & \vdots \\ 0 & 0 & \cdots & 0 & 0 & \cdots & 0 \end{bmatrix}$$

中,$d_i(\lambda)$是首项系数为 1(首一)的多项式,并且 $d_i(\lambda)$能够整除 $d_{i+1}(\lambda)$ $(i=1,2,\cdots,r-1)$,则称矩阵 $\boldsymbol{S}(\lambda)$是一个 Smith 标准形。

定理 3.2 如果 λ-矩阵 $\boldsymbol{A}(\lambda)\in\mathbf{C}^{m\times n}$,并且 $\mathrm{rank}\boldsymbol{A}(\lambda)=r$,那么 $\boldsymbol{A}(\lambda)$矩阵一定与一个 Smith 标准形 $\boldsymbol{S}(\lambda)$等价。

定义 3.5 如果 $\boldsymbol{A}(\lambda)$与 Smith 标准形 $\boldsymbol{S}(\lambda)$等价,则称 $\boldsymbol{S}(\lambda)$的对角元素 $d_i(\lambda)(i=1,2,\cdots,r)$为 $\boldsymbol{A}(\lambda)$的不变因子(或不变因式)。同时,记 $d_i(\lambda)(i=1,2,\cdots,r)$的分解形式为

$$\begin{cases} d_1(\lambda)=(\lambda-\lambda_1)^{\varepsilon_{11}}(\lambda-\lambda_2)^{\varepsilon_{12}}\cdots(\lambda-\lambda_s)^{\varepsilon_{1s}} \\ d_2(\lambda)=(\lambda-\lambda_1)^{\varepsilon_{21}}(\lambda-\lambda_2)^{\varepsilon_{22}}\cdots(\lambda-\lambda_s)^{\varepsilon_{2s}} \\ \qquad\vdots \\ d_r(\lambda)=(\lambda-\lambda_1)^{\varepsilon_{r1}}(\lambda-\lambda_2)^{\varepsilon_{r2}}\cdots(\lambda-\lambda_s)^{\varepsilon_{rs}} \end{cases} \quad (\text{其中 } \lambda_1,\lambda_2,\cdots,\lambda_s \text{ 互不相同},\boldsymbol{\varepsilon}_{ij}\geqslant 0),$$

式中,所有指数大于 0 的因子$(\lambda-\lambda_j)^{\varepsilon_{ij}}$ $(i=1,2,\cdots,r;j=1,2,\cdots,s)$叫作 $\boldsymbol{A}(\lambda)$的初等因子。

定理 3.3 若 λ-矩阵 $\boldsymbol{A}(\lambda)$的不变因子 $d_i(\lambda)$确定,则 $\boldsymbol{A}(\lambda)$的初等因子$(\lambda-\lambda_j)^{\varepsilon_{ij}}$被唯一确定;反过来,若 $\boldsymbol{A}(\lambda)$的秩与所有的初等因子$(\lambda-\lambda_j)^{\varepsilon_{ij}}$确定,则不变因子 $d_i(\lambda)$也被唯一确定。

证 将 $\boldsymbol{A}(\lambda)$的所有初等因子按不同的一次因子分类,并按各因子的幂从小到大排列如下:

$$\begin{cases} (\lambda-\lambda_1)^{\varepsilon_{11}},(\lambda-\lambda_1)^{\varepsilon_{21}},\cdots,(\lambda-\lambda_1)^{\varepsilon_{r1}}, & (0\leqslant\boldsymbol{\varepsilon}_{11}\leqslant\boldsymbol{\varepsilon}_{21}\leqslant\cdots\leqslant\boldsymbol{\varepsilon}_{r1}) \\ (\lambda-\lambda_2)^{\varepsilon_{12}},(\lambda-\lambda_2)^{\varepsilon_{22}},\cdots,(\lambda-\lambda_2)^{\varepsilon_{r2}}, & (0\leqslant\boldsymbol{\varepsilon}_{12}\leqslant\boldsymbol{\varepsilon}_{22}\leqslant\cdots\leqslant\boldsymbol{\varepsilon}_{r2}) \\ \qquad\vdots \\ (\lambda-\lambda_s)^{\varepsilon_{1s}},(\lambda-\lambda_s)^{\varepsilon_{2s}},\cdots,(\lambda-\lambda_s)^{\varepsilon_{rs}}, & (0\leqslant\boldsymbol{\varepsilon}_{1s}\leqslant\boldsymbol{\varepsilon}_{2s}\leqslant\cdots\leqslant\boldsymbol{\varepsilon}_{rs}) \end{cases},$$

上述共有 r 列(每列中的因子个数可能不同,空白处可以用数 1 补上)。这样,在第 i 列上的各式之积$(\lambda-\lambda_1)^{\varepsilon_{i1}}(\lambda-\lambda_2)^{\varepsilon_{i2}}\cdots(\lambda-\lambda_s)^{\varepsilon_{rs}}$就是 $\boldsymbol{A}(\lambda)$的第 i 个不变因子 $d_i(\lambda)$。 证毕。

例 3.1 试将矩阵 $A(\lambda)=\begin{bmatrix}-\lambda+1 & 2\lambda-1 & \lambda\\ \lambda & \lambda^2 & -\lambda\\ \lambda^2+1 & \lambda^2+\lambda-1 & -\lambda^2\end{bmatrix}$ 化成 Smith 标准形，并求不变因子和初等因子。

解 对 $A(\lambda)$ 进行初等变换如下：

$$A(\lambda)\xrightarrow[r_1+r_2]{c_1+c_3}\begin{bmatrix}1 & \lambda^2+2\lambda-1 & 0\\ 0 & \lambda^2 & -\lambda\\ 1 & \lambda^2+\lambda-1 & -\lambda^2\end{bmatrix}\xrightarrow[c_2-(\lambda^2+2\lambda-1)c_1]{r_3-r_1}\begin{bmatrix}1 & 0 & 0\\ 0 & \lambda^2 & -\lambda\\ 0 & -\lambda & -\lambda^2\end{bmatrix}$$

$$\xrightarrow[r_2\div(-1)]{c_2\leftrightarrow c_3}\begin{bmatrix}1 & 0 & 0\\ 0 & \lambda & -\lambda^2\\ 0 & -\lambda^2 & -\lambda\end{bmatrix}\xrightarrow[c_3-\lambda c_2]{\substack{r_3+\lambda r_2\\ r_3\div(-1)}}\begin{bmatrix}1 & 0 & 0\\ 0 & \lambda & 0\\ 0 & 0 & \lambda^3+\lambda\end{bmatrix},$$

即得 $A(\lambda)$ 的 Smith 标准形，不变因子为 $d_1(\lambda)=1, d_2(\lambda)=\lambda, d_3(\lambda)=\lambda^3+\lambda$，初等因子为 $\lambda,\lambda,(\lambda+\mathrm{i}),(\lambda-\mathrm{i})$。

3.1.2 行列式因子

下面介绍与不变因子关系密切的行列式因子。

定义 3.6 设 λ-矩阵 $A(\lambda)$ 的秩为 r，对任意 $k\in\mathbf{Z}^+, 1\leqslant k\leqslant r$，$A(\lambda)$ 必存在非零的 k 阶子式，称 $A(\lambda)$ 的全部非零 k 阶子式的首一最大公因式 $D_k(\lambda)$ 为 $A(\lambda)$ 的 k 阶行列式因子。

定理 3.4 等价的 λ-矩阵具有相同的秩和相同的各阶行列式因子。

推论 设 $A(\lambda)$ 是秩为 r 的 $m\times n$ 矩阵，则 $A(\lambda)$ 的行列式因子 $D_k(\lambda)$ 为

$$D_k(\lambda)=d_1(\lambda)d_2(\lambda)\cdots d_k(\lambda)\,(k=1,2,\cdots,r),$$

式中，$d_k(\lambda)\,(k=1,2,\cdots,r)$ 是 $A(\lambda)$ 的不变因子。于是有

$$d_1(\lambda)=D_1(\lambda), d_2(\lambda)=\frac{D_2(\lambda)}{D_1(\lambda)},\cdots,d_r(\lambda)=\frac{D_r(\lambda)}{D_{r-1}(\lambda)}。$$

定理 3.5 λ-矩阵 $A(\lambda)$ 的 Smith 标准形是唯一的。

证 由定理 3.4 和推论可知，$A(\lambda)$ 的不变因子是由 $A(\lambda)$ 的行列式因子唯一确定的，因此，$A(\lambda)$ 的 Smith 标准形是唯一的。 证毕。

根据定理 3.4 推论，对于某些特殊形式的矩阵，我们可根据行列式因子求出不变因子，进而得到该矩阵对应的 Smith 标准形。

例 3.2 将 λ-矩阵 $A(\lambda)=\begin{bmatrix}0 & 0 & 0 & \lambda^2\\ 0 & 0 & \lambda^2-\lambda & 0\\ 0 & (\lambda-1)^2 & 0 & 0\\ \lambda^2-\lambda & 0 & 0 & 0\end{bmatrix}$ 化为 Smith 标准形。

解 根据行列式因子的定义，可以求出 $A(\lambda)$ 的各阶行列式因子为

$$D_1(\lambda)=1, D_2(\lambda)=\lambda(\lambda-1), D_3(\lambda)=\lambda^2(\lambda-1)^2, D_4(\lambda)=\lambda^4(\lambda-1)^4,$$

所以$\boldsymbol{A}(\lambda)$的不变因子为

$$d_1(\lambda)=1, d_2(\lambda)=\frac{D_2(\lambda)}{D_1(\lambda)}=\lambda(\lambda-1), d_3(\lambda)=\frac{D_3(\lambda)}{D_2(\lambda)}=\lambda(\lambda-1),$$

$$d_4(\lambda)=\frac{D_4(\lambda)}{D_3(\lambda)}=\lambda^2(\lambda-1)^2,$$

因此，$\boldsymbol{A}(\lambda)$的 Smith 标准形为$\begin{bmatrix}1 & 0 & 0 & 0\\ 0 & \lambda(\lambda-1) & 0 & 0\\ 0 & 0 & \lambda(\lambda-1) & 0\\ 0 & 0 & 0 & \lambda^2(\lambda-1)^2\end{bmatrix}$。

定理 3.6 两个λ-矩阵等价的充分必要条件为：它们具有相同的行列式因子，或具有相同的不变因子。

证 首先由定理 3.4 推论，不变因子与行列式因子是相互确定的。其次，必要性即为定理 3.4 的内容；再由定理 3.5，若两个λ-矩阵$\boldsymbol{A}(\lambda)$与$\boldsymbol{B}(\lambda)$有相同的不变因子，则$\boldsymbol{A}(\lambda)$、$\boldsymbol{B}(\lambda)$和同一个 Smith 标准形等价，所以$\boldsymbol{A}(\lambda)$与$\boldsymbol{B}(\lambda)$等价。 证毕。

定理 3.7 设λ-矩阵$\boldsymbol{A}(\lambda)=\begin{bmatrix}\boldsymbol{B}(\lambda) & 0\\ 0 & \boldsymbol{C}(\lambda)\end{bmatrix}$为分块对角矩阵，则$\boldsymbol{B}(\lambda)$与$\boldsymbol{C}(\lambda)$的初等因子的全体构成$\boldsymbol{A}(\lambda)$的全体初等因子。

例 3.3 求λ-矩阵$\boldsymbol{A}(\lambda)=\begin{bmatrix}\lambda(\lambda+1) & & \\ & \lambda & \\ & & (\lambda+1)^2\end{bmatrix}$的初等因子和不变因子。

解法一 利用行列式因子。因为λ与$(\lambda+1)^2$的最大公因式为 1，所以$D_1(\lambda)=1$；又因为$D_2(\lambda)=\lambda(\lambda+1)$，$D_3(\lambda)=\lambda^2(\lambda+1)^3$，所以$\boldsymbol{A}(\lambda)$的不变因子为$d_1(\lambda)=1$，$d_2(\lambda)=\lambda(\lambda+1)$，$d_3(\lambda)=\lambda(\lambda+1)^2$；所以其初等因子为：$\lambda,\lambda+1,\lambda,(\lambda+1)^2$。

解法二 因为$\boldsymbol{A}(\lambda)$是一个对角矩阵，根据定理 3.7，对角线上各元素的初等因子就是$\boldsymbol{A}(\lambda)$的初等因子，即$\lambda,\lambda+1,\lambda,(\lambda+1)^2$；因此其不变因子为：$d_3(\lambda)=\lambda(\lambda+1)^2$，$d_2(\lambda)=\lambda(\lambda+1)$，$d_1(\lambda)=1$。

3.2 Jordan 标准形

对矩阵的讨论和操作，感觉上都是很繁冗的。而矩阵的相似变换，使得我们有希望转而讨论相对简单的矩阵（比如对角矩阵），得到我们想要的结论。虽然对角矩阵是最为简单的，在各种计算和问题处理中，对角矩阵也是最容易处理的。但我们知道，并不是所有的方阵都能与对角矩阵相似（只有当n阶方阵恰好有n个线性无关的特征向量的时候，该方阵才可以对角化）。那么不可对角化的方阵相似于什么样的相对简单的矩阵呢？本节将会说明，不可对角化方阵相似于一个 Jordan 矩阵。

3.2.1 Jordan 标准形的定义

定义 3.7　形如

$$\boldsymbol{J}_i=\begin{bmatrix}\lambda_i & 1 & & & \\ & \lambda_i & 1 & & \\ & & \lambda_i & \ddots & \\ & & & \ddots & 1 \\ & & & & \lambda_i\end{bmatrix}_{m_i\times m_i}$$

的方阵叫作 m_i 阶 Jordan 块。特别的，一阶方阵叫作一阶 Jordan 块。

定义 3.8　由若干个 Jordan 块组成的分块对角矩阵

$$\begin{bmatrix}\boldsymbol{J}_1 & & & \\ & \boldsymbol{J}_2 & & \\ & & \ddots & \\ & & & \boldsymbol{J}_s\end{bmatrix},$$

式中，$\boldsymbol{J}_i(i=1,2,\cdots,s)$为 m_i 阶 Jordan 块。当 $\sum\limits_{i=1}^{s}m_i=n$ 时，这个矩阵叫作 n 阶 Jordan 标准形，记为 $\boldsymbol{J}$(或$\boldsymbol{J}_n$)。

Jordan 矩阵是一个特殊的上三角矩阵，它的特征值恰是对角元素。与对角矩阵的差别在于 Jordan 矩阵对角线上方的次对角元素可能为 1 或 0。显然，Jordan 块本身就是一个 Jordan 矩阵。对角矩阵也是一个 Jordan 矩阵，它的每个 Jordan 块都是一阶的。需要注意，在 Jordan 标准形 $\boldsymbol{J}$ 中，不同 Jordan 块的对角元素 λ_i 可能相同也可能不同。同时，因为相似矩阵有相同的特征值，因此，若矩阵 $\boldsymbol{A}$ 与一个 Jordan 标准形 $\boldsymbol{J}$ 相似，则 Jordan 标准形 $\boldsymbol{J}$ 的对角元素 $\lambda_1,\lambda_2,\cdots,\lambda_s$ 就是 $\boldsymbol{A}$ 的特征值。

定理 3.8　任意 $\boldsymbol{A}\in\mathbf{C}^{n\times n}$都与一个 Jordan 标准形 $\boldsymbol{J}$ 相似，若不计 $\boldsymbol{J}$ 中的 Jordan 块的排列顺序，则 $\boldsymbol{J}$ 由 $\boldsymbol{A}$ 唯一确定。

3.2.2 Jordan 标准形的计算

下面介绍求已知矩阵的 Jordan 标准形的方法。本节主要介绍三种求解方法。

1. 特征向量法

首先，我们称特征值的重数为特征值的代数重数，同时称该特征值的对应线性无关的特征向量的个数为几何重数，有如下结论：几何重数小于等于代数重数。利用特征向量方法求解 $\boldsymbol{A}$ 的 Jordan 标准形的步骤如下。

Step1　求出 $\boldsymbol{A}\in\mathbf{C}^{n\times n}$ 的全部特征值及其代数重数，设 $\boldsymbol{A}$ 的互不相同的特征值为 λ_1，$\lambda_2,\cdots,\lambda_t$。

Step2　对每个特征值 λ_k，确定其对应的 Jordan 块。如果 λ_k 是$\boldsymbol{A}$ 的单特征值，则 λ_k 只对

应一个一阶 Jordan 块(λ_k)；如果 λ_k 是 $\boldsymbol{A}$ 的 r_k 重特征值，计算 λ_k 的几何重数 s_k，则 λ_k 共对应 s_k 个以 λ_k 为对角元素的 Jordan 块，这些 Jordan 块的阶数之和等于 r_k。

Step3 $\boldsymbol{A}$ 的所有特征值对应的所有 Jordan 块构成的 Jordan 矩阵即为 $\boldsymbol{A}$ 的 Jordan 标准形。

注：上述 Step2 中，计算 λ_k 的几何重数 s_k，可以通过计算 $\mathrm{rank}(\lambda_k\boldsymbol{I}-\boldsymbol{A})$得到。事实上，$s_k=n-\mathrm{rank}(\lambda_k\boldsymbol{I}-\boldsymbol{A})$。

例 3.4 求下列矩阵的 Jordan 标准形：

$$(1)\boldsymbol{A}=\begin{bmatrix}-1&0&1\\1&2&0\\-4&0&3\end{bmatrix};(2)\boldsymbol{A}=\begin{bmatrix}3&0&8\\3&-1&6\\-2&0&-5\end{bmatrix}。$$

解 (1)可求得 $\boldsymbol{A}$ 特征值为 $\lambda_1=\lambda_2=1,\lambda_3=2$。特征值 $\lambda_1=\lambda_2=1$ 只有一个线性无关的特征向量$\boldsymbol{p}_1=(1,-1,2)^{\mathrm{T}}$。故 $\boldsymbol{A}$ 的 Jordan 标准形为

$$\boldsymbol{J}=\begin{bmatrix}1&1&\\&1&\\&&2\end{bmatrix}。$$

(2)由于$|\lambda\boldsymbol{I}-\boldsymbol{A}|=\begin{vmatrix}\lambda-3&0&-8\\-3&\lambda+1&-6\\2&0&\lambda+5\end{vmatrix}=(\lambda+1)^3$，因此 $\boldsymbol{A}$ 的特征值为 $\lambda_1=\lambda_2=\lambda_3=-1$。由

$$-\boldsymbol{I}-\boldsymbol{A}=\begin{bmatrix}-4&0&-8\\-3&0&-6\\2&0&4\end{bmatrix},$$

可知 $\mathrm{rank}(-\boldsymbol{I}-\boldsymbol{A})=1$。因此，以$-1$为特征值的 Jordan 块有 $n-\mathrm{rank}(-\boldsymbol{I}-\boldsymbol{A})=2$ 个，阶数之和为 3。则这两个 Jordan 块中，一个为一阶块，一个为二阶块，故 $\boldsymbol{J}=\begin{bmatrix}-1&0&0\\0&-1&1\\0&0&-1\end{bmatrix}$。

值得注意的是，虽然特征向量法求矩阵的 Jordan 标准形方法较简单，但是当矩阵 $\boldsymbol{A}$ 的某一特征值重数较高时，对应的 Jordan 块的阶数可能无法确定。比如，当 λ_i 是 $\boldsymbol{A}$ 的 4 重特征值且对应该特征值有两个线性无关特征向量时，用特征向量法无法断定以 λ_i 为对角元素的两个 Jordan 块均为二阶的，还是一个为一阶而另一个为三阶的。

2. 初等变换法

在 3.1 节中，我们学过 Smith 标准形、不变因子和初等因子的概念，初等变换法求 $\boldsymbol{A}$ 的 Jordan 标准形是根据初等因子的方幂确定的。

Step1　求出 $\lambda I-A$ 的全部初等因子(也称为 A 的初等因子)为

$$(\lambda-\lambda_1)^{r_1},(\lambda-\lambda_2)^{r_2},\cdots,(\lambda-\lambda_s)^{r_s}。$$

Step2　对每个初等因子 $(\lambda-\lambda_i)^{r_i}$，确定其对应的 Jordan 块为

$$J_i=\begin{bmatrix}\lambda_i & 1 & & \\ & \lambda_i & \ddots & \\ & & \ddots & 1 \\ & & & \lambda_i\end{bmatrix}_{r_i\times r_i}。$$

Step3　A 的所有初等因子对应的所有 Jordan 块构成的 Jordan 矩阵即为 A 的 Jordan 标准形。

注：上述 Step1 中，$\lambda_1,\lambda_2,\cdots,\lambda_s$ 可能有相同的。并且当 $r_1+r_2+\cdots+r_s=n$ 时，从初等变换方法可知，任意一个 n 阶复矩阵 A 可以对角化的充分必要条件为 $\lambda I-A$ 的初等因子全是一次的。

例 3.5　求下列矩阵的 Jordan 标准形：

$$(1)A=\begin{bmatrix}3 & 1 & -3\\ -7 & -2 & 9\\ -2 & -1 & 4\end{bmatrix};(2)A=\begin{bmatrix}3 & 0 & 8\\ 3 & -1 & 6\\ -2 & 0 & -5\end{bmatrix}。$$

解　(1)因为

$$\lambda I-A=\begin{bmatrix}\lambda-3 & -1 & 3\\ 7 & \lambda+2 & -9\\ 2 & 1 & \lambda-4\end{bmatrix}\to\begin{bmatrix}2 & 1 & \lambda-4\\ 7 & \lambda+2 & -9\\ \lambda-3 & -1 & 3\end{bmatrix}\to\begin{bmatrix}1 & 2 & \lambda-4\\ \lambda+2 & 7 & -9\\ -1 & \lambda-3 & 3\end{bmatrix}$$

$$\to\begin{bmatrix}1 & 2 & \lambda-4\\ 0 & 2\lambda-3 & (\lambda-1)^2\\ 0 & \lambda-1 & \lambda-1\end{bmatrix}\to\begin{bmatrix}1 & 0 & 0\\ 0 & \lambda-1 & \lambda-1\\ 0 & (\lambda-1)^2 & 2\lambda-3\end{bmatrix}$$

$$\to\begin{bmatrix}1 & 0 & 0\\ 0 & \lambda-1 & 0\\ 0 & (\lambda-1)^2 & -(\lambda-2)^2\end{bmatrix}\to\begin{bmatrix}1 & 0 & 0\\ 0 & \lambda-1 & 0\\ 0 & 0 & (\lambda-2)^2\end{bmatrix},$$

所以它的初等因子为 $\lambda-1,(\lambda-2)^2$，则 A 的 Jordan 标准形为 $J=\begin{bmatrix}1 & 0 & 0\\ 0 & 2 & 1\\ 0 & 0 & 2\end{bmatrix}$。

(2)因为 $\lambda I-A=\begin{bmatrix}\lambda-3 & 0 & -8\\ -3 & \lambda+1 & -6\\ 2 & 0 & \lambda+5\end{bmatrix}\to\begin{bmatrix}1 & & \\ & \lambda+1 & \\ & & (\lambda+1)^2\end{bmatrix}$,

所以 $\lambda\boldsymbol{I}-\boldsymbol{A}$ 的初等因子为 $\lambda+1,(\lambda+1)^2$，则 $\boldsymbol{A}$ 的 Jordan 标准形 $\boldsymbol{J}=\begin{bmatrix}-1&0&0\\0&-1&1\\0&0&-1\end{bmatrix}$。

3. 行列式因子法

在 3.1 节中，我们介绍过行列式因子的概念，行列式因子法就是利用行列式因子与初等因子的关系求 $\boldsymbol{A}$ 的 Jordan 标准形。

Step1 求 $\lambda\boldsymbol{I}-\boldsymbol{A}$ 的 n 个行列式因子 $D_k(\lambda)(k=1,2,\cdots,n)$。

Step2 根据定理 3.4 推论，求 $\lambda\boldsymbol{I}-\boldsymbol{A}$ 的不变因子。

Step3 求 $\boldsymbol{A}$ 的全部初等因子和 Jordan 标准形。

例 3.6 求下列矩阵的 Jordan 标准形：

$$(1)\boldsymbol{A}=\begin{bmatrix}1&2&3&4\\0&1&2&3\\0&0&1&2\\0&0&0&1\end{bmatrix};(2)\boldsymbol{A}=\begin{bmatrix}2&-1&1&-1\\2&2&-1&-1\\1&2&-1&2\\0&0&0&3\end{bmatrix}。$$

解 (1)

$$\lambda\boldsymbol{I}-\boldsymbol{A}=\begin{bmatrix}\lambda-1&-2&-3&-4\\0&\lambda-1&-2&-3\\0&0&\lambda-1&-2\\0&0&0&\lambda-1\end{bmatrix},$$

首先，计算得到 $D_4(\lambda)=\det(\lambda\boldsymbol{I}-\boldsymbol{A})=(\lambda-1)^4$。接下来，选取 $\lambda\boldsymbol{I}-\boldsymbol{A}$ 的一个三阶子式

$$\begin{vmatrix}-2&-3&-4\\\lambda-1&-2&-3\\0&\lambda-1&-2\end{vmatrix}=-4\lambda(\lambda+1),$$

因为 $D_3(\lambda)$ 能整除每个三阶子式，则 $D_3(\lambda)\mid 4\lambda(\lambda+1)$，又因为 $D_3(\lambda)\mid D_4(\lambda)$，所以 $D_3(\lambda)=1$。从而 $D_2(\lambda)=D_1(\lambda)=1$，于是得 $\boldsymbol{A}$ 的不变因子

$$d_1(\lambda)=d_2(\lambda)=d_3(\lambda)=1,\quad d_4(\lambda)=(\lambda-1)^4,$$

即 $\boldsymbol{A}$ 只有一个初等因子 $(\lambda-1)^4$，故 $\boldsymbol{A}$ 的 Jordan 标准形为

$$\boldsymbol{J}=\begin{bmatrix}1&1&&\\&1&1&\\&&1&1\\&&&1\end{bmatrix}。$$

(2)
$$\lambda \boldsymbol{I}-\boldsymbol{A}=\begin{bmatrix}\lambda-2 & 1 & -1 & 1\\ -2 & \lambda-2 & 1 & 1\\ -1 & -2 & \lambda+1 & -2\\ 0 & 0 & 0 & \lambda-3\end{bmatrix},$$

显然 $D_4(\lambda)=\det(\lambda \boldsymbol{I}-\boldsymbol{A})=(\lambda-1)^3(\lambda-3)$。考察 $\lambda \boldsymbol{I}-\boldsymbol{A}$ 中的两个三阶子式

$$\begin{vmatrix}\lambda-2 & 1 & -1\\ -2 & \lambda-2 & 1\\ -1 & -2 & \lambda+1\end{vmatrix}=(\lambda-1)^3,$$

$$\begin{vmatrix}\lambda-2 & 1 & 1\\ -2 & \lambda-2 & 1\\ -1 & -2 & -2\end{vmatrix}=-(\lambda-3)(2\lambda-5),$$

因为 $D_3(\lambda)$ 能整除每个三阶子式，即 $D_3(\lambda)\mid(\lambda-1)^3$，$D_3(\lambda)\mid(\lambda-3)(2\lambda-5)$，所以 $D_3(\lambda)=1$，从而 $D_2(\lambda)=D_1(\lambda)=1$。因此得 $\boldsymbol{A}$ 的不变因子

$$d_1(\lambda)=d_2(\lambda)=d_3(\lambda)=1, d_4(\lambda)=(\lambda-1)^3(\lambda-3),$$

于是 $\boldsymbol{A}$ 的初等因子为 $(\lambda-1)^3$，$\lambda-3$，故 $\boldsymbol{A}$ 的 Jordan 标准形为

$$\boldsymbol{J}=\begin{bmatrix}1 & 1 & & \\ & 1 & 1 & \\ & & 1 & \\ & & & 3\end{bmatrix}。$$

3.2.3　相似变换

根据定理 3.8，矩阵 $\boldsymbol{A}$ 一定与某个 Jordan 标准形 $\boldsymbol{J}$ 相似，即一定存在一个可逆矩阵 $\boldsymbol{P}$，使得 $\boldsymbol{P}^{-1}\boldsymbol{A}\boldsymbol{P}=\boldsymbol{J}$。前面，我们介绍了如何求已知 n 阶矩阵 $\boldsymbol{A}$ 的 Jordan 标准形 $\boldsymbol{J}$ 的方法，那么如何求矩阵 $\boldsymbol{P}$ 呢？因为 $\boldsymbol{P}^{-1}\boldsymbol{A}\boldsymbol{P}=\boldsymbol{J}$，所以 $\boldsymbol{A}\boldsymbol{P}=\boldsymbol{P}\boldsymbol{J}$。已知 n 阶矩阵 $\boldsymbol{A}$ 和 Jordan 标准形 $\boldsymbol{J}$，我们只需要求解线性方程组 $\boldsymbol{A}\boldsymbol{P}=\boldsymbol{P}\boldsymbol{J}$ 就可以求出 $\boldsymbol{P}$。具体步骤如下：

Step1　将 $\boldsymbol{P}$ 按列分块写成 $\boldsymbol{P}=(\boldsymbol{p}_1,\boldsymbol{p}_2,\cdots,\boldsymbol{p}_n)$，则有

$$(\boldsymbol{A}\boldsymbol{p}_1,\boldsymbol{A}\boldsymbol{p}_2,\cdots,\boldsymbol{A}\boldsymbol{p}_n)=(\boldsymbol{p}_1,\boldsymbol{p}_2,\cdots,\boldsymbol{p}_n)\boldsymbol{J}。$$

Step2　由于 $\boldsymbol{J}$ 的对角元素为 $\boldsymbol{A}$ 的特征值，对角线上方的平行线上元素为 0 或 1，因此 $\boldsymbol{A}\boldsymbol{P}=\boldsymbol{P}\boldsymbol{J}$ 可化为如下方程组的形式：

$$\boldsymbol{A}\boldsymbol{p}_i=a\boldsymbol{p}_{i-1}+\lambda_i\boldsymbol{p}_i \text{ 即} (\lambda_i\boldsymbol{I}-\boldsymbol{A})\boldsymbol{p}_i=-a\boldsymbol{p}_{i-1}\quad (i=1,2,\cdots,n),$$

式中，$a=0$ 或 1。

Step3　依次求解这些方程即可求得 $\boldsymbol{P}=(\boldsymbol{p}_1,\boldsymbol{p}_2,\cdots,\boldsymbol{p}_n)$。

下面我们就用例子来具体演示求解过程。

例 3.7 求矩阵 $\boldsymbol{A}=\begin{bmatrix}-4 & 2 & 10\\ -4 & 3 & 7\\ -3 & 1 & 7\end{bmatrix}$ 的 Jordan 标准形 $\boldsymbol{J}$，并求出可逆矩阵 $\boldsymbol{P}$，使得 $\boldsymbol{P}^{-1}\boldsymbol{A}\boldsymbol{P}=\boldsymbol{J}$。

解 根据 Jordan 标准形的求解方法，可求得 $\boldsymbol{A}$ 的 Jordan 标准形为 $\boldsymbol{J}=\begin{bmatrix}2 & 1 & 0\\ 0 & 2 & 1\\ 0 & 0 & 2\end{bmatrix}$。令 $\boldsymbol{P}=(\boldsymbol{p}_1,\boldsymbol{p}_2,\boldsymbol{p}_3)$，由 $\boldsymbol{AP}=\boldsymbol{PJ}$ 可得

$$\begin{cases}\boldsymbol{A}\boldsymbol{p}_1=2\boldsymbol{p}_1\\ \boldsymbol{A}\boldsymbol{p}_2=\boldsymbol{p}_1+2\boldsymbol{p}_2,\\ \boldsymbol{A}\boldsymbol{p}_3=\boldsymbol{p}_2+2\boldsymbol{p}_3\end{cases}\quad \text{即}\quad \begin{cases}(2\boldsymbol{I}-\boldsymbol{A})\boldsymbol{p}_1=\boldsymbol{0}\\ (2\boldsymbol{I}-\boldsymbol{A})\boldsymbol{p}_2=-\boldsymbol{p}_1,\\ (2\boldsymbol{I}-\boldsymbol{A})\boldsymbol{p}_3=-\boldsymbol{p}_2\end{cases}$$

分别求解三个方程可得

$$\boldsymbol{p}_1=k_1\begin{bmatrix}2\\1\\1\end{bmatrix},\boldsymbol{p}_2=k_2\begin{bmatrix}0\\1\\0\end{bmatrix},\boldsymbol{p}_3=k_3\begin{bmatrix}-1\\-3\\0\end{bmatrix},$$

特别地，可选取

$$\boldsymbol{p}_1=\begin{bmatrix}2\\1\\1\end{bmatrix},\boldsymbol{p}_2=\begin{bmatrix}0\\1\\0\end{bmatrix},\boldsymbol{p}_3=\begin{bmatrix}-1\\-3\\0\end{bmatrix},$$

所以，$\boldsymbol{P}=\begin{bmatrix}2 & 0 & -1\\ 1 & 1 & -3\\ 1 & 0 & 0\end{bmatrix}$。

例 3.8 求矩阵 $\boldsymbol{A}=\begin{bmatrix}3 & 1 & -1\\ -2 & 0 & 2\\ -1 & -1 & 3\end{bmatrix}$ 的 Jordan 标准形 $\boldsymbol{J}$，并求出可逆矩阵 $\boldsymbol{P}$，使得 $\boldsymbol{P}^{-1}\boldsymbol{A}\boldsymbol{P}=\boldsymbol{J}$。

解 根据 Jordan 标准形的求解方法，可求得 $\boldsymbol{A}$ 的 Jordan 标准形为 $\boldsymbol{J}=\begin{bmatrix}2 & 0 & 0\\ 0 & 2 & 1\\ 0 & 0 & 2\end{bmatrix}$。令 $\boldsymbol{P}=(\boldsymbol{p}_1,\boldsymbol{p}_2,\boldsymbol{p}_3)$，由 $\boldsymbol{AP}=\boldsymbol{PJ}$ 可得

$$\begin{cases}\boldsymbol{A}\boldsymbol{p}_1=2\boldsymbol{p}_1\\ \boldsymbol{A}\boldsymbol{p}_2=2\boldsymbol{p}_2\\ \boldsymbol{A}\boldsymbol{p}_3=\boldsymbol{p}_2+2\boldsymbol{p}_3\end{cases},$$

即

$$\begin{cases}(2\boldsymbol{I}-\boldsymbol{A})\boldsymbol{p}_1=\boldsymbol{0}\\(2\boldsymbol{I}-\boldsymbol{A})\boldsymbol{p}_2=\boldsymbol{0}\\(2\boldsymbol{I}-\boldsymbol{A})\boldsymbol{p}_3=-\boldsymbol{p}_2\end{cases},$$

即$\boldsymbol{p}_1,\boldsymbol{p}_2$为特征值$\lambda=2$的两个线性无关的特征向量，由于方程组$(2\boldsymbol{I}-\boldsymbol{A})\boldsymbol{x}=\boldsymbol{0}$的通解为$\boldsymbol{x}=k_1(-1,1,0)^{\mathrm{T}}+k_2(1,0,1)^{\mathrm{T}}$，很自然地，我们想到令$\boldsymbol{p}_1=(-1,1,0)^{\mathrm{T}}$，$\boldsymbol{p}_2=(1,0,1)^{\mathrm{T}}$，代入第三个方程$(2\boldsymbol{I}-\boldsymbol{A})\boldsymbol{x}=-\boldsymbol{p}_2$，但是该方程无解。因此，需要重新选择$\boldsymbol{p}_2$。如果令$\boldsymbol{p}_1=(1,0,1)^{\mathrm{T}}$，$\boldsymbol{p}_2=(-1,1,0)^{\mathrm{T}}$，方程$(2\boldsymbol{I}-\boldsymbol{A})\boldsymbol{x}=-\boldsymbol{p}_2$依然无解。那么$\boldsymbol{p}_2$该如何选择呢？既然$\boldsymbol{p}_2$可以是方程$(2\boldsymbol{I}-\boldsymbol{A})\boldsymbol{x}=\boldsymbol{0}$的任意非零解，我们设$\boldsymbol{p}_2=k_1(-1,1,0)^{\mathrm{T}}+k_2(1,0,1)^{\mathrm{T}}$，再代入$(2\boldsymbol{I}-\boldsymbol{A})\boldsymbol{x}=-\boldsymbol{p}_2$，由

$$(2\boldsymbol{I}-\boldsymbol{A},-\boldsymbol{p}_2)=\begin{bmatrix}-1&-1&1&k_1-k_2\\2&2&-2&-k_1\\1&1&-1&-k_2\end{bmatrix}\to\begin{bmatrix}1&1&-1&-k_2\\0&0&0&2k_2-k_1\\0&0&0&0\end{bmatrix},$$

可知$k_1=2k_2$时方程$(2\boldsymbol{I}-\boldsymbol{A})\boldsymbol{x}=-\boldsymbol{p}_2$有解。我们不妨取$k_1=2,k_2=1$，即$\boldsymbol{p}_2=(-1,2,1)^{\mathrm{T}}$，可求得$(2\boldsymbol{I}-\boldsymbol{A})\boldsymbol{x}=-\boldsymbol{p}_2$的解为$\boldsymbol{x}=k_1(-1,1,0)^{\mathrm{T}}+k_2(1,0,1)^{\mathrm{T}}+(-1,0,0)^{\mathrm{T}}$，可取$\boldsymbol{p}_3=(-1,0,0)^{\mathrm{T}}$，故所用的相似变换矩阵为

$$\boldsymbol{P}=\begin{bmatrix}-1&-1&-1\\1&2&0\\0&1&0\end{bmatrix}。$$

注：从例 3.7 和例 3.8 可知，相似变换$\boldsymbol{P}$不是唯一的。从例 3.8 中，我们发现，在求解$\boldsymbol{P}$的过程中，当矩阵$\boldsymbol{A}$的某个重特征值对应一个以上 Jordan 块时，可能会出现某个方程无解的情况，此时可仿照例 3.8 的方法处理。

接下来，介绍 Jordan 标准形的幂$\boldsymbol{J}^k$和多项式$f(\boldsymbol{J})$，这在计算矩阵多项式和矩阵函数中起着重要的作用。设

$$\boldsymbol{J}=\begin{bmatrix}\boldsymbol{J}_1&&&\\&\boldsymbol{J}_2&&\\&&\ddots&\\&&&\boldsymbol{J}_s\end{bmatrix},$$

式中，

$$\boldsymbol{J}_i=\begin{bmatrix}\lambda_i&1&&&\\&\lambda_i&1&&\\&&\lambda_i&\ddots&\\&&&\ddots&1\\&&&&\lambda_i\end{bmatrix}_{r_i\times r_i},$$

则
$$J^k=\begin{bmatrix} J_1^k & & & \\ & J_2^k & & \\ & & \ddots & \\ & & & J_s^k \end{bmatrix}。$$

因此计算J^k的关键是计算J_i^k。

定理 3.9 r_i 阶 Jordan 块

$$J_i=\begin{bmatrix} \lambda_i & 1 & & & \\ & \lambda_i & 1 & & \\ & & \lambda_i & \ddots & \\ & & & \ddots & 1 \\ & & & & \lambda_i \end{bmatrix}_{r_i\times r_i}$$

的 k 次幂为

$$J_i^k=\begin{bmatrix} \lambda_i^k & C_k^1\lambda_i^{k-1} & C_k^2\lambda_i^{k-2} & \cdots & C_k^{r_i-1}\lambda_i^{k-r_i+1} \\ & \lambda_i^k & C_k^1\lambda_i^{k-1} & \cdots & C_k^{r_i-2}\lambda_i^{k-r_i+2} \\ & & \lambda_i^k & \ddots & \vdots \\ & & & \ddots & C_k^1\lambda_i^{k-1} \\ & & & & \lambda_i^k \end{bmatrix}_{r_i\times r_i},$$

式中

$$C_k^m=\begin{cases} \dfrac{k!}{m!\,(k-m)!}, & m\leqslant k \\ 0, & m>k \end{cases}。$$

特别地，当J_i为 2 阶 Jordan 块时，有

$$J_i^k=\begin{bmatrix} \lambda_i^k & k\lambda_i^{k-1} \\ & \lambda_i^k \end{bmatrix}。$$

设多项式 $f(x)=a_0+a_1x+\cdots+a_mx^m$，则

$$f(J)=a_0I+a_1J+\cdots+a_mJ^m=\begin{bmatrix} f(J_1) & & & \\ & f(J_2) & & \\ & & \ddots & \\ & & & f(J_s) \end{bmatrix},$$

由定理 3.9 可得

$$f(J_i)=a_0\begin{bmatrix} 1 & & & & \\ & 1 & & & \\ & & \ddots & & \\ & & & 1 & \\ & & & & 1 \end{bmatrix}+a_1\begin{bmatrix} \lambda_i & 1 & & & \\ & \lambda_i & 1 & & \\ & & \ddots & \ddots & \\ & & & \lambda_i & 1 \\ & & & & \lambda_i \end{bmatrix}+a_2\begin{bmatrix} \lambda_i^2 & 2\lambda_i & 1 & & & \\ & \lambda_i^2 & 2\lambda_i & 1 & & \\ & & \ddots & \ddots & 1 & \\ & & & \lambda_i^2 & 2\lambda_i & \\ & & & & \lambda_i^2 & \end{bmatrix}+\cdots$$

$$= \sum_{k=0}^{m} a_k \begin{bmatrix} \lambda_i^k & C_k^1 \lambda_i^{k-1} & \cdots & C_k^{r_i-1} \lambda_i^{k-r_i+1} \\ & \lambda_i^k & \ddots & \vdots \\ & & \ddots & C_k^1 \lambda_i^{k-1} \\ & & & \lambda_i^k \end{bmatrix}$$

$$= \sum_{k=0}^{m} a_k \begin{bmatrix} \lambda^k & \frac{(\lambda^k)'}{1!} & \cdots & \frac{(\lambda^k)^{(r_i-1)}}{(r_i-1)!} \\ & \lambda^k & \ddots & \vdots \\ & & \ddots & \frac{(\lambda^k)'}{1!} \\ & & & \lambda^k \end{bmatrix}\Bigg|_{\lambda=\lambda_i} = \begin{bmatrix} f(\lambda) & \frac{f'(\lambda)}{1!} & \cdots & \frac{f^{(r_i-1)}(\lambda)}{(r_i-1)!} \\ & f(\lambda) & \ddots & \vdots \\ & & \ddots & \frac{f'(\lambda)}{1!} \\ & & & f(\lambda) \end{bmatrix}\Bigg|_{\lambda=\lambda_i}。$$

例 3.9　已知 $\boldsymbol{A}=\begin{bmatrix} -1 & 0 & 1 \\ 1 & 2 & 0 \\ -4 & 0 & 3 \end{bmatrix}$，求$\boldsymbol{A}^k$。

解　在例 3.4 中，我们已求得 A 的 Jordan 标准形

$$\boldsymbol{J}=\begin{bmatrix} 1 & 1 & \\ & 1 & \\ & & 2 \end{bmatrix},$$

通过求解方程组 $\boldsymbol{AP}=\boldsymbol{PJ}$，可得相似变换矩阵

$$\boldsymbol{P}=\begin{bmatrix} 1 & 0 & 0 \\ -1 & -1 & 1 \\ 2 & 1 & 0 \end{bmatrix},$$

于是

$$\begin{aligned} \boldsymbol{A}^k &= \boldsymbol{PJ}^k\boldsymbol{P}^{-1} \\ &= \begin{bmatrix} 1 & 0 & 0 \\ -1 & -1 & 1 \\ 2 & 1 & 0 \end{bmatrix} \begin{bmatrix} 1 & k & 0 \\ 0 & 1 & 0 \\ 0 & 0 & 2^k \end{bmatrix} \begin{bmatrix} 1 & 0 & 0 \\ -2 & 0 & 1 \\ -1 & 1 & 1 \end{bmatrix} \\ &= \begin{bmatrix} -2k+1 & 0 & k \\ 2k+1-2^k & 2^k & -k-1+2^k \\ -4k & 0 & 2k+1 \end{bmatrix}。 \end{aligned}$$

3.3 Cayley-Hamilton 定理与最小多项式

3.3.1 Cayley-Hamilton 定理

设 $f(\lambda)$是复数域 **C** 上关于 λ 的多项式

$$f(\lambda)=a_s\lambda^s+a_{s-1}\lambda^{s-1}+\cdots+a_1\lambda+a_0,$$

对 $\boldsymbol{A}\in\mathbf{C}^{n\times n}$,称

$$f(\boldsymbol{A})=a_s\boldsymbol{A}^s+a_{s-1}\boldsymbol{A}^{s-1}+\cdots+a_1\boldsymbol{A}+a_0\boldsymbol{I}$$

为矩阵 $\boldsymbol{A}$ 的多项式。在线性代数中,我们曾经学过如下的结论。

定理 3.10 设 $f(\lambda)$为一个多项式,λ^* 为$\boldsymbol{A}^*\in\mathbf{C}^{n\times n}$的任意特征值,对应的特征向量为$\boldsymbol{x}^*$,则 $f(\lambda^*)$为 $f(\boldsymbol{A}^*)$的特征值,对应的特征向量仍为$\boldsymbol{x}^*$。并且,如果 $f(\boldsymbol{A}^*)=\boldsymbol{O}$,则 $f(\lambda^*)=0$。

定理 3.11(Cayley-Hamilton 定理) 设 $\boldsymbol{A}\in\mathbf{C}^{n\times n}$,其特征多项式为

$$\psi(\lambda)=\det(\lambda\boldsymbol{I}-\boldsymbol{A})=\lambda^n+a_{n-1}\lambda^{n-1}+\cdots+a_1\lambda+a_0,$$

则

$$\psi(\boldsymbol{A})=\boldsymbol{O}。$$

证 存在 $\boldsymbol{P}\in\mathbf{C}_n^{n\times n}$,使得$\boldsymbol{P}^{-1}\boldsymbol{A}\boldsymbol{P}=\boldsymbol{J}$,式中 $\boldsymbol{J}$ 是 $\boldsymbol{A}$ 的 Jordan 标准形,记为

$$\boldsymbol{J}=\begin{bmatrix}\lambda_1 & \delta_1 & & \\ & \lambda_2 & \ddots & \\ & & \ddots & \delta_{n-1}\\ & & & \lambda_n\end{bmatrix}\quad(\delta_i=1\text{ 或 }0)。$$

由于 $\lambda_1,\lambda_2,\cdots,\lambda_n$ 是 $\boldsymbol{A}$ 的特征值,因此

$$\psi(\lambda)=\det(\lambda\boldsymbol{I}-\boldsymbol{A})=(\lambda-\lambda_1)(\lambda-\lambda_2)\cdots(\lambda-\lambda_n)。$$

从而

$$\begin{aligned}\psi(\boldsymbol{A})&=(\boldsymbol{A}-\lambda_1\boldsymbol{I})(\boldsymbol{A}-\lambda_2\boldsymbol{I})\cdots(\boldsymbol{A}-\lambda_n\boldsymbol{I})\\
&=(\boldsymbol{PJP}^{-1}-\lambda_1\boldsymbol{I})(\boldsymbol{PJP}^{-1}-\lambda_2\boldsymbol{I})\cdots(\boldsymbol{PJP}^{-1}-\lambda_n\boldsymbol{I})\\
&=\boldsymbol{P}(\boldsymbol{J}-\lambda_1\boldsymbol{I})(\boldsymbol{J}-\lambda_2\boldsymbol{I})\cdots(\boldsymbol{J}-\lambda_n\boldsymbol{I})\boldsymbol{P}^{-1}\\
&=\boldsymbol{P}\begin{bmatrix}0 & \delta_1 & & \\ & \lambda_2-\lambda_1 & \ddots & \\ & & \ddots & \delta_{n-1}\\ & & & \lambda_n-\lambda_1\end{bmatrix}\begin{bmatrix}\lambda_1-\lambda_2 & \delta_1 & & \\ & 0 & \ddots & \\ & & \ddots & \delta_{n-1}\\ & & & \lambda_n-\lambda_2\end{bmatrix}\cdots\begin{bmatrix}\lambda_1-\lambda_n & \delta_1 & & \\ & \ddots & \ddots & \\ & & \lambda_{n-1}-\lambda_n & \delta_{n-1}\\ & & & 0\end{bmatrix}\boldsymbol{P}^{-1}\\
&=\boldsymbol{P}\begin{bmatrix}0 & 0 & * & \cdots & *\\ 0 & 0 & * & \cdots & *\\ \vdots & \vdots & & \ddots & \vdots\\ 0 & 0 & & & *\end{bmatrix}\cdots\begin{bmatrix}\lambda_1-\lambda_n & \delta_1 & & \\ & \ddots & \ddots & \\ & & \lambda_{n-1}-\lambda_n & \delta_{n-1}\\ & & & 0\end{bmatrix}\boldsymbol{P}^{-1}\\
&=\cdots=\boldsymbol{O}\end{aligned}$$

证毕。

例 3.10　已知 $\boldsymbol{A}=\begin{bmatrix}1 & 0 & -1\\0 & \omega & \sqrt{2}\mathrm{i}\\0 & 0 & \omega^2\end{bmatrix}$，其中 $\omega=\dfrac{-1+\sqrt{3}\mathrm{i}}{2}$，试计算 $\boldsymbol{A}^4$。

解　因为

$$\psi(\lambda)=\det(\lambda\boldsymbol{I}-\boldsymbol{A})=(\lambda-1)(\lambda-\omega)(\lambda-\omega^2)=\lambda^3-1,$$

所以由 Cayley-Hamilton 定理可得，$\psi(\boldsymbol{A})=\boldsymbol{A}^3-\boldsymbol{I}=\boldsymbol{O}$，即 $\boldsymbol{A}^3=\boldsymbol{I}$，因此，$\boldsymbol{A}^4=\boldsymbol{A}^3\boldsymbol{A}=\boldsymbol{I}\boldsymbol{A}=\boldsymbol{A}$。

例 3.11　已知矩阵 $\boldsymbol{A}=\begin{bmatrix}-1 & 1 & 0\\-4 & 3 & 0\\1 & 0 & 2\end{bmatrix}$，试计算：

(1) $\boldsymbol{A}^7-\boldsymbol{A}^5-19\boldsymbol{A}^4+28\boldsymbol{A}^3+6\boldsymbol{A}-4\boldsymbol{I}$；

(2) $\boldsymbol{A}^{100}$。

解　可求得 $\psi(\lambda)=\det(\lambda\boldsymbol{I}-\boldsymbol{A})=(\lambda-1)^2(\lambda-2)=\lambda^3-4\lambda^2+5\lambda-2$。

(1)令 $g(\lambda)=\lambda^7-\lambda^5-19\lambda^4+28\lambda^3+6\lambda-4$，需计算 $g(\boldsymbol{A})$。用 $\psi(\lambda)$ 除 $g(\lambda)$，得

$$g(\lambda)=(\lambda^4+4\lambda^3+10\lambda^2+3\lambda-2)\psi(\lambda)-3\lambda^2+22\lambda-8,$$

由 Cayley-Hamilton 定理知 $\psi(\boldsymbol{A})=\boldsymbol{O}$，于是

$$g(\boldsymbol{A})=-3\boldsymbol{A}^2+22\boldsymbol{A}-8\boldsymbol{I}=\begin{bmatrix}-21 & 16 & 0\\-64 & 43 & 0\\19 & -3 & 24\end{bmatrix};$$

(2)令 $f(\lambda)=\lambda^{100}$，同时假设

$$f(\lambda)=q(\lambda)\psi(\lambda)+r(\lambda),$$

式中 $r(\lambda)=a_2\lambda^2+a_1\lambda+a_0$ 为 $f(\lambda)$ 除以 $\psi(\lambda)$ 的余式，则 $\boldsymbol{A}^{100}=a_2\boldsymbol{A}^2+a_1\boldsymbol{A}+a_0\boldsymbol{I}$，所以，我们只需要求出 a_2,a_1,a_0。因为

$$\psi(2)=\psi(1)=\psi'(1)=0,$$

所以得

$$\begin{cases}f(2)=r(2)\\f(1)=r(1)\\f'(1)=r'(1)\end{cases},$$

于是得

$$\begin{cases}2^{100}=4a_2+2a_1+a_0\\1=a_2+a_1+a_0\\100=2a_2+a_1\end{cases},$$

解得

$$\begin{cases}a_0=2^{100}-200\\a_1=-2^{101}+302\\a_2=2^{100}-101\end{cases},$$

故

$$A^{100}=a_2A^2+a_1A+a_0I=\begin{bmatrix}-199 & 100 & 0\\ -400 & 201 & 0\\ 201-2^{100} & 2^{100}-101 & 2^{100}\end{bmatrix}。$$

3.3.2 最小多项式

从上面的例子可以看出，Cayley-Hamilton 定理在简化矩阵计算中的作用是非常明显的。利用 Cayley-Hamilton 定理解决矩阵方幂问题A^k 的基本思想是降幂。对于任意一个 $n(n\leqslant k)$阶矩阵 A，其特征多项式 $\det(\lambda I-A)$一定是 n 阶的，通过 Cayley-Hamilton 定理可以将 A^k 降为A^{n-1}。那么是否存在一个次数较低的多项式代替 $\det(\lambda I-A)$呢？如果有，我们就可以将A^k 降到更低，计算起来会更简便。Cayley-Hamilton 定理说明一定存在多项式$\varphi(\lambda)$，使得 $\varphi(A)=O$。那么所有使得 $\varphi(A)=O$ 的多项式中，次数最低的就是我们需要的。

定义 3.9 设矩阵 $A\in C^{n\times n}$，$f(\lambda)$是多项式，如果有 $f(A)=O$，则称 $f(\lambda)$为 A 的零化多项式。

显然，矩阵 A 的特征多项式 $\det(\lambda I-A)$是 A 的一个零化多项式。如果 $\varphi(\lambda)$是 A 的一个零化多项式，则 $\varphi(\lambda)$任意乘一个多项式仍得到 A 的零化多项式。因此，零化多项式不唯一。

定义 3.10 设矩阵 $A\in C^{n\times n}$，在 A 的零化多项式中，次数最低的首一多项式称为 A 的最小多项式，记作 $m(\lambda)$。

定理 3.12 设矩阵 $A\in C^{n\times n}$，则 A 的最小多项式整除 A 的任意零化多项式，且最小多项式是唯一的。

证 设 $f(\lambda)$是 A 的任意零化多项式，$m(\lambda)$为 A 的最小多项式。若 $m(\lambda)$不能整除$f(\lambda)$，则有

$$f(\lambda)=q(\lambda)m(\lambda)+r(\lambda),$$

式中，$r(\lambda)$为次数低于 $m(\lambda)$的非零多项式。由

$$f(A)=q(A)m(A)+r(A),$$

可知 $r(A)=O$。这说明 $r(\lambda)$是 A 次数更低的零化多项式，与 $m(\lambda)$是 A 的最小多项式相矛盾。

下证唯一性。设 A 有两个不同的最小多项式 $m_1(\lambda)$和 $m_2(\lambda)$，令 $g(\lambda)=m_1(\lambda)-m_2(\lambda)$，则 $g(\lambda)$是比 $m_1(\lambda)$次数低的非零多项式，且

$$g(A)=m_1(A)-m_2(A)=O,$$

这就与 $m_1(\lambda)$是 A 的最小多项式的假设矛盾。 证毕。

定理 3.13 相似矩阵有相同的最小多项式。

证 设 $B=P^{-1}AP$，$m_A(\lambda)$与 $m_B(\lambda)$分别是 A 和 B 的最小多项式，则

$$m_A(B)=m_A(P^{-1}AP)=P^{-1}m_A(A)P=O,$$

根据定理 3.12，知 $m_B(\lambda)\mid m_A(\lambda)$。另一方面，有

$$m_B(A)=m_B(PBP^{-1})=Pm_B(B)P^{-1}=O,$$

从而 $m_A(\lambda) \mid m_B(\lambda)$。因为 $m_A(\lambda)$ 与 $m_B(\lambda)$ 都是首一多项式，故 $m_A(\lambda)=m_B(\lambda)$。　证毕。

注：定理 3.13 的逆命题不成立。例如，设 $\boldsymbol{A}=\begin{bmatrix}2 & & \\ & 3 & \\ & & 3\end{bmatrix}$，$\boldsymbol{B}=\begin{bmatrix}2 & & \\ & 2 & \\ & & 3\end{bmatrix}$，则 $\boldsymbol{A}$ 与 $\boldsymbol{B}$ 不相似，但是 $\det(\lambda\boldsymbol{I}-\boldsymbol{A})=(\lambda-2)(\lambda-3)^2$，$\det(\lambda\boldsymbol{I}-\boldsymbol{B})=(\lambda-3)(\lambda-2)^2$，而 $\boldsymbol{A}$ 与 $\boldsymbol{B}$ 有相同的最小多项式 $m_A(\lambda)=m_B(\lambda)=(\lambda-2)(\lambda-3)$。

定理 3.14　n 阶矩阵 $\boldsymbol{A}$ 的最小多项式 $m(\lambda)$ 等于它的特征矩阵 $\lambda\boldsymbol{I}-\boldsymbol{A}$ 中第 n 个不变因子 $d_n(\lambda)$，即 $\dfrac{\det(\lambda\boldsymbol{I}-\boldsymbol{A})}{m(\lambda)}=\dfrac{\det(\lambda\boldsymbol{I}-\boldsymbol{A})}{d_n(\lambda)}=D_{n-1}(\lambda)$。

下面，我们探讨求解 $\boldsymbol{A}\in\mathbf{C}^{n\times n}$ 的最小多项式的方法。定理 3.14 的结论就是求解方法之一。在例 3.6 中，矩阵

$$\boldsymbol{A}=\begin{bmatrix}1 & 2 & 3 & 4\\ 0 & 1 & 2 & 3\\ 0 & 0 & 1 & 2\\ 0 & 0 & 0 & 1\end{bmatrix}$$

的 $D_3(\lambda)=1$，则其最小多项式为 $\det(\lambda\boldsymbol{I}-\boldsymbol{A})=(\lambda-1)^4$。

我们再介绍另外两种求解方法。

试探法　设 $\boldsymbol{A}$ 的所有互不相同的特征值为 $\lambda_1,\lambda_2,\cdots,\lambda_t$，$\boldsymbol{A}$ 的特征多项式为

$$\varphi(\lambda)=(\lambda-\lambda_1)^{l_1}\cdots(\lambda-\lambda_t)^{l_t},$$

定理 3.12 表明，矩阵 $\boldsymbol{A}$ 的最小多项式应是 $\boldsymbol{A}$ 的特征多项式的因式，即 $m(\lambda)\mid\varphi(\lambda)$。又因为 $m(\boldsymbol{A})=\boldsymbol{O}$，由定理 3.10 知，对 $\boldsymbol{A}$ 的任意特征值 λ_i，$m(\lambda_i)=0$，因此 $(\lambda-\lambda_i)\mid m(\lambda)$。则

$$m(\lambda)=(\lambda-\lambda_1)^{r_1}\cdots(\lambda-\lambda_t)^{r_t}\ (1\leqslant r_i\leqslant l_i)。$$

Jordan 块法　根据定理 3.13，我们可以利用 $\boldsymbol{A}$ 对应的 Jordan 标准形的最小多项式来计算。事实上

$$m(\lambda)=(\lambda-\lambda_1)^{r_1}\cdots(\lambda-\lambda_t)^{r_t},$$

式中，r_i 是 $\boldsymbol{A}$ 的 Jordan 标准形中含 λ_i 的 Jordan 块的最高阶数。

例 3.12　设 $\boldsymbol{A}=\begin{bmatrix}-1 & -2 & 6\\ -1 & 0 & 3\\ -1 & -1 & 4\end{bmatrix}$，求 $\boldsymbol{A}$ 的最小多项式。

解　$\det(\lambda\boldsymbol{I}-\boldsymbol{A})=\begin{vmatrix}\lambda+1 & 2 & -6\\ 1 & \lambda & -3\\ 1 & 1 & \lambda-4\end{vmatrix}=(\lambda-1)^3$，则由试探法可知，

$$m(\lambda)=(\lambda-1)^r\quad(1\leqslant r\leqslant 3),$$

依次计算 $\boldsymbol{I}-\boldsymbol{A}=\begin{bmatrix}2 & 2 & -6\\ 1 & 1 & -3\\ 1 & 1 & -3\end{bmatrix}\neq\boldsymbol{O}$，$(\boldsymbol{I}-\boldsymbol{A})^2=\boldsymbol{O}$，因此 $\boldsymbol{A}$ 的最小多项式是 $(\lambda-1)^2$。

例 3.13 设 $\boldsymbol{A}=\begin{bmatrix}3 & 1 & -1\\ -2 & 0 & 2\\ -1 & -1 & 3\end{bmatrix}$，求 $\boldsymbol{A}$ 的最小多项式，并计算 $\boldsymbol{A}^4$。

解 $\boldsymbol{A}$ 的 Jordan 标准形为

$$\boldsymbol{J}=\begin{bmatrix}2 & & \\ & 2 & 1\\ & & 2\end{bmatrix},$$

故由 Jordan 块法可知 $\boldsymbol{A}$ 的最小多项式为

$$m(\lambda)=(\lambda-2)^2,$$

令 $f(\lambda)=\lambda^4=q(\lambda)m(\lambda)+a\lambda+b$，因为 $m(2)=m'(2)=0$，因此

$$\begin{cases}2^4=2a+b\\ 4\times 2^3=a\end{cases}\Rightarrow a=32, b=-48,$$

代入 $\boldsymbol{A}^4=32\boldsymbol{A}-48\boldsymbol{I}$ 中即可。

3.4 酉相似下的标准形和正规矩阵

前面，我们说明了任意方阵在复数域上总能相似于某个 Jordan 标准形，而对相似变换矩阵却没有要求。本节进一步考虑当要求相似变换矩阵是酉矩阵时，方阵相似于什么样的矩阵。

3.4.1 酉相似下的标准形

定理 3.15 若 $\boldsymbol{q}_1=(a_1,a_2,\cdots,a_n)^{\mathrm{T}}$ 是一个 n 维的单位向量，则存在一个以 $\boldsymbol{q}_1$ 为第一个列向量的酉矩阵 $\boldsymbol{Q}$。

证 由于 $\boldsymbol{q}_1$ 为单位向量，故 a_i 不全为零。我们希望找到与 $\boldsymbol{q}_1$ 正交的线性无关向量组，只需求解 $(\boldsymbol{x},\boldsymbol{q}_1)=0$，设 $\boldsymbol{x}=(x_1,x_2,\cdots,x_n)^{\mathrm{T}}$，由内积定义得

$$\overline{a}_1x_1+\overline{a}_2x_2+\cdots+\overline{a}_nx_n=0,$$

该线性方程组的系数矩阵即为 $\boldsymbol{q}_1$，秩为 1。因此该方程组必有非零解，且解空间是 $n-1$ 维的。设 $\boldsymbol{v}_2,\boldsymbol{v}_3,\cdots,\boldsymbol{v}_n$ 是它的 $n-1$ 个线性无关的解向量，并记将 $\boldsymbol{v}_2,\boldsymbol{v}_3,\cdots,\boldsymbol{v}_n$ 施行正交单位化后得到的标准正交组为 $\boldsymbol{q}_2,\boldsymbol{q}_3,\cdots,\boldsymbol{q}_n$，显然 $\boldsymbol{q}_2,\boldsymbol{q}_3,\cdots,\boldsymbol{q}_n$ 依然是线性方程组 $(\boldsymbol{x},\boldsymbol{q}_1)=0$ 的解向量，因此 $\boldsymbol{q}_1,\boldsymbol{q}_2,\cdots,\boldsymbol{q}_n$ 是一组两两正交的单位向量组。令 $\boldsymbol{Q}=(\boldsymbol{q}_1,\boldsymbol{q}_2,\cdots,\boldsymbol{q}_n)$，则显然 $\boldsymbol{Q}$ 为酉矩阵。 证毕。

定理 3.16(Schur) 任意方阵 $\boldsymbol{A}\in\mathbf{C}^{n\times n}$ 可酉相似于一个上三角矩阵 $\boldsymbol{U}$，即存在 n 阶酉矩阵 $\boldsymbol{Q}$，使得

$$\boldsymbol{Q}^{\mathrm{H}}\boldsymbol{A}\boldsymbol{Q}=\boldsymbol{Q}^{-1}\boldsymbol{A}\boldsymbol{Q}=\boldsymbol{U}。$$

证 对阶数 n 用归纳法证明，当 $n=1$ 时，$\boldsymbol{A}$ 本身就是一个上三角矩阵，取 $\boldsymbol{Q}=(1)$ 即可。假定对于 $n-1$ 阶方阵结论成立，下面证明对 n 阶方阵结论也成立。任取 $\boldsymbol{A}$ 的一个特征值，记为 λ_1，其对应的单位特征向量记为 $\boldsymbol{q}_1$，即 $\boldsymbol{A}\boldsymbol{q}_1=\lambda_1\boldsymbol{q}_1$，且 $\|\boldsymbol{q}_1\|=1$。以 $\boldsymbol{q}_1$ 为第一列构造酉

矩阵$Q^0=(q_1,q_2,\cdots,q_n)$，即$q_1,q_2,\cdots,q_n$为单位正交向量组。则

$$(Q^0)^H A Q^0=\begin{bmatrix} q_1^H \\ q_2^H \\ \vdots \\ q_n^H \end{bmatrix} A(q_1,\quad q_2,\quad \cdots,\quad q_n)=\begin{bmatrix} \lambda_1 & * \\ 0 & A_1 \end{bmatrix},$$

式中，A_1是$n-1$阶方阵。根据假设，A_1酉相似于某个上三角矩阵，即存在$n-1$阶酉矩阵Q_1，使

$$Q_1^H A_1 Q_1=\begin{bmatrix} \lambda_2 & * & * \\ & \ddots & * \\ & & \lambda_n \end{bmatrix},$$

记$Q_2=\begin{bmatrix} 1 & 0^T \\ 0 & Q_1 \end{bmatrix}$，$Q=Q^0Q_2$。显然$Q_2$是$n$阶酉矩阵，从而$Q$是$n$阶酉矩阵，且有

$$Q^H AQ=Q_2^H((Q^0)^H AQ^0)Q_2=\begin{bmatrix} 1 & 0^T \\ 0 & Q_1^H \end{bmatrix}\begin{bmatrix} \lambda_1 & * \\ 0 & A_1 \end{bmatrix}\begin{bmatrix} 1 & 0^T \\ 0 & Q_1 \end{bmatrix}=\begin{bmatrix} \lambda_1 & * & \cdots & * \\ 0 & \lambda_2 & \ddots & * \\ \vdots & \vdots & \ddots & \vdots \\ 0 & \cdots & 0 & \lambda_n \end{bmatrix}$$。证毕。

3.4.2　正规矩阵

定义3.11　设$A\in C^{n\times n}$，若A满足

$$AA^H=A^H A,$$

则称A为正规矩阵。

我们所熟知的酉矩阵、正交矩阵、Hermite矩阵（满足$A=A^H$的矩阵）、实对称矩阵、反Hermite矩阵（满足$A=-A^H$的矩阵）、实反对称矩阵、对角矩阵等都是正规矩阵。可见，正规矩阵是使用比较广泛的矩阵类型。

定理3.17　设$A\in C^{n\times n}$，则A酉相似于对角矩阵的充分必要条件是A为正规矩阵。

证　（必要性）设A酉相似于对角矩阵，则存在n阶酉矩阵Q使得

$$Q^H AQ=\mathrm{diag}(\lambda_1,\lambda_2,\cdots,\lambda_n)=\Lambda,$$

则

$$A=Q\Lambda Q^H,A^H=Q\Lambda^H Q^H=Q\bar{\Lambda}Q^H,$$

根据矩阵乘法可得，$AA^H=Q\Lambda\bar{\Lambda}Q^H$，$A^H A=Q\bar{\Lambda}\Lambda Q^H$。由于$\Lambda$是对角矩阵，则$\Lambda\bar{\Lambda}=\bar{\Lambda}\Lambda$，因此$AA^H=A^H A$，即$A$是正规矩阵。

（充分性）由Schur定理知，A一定酉相似于某个上三角矩阵，即存在n阶酉矩阵Q和上三角矩阵U，使得$U=Q^H AQ$，于是$U^H=Q^H A^H Q$。根据矩阵乘法可得

$$UU^H=Q^H AA^H Q,U^H U=Q^H A^H AQ,$$

由于$AA^H=A^H A$，则$UU^H=U^H U$，即上三角矩阵U也是正规矩阵。下证U必是对角矩阵。设$U=(u_{ij})_{n\times n}$，其中$u_{ij}=0(i>j)$。比较UU^H与$U^H U$的对角元素，可得$u_{ij}=0(i<j)$，即U为对角矩阵，故A酉相似于对角矩阵。　证毕。

该定理表明：酉矩阵、正交矩阵、Hermite矩阵、实对称矩阵、反Hermite矩阵、实反对称

矩阵均可以酉相似于对角矩阵。下面我们来看看，酉相似于对角矩阵这一结论为这些矩阵带来了哪些其他的性质。这些性质也是非常重要的。

推论 1　设 $\boldsymbol{A}$ 是 n 阶正规矩阵，$\lambda_1,\lambda_2,\cdots,\lambda_n$ 是 $\boldsymbol{A}$ 的全部特征值，则

(1)$\boldsymbol{A}$ 是 Hermite 矩阵的充分必要条件是 $\boldsymbol{A}$ 的每个特征值为实数；

(2)$\boldsymbol{A}$ 是反 Hermite 矩阵的充分必要条件是 $\boldsymbol{A}$ 的每个特征值为 0 或纯虚数；

(3)$\boldsymbol{A}$ 是酉矩阵的充分必要条件是 $\boldsymbol{A}$ 的每个特征值的模为 1；

(4)$\boldsymbol{x}_i$ 是特征值 λ_i 对应的特征向量，则 $\bar{\lambda}_i$ 是 $\boldsymbol{A}^{\mathrm{H}}$ 的特征值，对应的特征向量仍为 $\boldsymbol{x}_i$。

证　(1)因为 $\boldsymbol{A}$ 是正规矩阵，由定理 3.17，存在酉矩阵 $\boldsymbol{Q}$，使得

$$\boldsymbol{Q}^{\mathrm{H}}\boldsymbol{A}\boldsymbol{Q}=\mathrm{diag}(\lambda_1,\lambda_2,\cdots,\lambda_n), \tag{3.1}$$

对该等式两边取共轭转置，得

$$\boldsymbol{Q}^{\mathrm{H}}\boldsymbol{A}^{\mathrm{H}}\boldsymbol{Q}=\mathrm{diag}(\bar{\lambda}_1,\bar{\lambda}_2,\cdots,\bar{\lambda}_n), \tag{3.2}$$

由于 $\boldsymbol{A}$ 为 Hermite 矩阵，即 $\boldsymbol{A}=\boldsymbol{A}^{\mathrm{H}}$，则式(3.2)即为

$$\boldsymbol{Q}^{\mathrm{H}}\boldsymbol{A}\boldsymbol{Q}=\mathrm{diag}(\bar{\lambda}_1,\bar{\lambda}_2,\cdots,\bar{\lambda}_n), \tag{3.3}$$

比较式(3.1)与式(3.3)，即得 $\lambda_i=\bar{\lambda}_i$。因此，$\boldsymbol{A}$ 的特征值全为实数。

反之，$\boldsymbol{A}$ 为正规矩阵，式(3.1)与式(3.2)成立。由于 $\boldsymbol{A}$ 的特征值全为实数，这时式(3.2)变为

$$\boldsymbol{Q}^{\mathrm{H}}\boldsymbol{A}^{\mathrm{H}}\boldsymbol{Q}=\mathrm{diag}(\lambda_1,\lambda_2,\cdots,\lambda_n),$$

与式(3.1)进行比较，可知

$$\boldsymbol{Q}^{\mathrm{H}}\boldsymbol{A}\boldsymbol{Q}=\boldsymbol{Q}^{\mathrm{H}}\boldsymbol{A}^{\mathrm{H}}\boldsymbol{Q},$$

由于酉矩阵 $\boldsymbol{Q}$ 是可逆的，由上式易得 $\boldsymbol{A}=\boldsymbol{A}^{\mathrm{H}}$，即 $\boldsymbol{A}$ 是 Hermite 矩阵。

(2)证明过程与(1)相仿，略。

(3)由于 $\boldsymbol{A}$ 是正规矩阵，故上面的式(3.1)与式(3.2)成立。将式(3.2)的两边分别右乘到式(3.1)的两边，得

$$\boldsymbol{Q}^{\mathrm{H}}\boldsymbol{A}\boldsymbol{A}^{\mathrm{H}}\boldsymbol{Q}=\mathrm{diag}(\|\lambda_1\|^2,\|\lambda_2\|^2,\cdots,\|\lambda_n\|^2), \tag{3.4}$$

如果 $\boldsymbol{A}$ 为酉矩阵，则 $\boldsymbol{A}\boldsymbol{A}^{\mathrm{H}}=\boldsymbol{I}$，故式(3.4)变为

$$\boldsymbol{I}=\mathrm{diag}(\|\lambda_1\|^2,\|\lambda_2\|^2,\cdots,\|\lambda_n\|^2),$$

于是，有 $\|\lambda_1\|^2=\|\lambda_2\|^2=\cdots=\|\lambda_n\|^2=1$。

反过来，若 $\boldsymbol{A}$ 的每个特征值的模为 1，则由式(3.4)得

$$\boldsymbol{Q}^{\mathrm{H}}\boldsymbol{A}\boldsymbol{A}^{\mathrm{H}}\boldsymbol{Q}=\boldsymbol{I},$$

从而 $\boldsymbol{A}\boldsymbol{A}^{\mathrm{H}}=\boldsymbol{I}$，因此 $\boldsymbol{A}$ 是酉矩阵。

(4)由于 $\boldsymbol{A}$ 是正规矩阵，所以存在 n 阶酉矩阵 $\boldsymbol{Q}$ 使得式(3.1)与式(3.2)成立。可见，当 λ_i 是 $\boldsymbol{A}$ 的特征值且 $\boldsymbol{q}_i$ 是对应 λ_i 的特征向量时，$\bar{\lambda}_i$ 是 $\boldsymbol{A}^{\mathrm{H}}$ 的特征值，而对应 $\bar{\lambda}_i$ 的特征向量仍为 $\boldsymbol{q}_i$。　　证毕。

推论 2　Hermite 矩阵 $\boldsymbol{A}\in\mathbf{C}^{n\times n}$ 的不同特征值所对应的特征向量相互正交。

证　设 λ_1,λ_2 是矩阵 $\boldsymbol{A}$ 的任意两个不同的特征值，$\boldsymbol{x},\boldsymbol{y}$ 分别为它们所对应的特征向量，故有

$$\lambda_1\boldsymbol{x}=\boldsymbol{A}\boldsymbol{x},\lambda_2\boldsymbol{y}=\boldsymbol{A}\boldsymbol{y}\quad(\boldsymbol{x},\boldsymbol{y}\neq\boldsymbol{0}),$$

由于 $\boldsymbol{A}$ 为 Hermite 矩阵，因此 λ_1,λ_2 为实数，且

$$\lambda_2 y^{\mathrm{H}} = y^{\mathrm{H}} A,$$

两边同时右乘 x，即得

$$\lambda_2 y^{\mathrm{H}} x = y^{\mathrm{H}} A x = y^{\mathrm{H}} (A x) = \lambda_1 y^{\mathrm{H}} x,$$

故有 $(\lambda_2 - \lambda_1) y^{\mathrm{H}} x = 0$。但 $\lambda_1 \neq \lambda_2$，所以 $y^{\mathrm{H}} x = 0$，即 $(x, y) = 0$，因此 x, y 正交。 证毕。

定义 3.12 设 $A \in C^{n\times n}$ 是 Hermite 矩阵，如果对任意 $x \in C^n (x \neq 0)$ 都有

$$x^{\mathrm{H}} A x > 0 \quad (x^{\mathrm{H}} A x \geqslant 0),$$

则 A 称为 Hermite 正定矩阵(半正定矩阵)。

定理 3.18 设 $A \in C^{n\times n}$ 是 Hermite 矩阵，则下列条件等价：

(1) A 是 Hermite 正定矩阵；

(2) A 的特征值全为正实数；

(3) 存在矩阵 $P \in C_n^{n\times n}$，使得 $A = P^{\mathrm{H}} P$。

证 (1)⇒(2) 设 λ 是矩阵 A 的任意一个特征值，x 为其所对应的特征向量，故有

$$\lambda x = A x \ (x \neq 0),$$

因为 A 是 Hermite 正定矩阵，故

$$0 < x^{\mathrm{H}} A x = \lambda_k \| x \|^2,$$

即 A 的特征值全为正实数。

(2)⇒(3) 由 A 是 Hermite 矩阵，存在酉矩阵 Q，使

$$A = Q \mathrm{diag}(\lambda_1, \lambda_2, \cdots, \lambda_n) Q^{\mathrm{H}},$$

若 A 的特征值全为正实数，则

$$A = Q \mathrm{diag}(\sqrt{\lambda_1}, \sqrt{\lambda_2}, \cdots, \sqrt{\lambda_n}) \cdot \mathrm{diag}(\sqrt{\lambda_1}, \sqrt{\lambda_2}, \cdots, \sqrt{\lambda_n}) Q^{\mathrm{H}} = P^{\mathrm{H}} P,$$

式中，$P = \mathrm{diag}(\sqrt{\lambda_1}, \sqrt{\lambda_2}, \cdots, \sqrt{\lambda_n}) Q^{\mathrm{H}} \in C_n^{n\times n}$。

(3)⇒(1) 对任意 $x \in C^n (x \neq 0)$，由 $P \in C_n^{n\times n}$，有 $Px \neq 0$，于是

$$x^{\mathrm{H}} A x = x^{\mathrm{H}} P^{\mathrm{H}} P x = (P x)^{\mathrm{H}} (P x) = \| P x \|^2 > 0。$$

证毕。

推论 Hermite 正定矩阵的行列式大于零。

定理 3.19 设 $A \in C^{n\times n}$ 是 Hermite 矩阵，则下列条件等价：

(1) A 是 Hermite 半正定矩阵；

(2) A 的特征值全为非负实数；

(3) 存在矩阵 $P \in C^{n\times n}$，使得 $A = P^{\mathrm{H}} P$。

证 与由定理 3.18 的证明相仿，请读者自己完成。

定理 3.20 设 $A \in C^{n\times n}$，则

(1) $A^{\mathrm{H}} A$ 和 $A A^{\mathrm{H}}$ 的特征值为非负实数；

(2) $A^{\mathrm{H}} A$ 和 $A A^{\mathrm{H}}$ 的非零特征值相同；

(3) $\mathrm{rank}(A^{\mathrm{H}} A) = \mathrm{rank}(A A^{\mathrm{H}}) = \mathrm{rank}(A) = \mathrm{rank}(A^{\mathrm{H}})$。

证 (1) 显然 $A^{\mathrm{H}} A$ 是 Hermite 矩阵。且对任意 $0 \neq x \in C^n$，有

$$x^{\mathrm{H}} (A^{\mathrm{H}} A) x = (A x)^{\mathrm{H}} (A x) = \| A x \|^2 \geqslant 0,$$

从而 $A^{\mathrm{H}} A$ 是 Hermite 半正定矩阵，故其特征值全为非负实数。同理可证 $A A^{\mathrm{H}}$ 的特征值全是非负实数。

(2) 设 λ 是矩阵 $A^{\mathrm{H}} A$ 的任意一个非零特征值，x 为其所对应的特征向量，即有 $A^{\mathrm{H}} A x =$

$\lambda \boldsymbol{x}\neq\boldsymbol{0}$，则 $\boldsymbol{y}=\boldsymbol{A}\boldsymbol{x}\neq\boldsymbol{0}$，且

$$\boldsymbol{A}\boldsymbol{A}^{\mathrm{H}}\boldsymbol{y}=\boldsymbol{A}\boldsymbol{A}^{\mathrm{H}}(\boldsymbol{A}\boldsymbol{x})=\boldsymbol{A}(\boldsymbol{A}^{\mathrm{H}}\boldsymbol{A}\boldsymbol{x})=\boldsymbol{A}(\lambda\boldsymbol{x})=\lambda\boldsymbol{y},$$

这说明$\boldsymbol{A}^{\mathrm{H}}\boldsymbol{A}$ 的非零特征值也是$\boldsymbol{A}\boldsymbol{A}^{\mathrm{H}}$ 的特征值。同理可证 $\boldsymbol{A}\boldsymbol{A}^{\mathrm{H}}$ 的非零特征值也是$\boldsymbol{A}^{\mathrm{H}}\boldsymbol{A}$ 的特征值。

(3)若 $\boldsymbol{A}\boldsymbol{x}=\boldsymbol{0}$，则显然有$\boldsymbol{A}^{\mathrm{H}}\boldsymbol{A}\boldsymbol{x}=\boldsymbol{0}$。

同时，若$\boldsymbol{A}^{\mathrm{H}}\boldsymbol{A}\boldsymbol{x}=\boldsymbol{0}$，则有 $0=\boldsymbol{x}^{\mathrm{H}}(\boldsymbol{A}^{\mathrm{H}}\boldsymbol{A}\boldsymbol{x})=(\boldsymbol{A}\boldsymbol{x})^{\mathrm{H}}(\boldsymbol{A}\boldsymbol{x})=\|\boldsymbol{A}\boldsymbol{x}\|^2$，这说明 $\boldsymbol{A}\boldsymbol{x}=\boldsymbol{0}$。即方程组 $\boldsymbol{A}\boldsymbol{x}=\boldsymbol{0}$ 与$\boldsymbol{A}^{\mathrm{H}}\boldsymbol{A}\boldsymbol{x}=\boldsymbol{0}$ 为同解方程组，从而其基础解系所含解向量的个数相等，即

$$n-\mathrm{rank}(\boldsymbol{A})=n-\mathrm{rank}(\boldsymbol{A}^{\mathrm{H}}\boldsymbol{A}),$$

故 $\mathrm{rank}(\boldsymbol{A})=\mathrm{rank}(\boldsymbol{A}^{\mathrm{H}}\boldsymbol{A})$。同理

$$\mathrm{rank}(\boldsymbol{A}^{\mathrm{H}})=\mathrm{rank}(\boldsymbol{A}\boldsymbol{A}^{\mathrm{H}}),$$

由于 $\mathrm{rank}(\boldsymbol{A})=\mathrm{rank}(\boldsymbol{A}^{\mathrm{H}})$，结论得证。 证毕。

定理 3.21 设 $\boldsymbol{A}\in\mathbf{C}^{n\times n}$是 Hermite 矩阵，则 $\boldsymbol{A}$ 为 Hermite 正定矩阵的充分必要条件是 $\boldsymbol{A}$ 的 n 个顺序主子式全为正。

注：需要指出的是，仅所有顺序主子式非负不能保证 Hermite 矩阵是半正定的。例如，$\boldsymbol{A}=\begin{bmatrix}0 & 0\\0 & -1\end{bmatrix}$就是一个反例。

习题 3

1. 将 λ-矩阵$\begin{bmatrix}\lambda-3 & -1 & 1\\2 & \lambda & -2\\1 & 1 & \lambda-3\end{bmatrix}$化为 Smith 标准形。

2. 设 $\boldsymbol{A}(\lambda)$为 6×6 阶 λ-矩阵，$\mathrm{rank}[\boldsymbol{A}(\lambda)]=4$，初等因子组为 $\lambda,\lambda^2,\lambda^2,\lambda+1,(\lambda+1)^3,\lambda-1,\lambda-1$，试求 $\boldsymbol{A}(\lambda)$的不变因子、行列式因子及 Smith 标准形。

3. 求 λ-矩阵$\begin{bmatrix}0 & 0 & 1 & \lambda+2\\0 & 1 & \lambda+2 & 0\\1 & \lambda+2 & 0 & 0\\\lambda+2 & 0 & 0 & 0\end{bmatrix}$的初等因子和不变因子。

4. 求下列矩阵的 Jordan 标准形和对应的相似变换矩阵

(1)$\begin{bmatrix}-1 & 1 & 1\\-5 & 21 & 17\\6 & -26 & -21\end{bmatrix}$；(2)$\begin{bmatrix}-1 & -2 & 6\\-1 & 0 & 3\\-1 & -1 & 4\end{bmatrix}$。

5. 已知 $\boldsymbol{A}=\begin{bmatrix}1 & 0 & 2\\0 & -1 & 1\\0 & 1 & 0\end{bmatrix}$，计算 $2\boldsymbol{A}^8-3\boldsymbol{A}^5+\boldsymbol{A}^4+\boldsymbol{A}^2-4\boldsymbol{I}$。

6. 设 $\boldsymbol{A}=\begin{bmatrix}-1 & -2 & 6\\ -1 & 0 & 3\\ -1 & -1 & 4\end{bmatrix}$，求 $\boldsymbol{A}$ 的最小多项式。

7. 求 $\boldsymbol{A}=\begin{bmatrix}1 & 1 & \cdots & 1\\ 1 & 1 & \cdots & 1\\ \vdots & \vdots & \ddots & \vdots\\ 1 & 1 & \cdots & 1\end{bmatrix}_{n\times n}$ 的最小多项式。

8. 判断矩阵 $\boldsymbol{A}=\begin{bmatrix}2 & 2 & -2\\ 2 & 5 & -4\\ -2 & -4 & 5\end{bmatrix}$ 是否是正规矩阵。如果是，则求酉矩阵 $\boldsymbol{Q}$，使 $\boldsymbol{Q}^{-1}\boldsymbol{A}\boldsymbol{Q}$ 为对角矩阵。

9. 证明：设 $\boldsymbol{A}\in\mathbf{C}^{n\times n}$ 是 Hermite 矩阵，则下列条件等价：

(1) $\boldsymbol{A}$ 是 Hermite 半正定矩阵；

(2) $\boldsymbol{A}$ 的特征值全为非负实数；

(3) 存在矩阵 $\boldsymbol{P}\in\mathbf{C}^{n\times n}$，使得 $\boldsymbol{A}=\boldsymbol{P}^{\mathrm{H}}\boldsymbol{P}$。

10. 设 $\boldsymbol{A}\in\mathbf{C}^{n\times n}$ 是 Hermite 矩阵。证明：$\boldsymbol{A}$ 是 Hermite 正定矩阵的充分必要条件为，存在 Hermite 正定矩阵 $\boldsymbol{B}$，使得 $\boldsymbol{A}=\boldsymbol{B}^2$。

第4章

矩阵分解

将矩阵分解为具有某种特性的因子之积，在矩阵理论的研究与应用中都具有十分重要的意义。这些特殊的分解式一方面反映了原矩阵的某些数值特征，另一方面，分解的方法与过程也为某些数值计算方法和理论分析提供了有效的工具。

4.1 矩阵的三角分解

矩阵的三角分解在计算行列式、求矩阵的逆及求解线性方程组中可以起到简便运算的作用。例如，在线性代数中我们已经学过应用 Gauss（高斯）消去法求解 n 元线性方程组 $\boldsymbol{Ax}=\boldsymbol{b}$，式中，$\boldsymbol{A}=(a_{ij})_{n\times n}$，$\boldsymbol{x}=(x_1,x_2,\cdots,x_n)^{\mathrm{T}}$，$\boldsymbol{b}=(b_1,b_2,\cdots,b_n)^{\mathrm{T}}$。Gauss 消去法的实质是将方程组的系数矩阵化为一个单位下三角矩阵与一个上三角矩阵的乘积，再进行求解。

4.1.1 三角分解的存在性与唯一性

定义 4.1 如果 n 阶矩阵 $\boldsymbol{A}$ 能够分解为一个下三角矩阵 $\boldsymbol{L}$ 和一个上三角矩阵 $\boldsymbol{U}$ 的乘积，则称为三角分解或 LU 分解。将矩阵 $\boldsymbol{A}$ 分解为一个单位下三角矩阵与一个上三角矩阵的乘积，称为 Doolittle 分解。将矩阵 $\boldsymbol{A}$ 分解为一个下三角矩阵与一个单位上三角矩阵的乘积，称为 Crout 分解。将矩阵 $\boldsymbol{A}$ 分解为 $\boldsymbol{A}=\boldsymbol{LDU}$，式中，$\boldsymbol{L}$ 为单位下三角矩阵，$\boldsymbol{D}$ 为对角矩阵，$\boldsymbol{U}$ 为单位上三角矩阵，称为 LDU 分解。

首先研究在矩阵 $\boldsymbol{A}$ 可逆情况下，$\boldsymbol{A}$ 的各种三角分解。在此之后，再研究矩阵 $\boldsymbol{A}$ 不可逆的情况。

定理 4.1 设矩阵 $\boldsymbol{A}\in\mathbf{C}_n^{n\times n}$，则 $\boldsymbol{A}$ 可以进行三角分解的充分必要条件为，$\Delta_k\neq 0(k=1,$

$2,\cdots,n-1)$，其中 $\Delta_k=\det\boldsymbol{A}_k$ 为 $\boldsymbol{A}$ 的 k 阶顺序主子式。

证 （必要性）若矩阵 $\boldsymbol{A}$ 可以进行三角分解，即 $\boldsymbol{A}=\boldsymbol{LU}$，其中 $\boldsymbol{L}$ 为下三角矩阵，$\boldsymbol{U}$ 为上三角矩阵。由于 $\boldsymbol{A}$ 可逆，则 $\boldsymbol{L}$ 和 $\boldsymbol{U}$ 均可逆。若设

$$\boldsymbol{L}=(l_{ij})_{n\times n}(l_{ij}=0,i<j),\boldsymbol{U}=(u_{ij})_{n\times n}(u_{ij}=0,i>j),$$

根据可逆性可知，$l_{ii}\neq 0,u_{ii}\neq 0(i=1,2,\cdots,n)$。

将矩阵 $\boldsymbol{A}$、$\boldsymbol{L}$ 和 $\boldsymbol{U}$ 分块，得

$$\begin{bmatrix}\boldsymbol{A}_k & \boldsymbol{A}_{12}\\ \boldsymbol{A}_{21} & \boldsymbol{A}_{22}\end{bmatrix}=\begin{bmatrix}\boldsymbol{L}_k & \boldsymbol{O}\\ \boldsymbol{L}_{21} & \boldsymbol{L}_{22}\end{bmatrix}\begin{bmatrix}\boldsymbol{U}_k & \boldsymbol{U}_{12}\\ \boldsymbol{O} & \boldsymbol{U}_{22}\end{bmatrix},$$

式中，$\boldsymbol{A}_k$、$\boldsymbol{L}_k$ 和 $\boldsymbol{U}_k$ 分别是 $\boldsymbol{A}$、$\boldsymbol{L}$ 和 $\boldsymbol{U}$ 的 k 阶顺序主子阵，且 $\boldsymbol{L}_k$ 和 $\boldsymbol{U}_k$ 分别是下三角矩阵和上三角矩阵。由矩阵的分块乘法运算，得

$$\boldsymbol{A}_k=\boldsymbol{L}_k\boldsymbol{U}_k(k=1,2,\cdots,n),$$

两侧同时求行列式，得到 $\Delta_k=\det\boldsymbol{A}_k=l_{11}l_{22}\cdots l_{k\times k}u_{11}\cdots u_{k\times k}\neq 0$。

（充分性）对阶数 n 用数学归纳法进行证明。当 $n=1$ 时，结论显然成立。假设对 $n=k$ 结论成立，即当 $\boldsymbol{A}$ 为 k 阶可逆方阵时，$\boldsymbol{A}$ 有三角分解。则当 $n=k+1$ 时，将 $\boldsymbol{A}$ 写成分块矩阵，同时考虑到 k 阶可逆方阵有三角分解的假设，得到

$$\boldsymbol{A}=\begin{bmatrix}\boldsymbol{A}_k & \boldsymbol{c}_k\\ \boldsymbol{r}_k & a_{k+1,k+1}\end{bmatrix}=\begin{bmatrix}\boldsymbol{L}_k\boldsymbol{U}_k & \boldsymbol{c}_k\\ \boldsymbol{r}_k & a_{k+1,k+1}\end{bmatrix},$$

式中，$\boldsymbol{A}_k$ 为 $\boldsymbol{A}$ 的 k 阶顺序主子阵，$\boldsymbol{A}_k=\boldsymbol{L}_k\boldsymbol{U}_k$ 为 $\boldsymbol{A}_k$ 的三角分解，$\boldsymbol{c}_k$ 为 k 阶列向量，$\boldsymbol{r}_k$ 为 k 阶行向量。进一步，我们将 $\begin{bmatrix}\boldsymbol{L}_k\boldsymbol{U}_k & \boldsymbol{c}_k\\ \boldsymbol{r}_k & a_{k+1,k+1}\end{bmatrix}$ 写成下三角矩阵和上三角矩阵相乘的形式，即

$$\begin{bmatrix}\boldsymbol{L}_k\boldsymbol{U}_k & \boldsymbol{c}_k\\ \boldsymbol{r}_k & a_{k+1,k+1}\end{bmatrix}=\begin{bmatrix}\boldsymbol{L}_k & \boldsymbol{0}\\ \boldsymbol{L}_{21} & l_{k+1,k+1}\end{bmatrix}\begin{bmatrix}\boldsymbol{U}_k & \boldsymbol{U}_{12}\\ \boldsymbol{0} & u_{k+1,k+1}\end{bmatrix},$$

运用矩阵乘法，可得

$$\boldsymbol{U}_{12}=\boldsymbol{L}_k^{-1}\boldsymbol{c}_k,\boldsymbol{L}_{21}=\boldsymbol{r}_k\boldsymbol{U}_k^{-1},l_{k+1,k+1}u_{k+1,k+1}=a_{k+1,k+1}-\boldsymbol{r}_k\boldsymbol{U}_k^{-1}\boldsymbol{L}_k^{-1}\boldsymbol{c}_k,$$

我们令 $l_{k+1,k+1}=1$，则取 $u_{k+1,k+1}=a_{k+1,k+1}-\boldsymbol{r}_k\boldsymbol{U}_k^{-1}\boldsymbol{L}_k^{-1}\boldsymbol{c}_k$ 即可。即

$$\boldsymbol{A}=\begin{bmatrix}\boldsymbol{L}_k\boldsymbol{U}_k & \boldsymbol{c}_k\\ \boldsymbol{r}_k & a_{k+1,k+1}\end{bmatrix}=\begin{bmatrix}\boldsymbol{L}_k & \boldsymbol{0}\\ \boldsymbol{r}_k\boldsymbol{U}_k^{-1} & 1\end{bmatrix}\begin{bmatrix}\boldsymbol{U}_k & \boldsymbol{L}_k^{-1}\boldsymbol{c}_k\\ \boldsymbol{0} & a_{k+1,k+1}-\boldsymbol{r}_k\boldsymbol{U}_k^{-1}\boldsymbol{L}_k^{-1}\boldsymbol{c}_k\end{bmatrix},$$

即当 $n=k+1$ 时，结论成立。 证毕。

注：从上面的证明过程可知，n 阶矩阵 $\boldsymbol{A}$ 的三角分解不唯一。同时该定理条件说明，并不是每个可逆矩阵都可以进行三角分解，如矩阵 $\boldsymbol{A}=\begin{bmatrix}0 & 2\\ 3 & 0\end{bmatrix}$ 就不能进行三角分解。

定理 4.2 矩阵 $\boldsymbol{A}\in\mathbf{C}_n^{n\times n}$ 有唯一的 LDU 分解的充分必要条件为，$\boldsymbol{A}$ 的顺序主子式 $\Delta_k\neq 0\ (k=1,2,\cdots,n-1)$。其中，对角矩阵 $\boldsymbol{D}=\mathrm{diag}(d_1,d_2,\cdots,d_n)$，元素 $d_k=\dfrac{\Delta_k}{\Delta_{k-1}}$ $(\Delta_0=$

$1,k=1,2,\cdots,n$)。

证 (必要性)矩阵 $\boldsymbol{A}\in \mathbf{C}_n^{n\times n}$ 有 LDU 分解,则 $\boldsymbol{A}=\boldsymbol{LDU}=\boldsymbol{L}(\boldsymbol{DU})=\boldsymbol{L}\boldsymbol{U}^*$,即 $\boldsymbol{A}$ 有三角分解。由定理 4.1, $\boldsymbol{A}$ 的顺序主子式 $\Delta_k\neq 0$ ($k=1,2,\cdots,n-1$)。

(充分性)由于可逆矩阵 $\boldsymbol{A}$ 的顺序主子式 $\Delta_k\neq 0$,根据定理 4.1,$\boldsymbol{A}$ 有三角分解,设 $\boldsymbol{A}=\boldsymbol{LU}$。记

$$\boldsymbol{D}_L=\mathrm{diag}(l_{11},l_{22},\cdots l_{nn}),\boldsymbol{D}_U=\mathrm{diag}(u_{11},u_{22},\cdots u_{nn}),$$

则

$$\boldsymbol{A}=\boldsymbol{LU}=(\boldsymbol{L}\boldsymbol{D}_L^{-1})(\boldsymbol{D}_L\boldsymbol{D}_U)(\boldsymbol{D}_U^{-1}\boldsymbol{U})=\boldsymbol{L}^*\boldsymbol{D}^*\boldsymbol{U}^*$$

为矩阵 $\boldsymbol{A}$ 的 LDU 分解。

下证唯一性。若矩阵 $\boldsymbol{A}$ 有两个 LDU 分解:

$$\boldsymbol{A}=\boldsymbol{LDU}=\boldsymbol{L}^*\boldsymbol{D}^*\boldsymbol{U}^*,$$

则$\boldsymbol{L}^{*-1}\boldsymbol{L}=\boldsymbol{D}^*\boldsymbol{U}^*(\boldsymbol{DU})^{-1}$,该等式的左边是单位下三角矩阵,右边是上三角矩阵,所以$\boldsymbol{L}^{*-1}\boldsymbol{L}=\boldsymbol{I},\boldsymbol{DU}=\boldsymbol{D}^*\boldsymbol{U}^*$。因此$\boldsymbol{D}^{*-1}\boldsymbol{D}=\boldsymbol{U}^*\boldsymbol{U}^{-1}$,该等式的左边是对角矩阵,右边是上三角矩阵,所以$\boldsymbol{D}^{*-1}\boldsymbol{D}=\boldsymbol{U}^*\boldsymbol{U}^{-1}=\boldsymbol{I}$。唯一性得证。

下面计算 $\boldsymbol{D}=\mathrm{diag}(d_1,d_2,\cdots,d_n)$。类似于定理 4.1 的证明过程,将矩阵 $\boldsymbol{A}$、$\boldsymbol{L}$、$\boldsymbol{D}$ 和 $\boldsymbol{U}$ 分块,得

$$\begin{bmatrix}\boldsymbol{A}_k & \boldsymbol{A}_{12}\\ \boldsymbol{A}_{21} & \boldsymbol{A}_{22}\end{bmatrix}=\begin{bmatrix}\boldsymbol{L}_k & \boldsymbol{O}\\ \boldsymbol{L}_{21} & \boldsymbol{L}_{22}\end{bmatrix}\begin{bmatrix}\boldsymbol{D}_k & \boldsymbol{O}\\ \boldsymbol{O} & \boldsymbol{D}_{22}\end{bmatrix}\begin{bmatrix}\boldsymbol{U}_k & \boldsymbol{U}_{12}\\ \boldsymbol{O} & \boldsymbol{U}_{22}\end{bmatrix},$$

可得$\boldsymbol{A}_k=\boldsymbol{L}_k\boldsymbol{D}_k\boldsymbol{U}_k$。注意,$\boldsymbol{L}$ 为单位下三角矩阵,$\boldsymbol{U}$ 为单位上三角矩阵,$\boldsymbol{D}$ 为对角矩阵,得到 $\Delta_k=d_1d_2\cdots d_k$。 证毕。

定理 4.3 矩阵 $\boldsymbol{A}\in \mathbf{C}_n^{n\times n}$ 有唯一 Doolittle 分解或 Crout 分解的充分必要条件为,$\boldsymbol{A}$ 的顺序主子式 $\Delta_k\neq 0$ ($k=1,2,\cdots,n-1$)。

证 这里只证明矩阵 $\boldsymbol{A}\in \mathbf{C}_n^{n\times n}$ 有唯一的 Doolittle 分解的情况。矩阵 $\boldsymbol{A}\in \mathbf{C}_n^{n\times n}$ 有唯一的 Crout 分解的情况可类似证明。

(必要性)若矩阵 $\boldsymbol{A}\in \mathbf{C}_n^{n\times n}$ 有 Doolittle 分解,则 $\boldsymbol{A}$ 有三角分解,由定理 4.1,$\boldsymbol{A}$ 的顺序主子式 $\Delta_k\neq 0$($k=1,2,\cdots,n-1$)。

(充分性)可逆矩阵 $\boldsymbol{A}$ 的顺序主子式 $\Delta_k\neq 0$,根据定理 4.2,$\boldsymbol{A}$ 有唯一的 LDU 分解,则$\boldsymbol{A}=\boldsymbol{LDU}=\boldsymbol{L}(\boldsymbol{DU})$为 $\boldsymbol{A}$ 的一个 Doolittle 分解。设 $\boldsymbol{A}=\boldsymbol{L}^*\boldsymbol{U}^*$ 为 $\boldsymbol{A}$ 的另一个 Doolittle 分解,则 $\boldsymbol{L}(\boldsymbol{DU})=\boldsymbol{L}^*\boldsymbol{U}^*$,即$\boldsymbol{L}^{*-1}\boldsymbol{L}=\boldsymbol{U}^*(\boldsymbol{DU})^{-1}$,该等式的左边是单位下三角矩阵,右边是上三角矩阵,所以$\boldsymbol{L}^{*-1}\boldsymbol{L}=\boldsymbol{U}^*(\boldsymbol{DU})^{-1}=\boldsymbol{I}$,即$\boldsymbol{L}^*=\boldsymbol{L},\boldsymbol{U}^*=\boldsymbol{DU}$。唯一性得证。 证毕。

4.1.2 三角分解的计算

以下来看 Doolittle 分解、Crout 分解及 LDU 分解如何进行。设 $\boldsymbol{A}\in \mathbf{C}_n^{n\times n}$ 的顺序主子矩

阵$A_1,A_2,\cdots,A_{n-1}$为非奇异矩阵，且$L=(l_{ij})_{n\times n},U=(u_{ij})_{n\times n}$。

对于 Doolittle 分解：因为 $A=LU$，即

$$\begin{bmatrix} a_{11} & a_{12} & \cdots & a_{1n} \\ a_{21} & a_{22} & \cdots & a_{2n} \\ \cdots & \cdots & \cdots & \cdots \\ a_{n1} & a_{n2} & \cdots & a_{nn} \end{bmatrix} = \begin{bmatrix} 1 & & & \\ l_{21} & 1 & & \\ \vdots & \ddots & \ddots & \\ l_{n1} & \cdots & l_{n,n-1} & 1 \end{bmatrix} \begin{bmatrix} u_{11} & u_{12} & \cdots & u_{1n} \\ & u_{22} & \cdots & u_{2n} \\ & & \ddots & \vdots \\ & & & u_{nn} \end{bmatrix},$$

由矩阵乘法可知，$a_{1j}=u_{1j}$，$j=1,2,\cdots,n$，因此

$$a_{ij}=\begin{cases} \sum\limits_{k=1}^{j} l_{ik}u_{kj}, & j<i \\ \sum\limits_{k=1}^{i-1} l_{ik}u_{kj}+u_{ij}, & j\geqslant i \end{cases},$$

由此，得到计算 l_{ij} 与 u_{ij} 的递推公式：$u_{1j}=a_{1j}$，$j=1,2,\cdots,n$；对于 $i=2,3,\cdots,n$，计算

$$\begin{cases} l_{ij}=\dfrac{1}{u_{jj}}\left(a_{ij}-\sum\limits_{k=1}^{j-1} l_{ik}u_{kj}\right), & j=1,2,\cdots,i-1 \\ u_{ij}=a_{ij}-\sum\limits_{k=1}^{i-1} l_{ik}u_{kj}, & j=i,i+1,\cdots,n \end{cases},$$

在具体计算过程中，应根据矩阵乘法，观察矩阵乘积的第一行，得到 U 的第一行元素；再观察矩阵乘积的第一列，可得到 L 的第一列元素；接下来，依次观察矩阵乘积的第二行和第二列，可分别得到 U 的第二行元素和 L 的第二列元素；其余类推。

对于 Crout 分解：与上面的推导类似。$l_{i1}=a_{i1}$，$i=1,2,\cdots,n$；对于 $j=2,3,\cdots,n$，计算

$$\begin{cases} u_{ij}=\dfrac{1}{l_{ii}}\left(a_{ij}-\sum\limits_{k=1}^{i-1} l_{ik}u_{kj}\right), & i=1,2,\cdots,j-1 \\ l_{ij}=a_{ij}-\sum\limits_{k=1}^{j-1} l_{ik}u_{kj}, & i=j,j+1,\cdots,n \end{cases},$$

在具体计算过程中，应根据矩阵乘法，观察矩阵乘积的第一列，得到 L 的第一列元素，再观察矩阵乘积的第一行，可得到 U 的第一行元素；接下来，依次观察矩阵乘积的第二列和第二行，可分别得到 L 的第二列元素和 U 的第二行元素；其余类推。

对于 LDU 分解：在求出了 A 的 Doolittle 分解 $A=LU$ 之后，A 的 LDU 分解为 $A=LD_U(D_U^{-1}U)$；同理也可由 A 的 Crout 分解，得到 A 的 LDU 分解为 $A=(LD_L^{-1})D_LU$。

例 4.1　求矩阵 $A=\begin{bmatrix} 2 & -1 & 3 \\ 1 & 2 & 1 \\ 2 & 4 & 3 \end{bmatrix}$ 的 Doolittle 分解与 Crout 分解。

解　由 Doolittle 分解的递推公式得

$$u_{11}=a_{11}=2, u_{12}=a_{12}=-1, u_{13}=a_{13}=3,$$

$$l_{21}=\frac{a_{21}}{u_{11}}=\frac{1}{2}, l_{31}=\frac{a_{31}}{u_{11}}=1,$$

$$u_{22}=a_{22}-l_{21}u_{12}=\frac{5}{2}, u_{23}=a_{23}-l_{21}u_{13}=-\frac{1}{2},$$

$$l_{32}=\frac{1}{u_{22}}(a_{32}-l_{31}u_{12})=2,$$

$$u_{33}=a_{33}-l_{31}u_{13}-l_{32}u_{23}=1,$$

所以 Doolittle 分解为

$$\boldsymbol{A}=\begin{bmatrix}1 & 0 & 0\\ \frac{1}{2} & 1 & 0\\ 1 & 2 & 1\end{bmatrix}\begin{bmatrix}2 & -1 & 3\\ 0 & \frac{5}{2} & -\frac{1}{2}\\ 0 & 0 & 1\end{bmatrix}。$$

再由 Crout 分解的递推公式得

$$l_{11}=a_{11}=2, l_{21}=a_{21}=1, l_{31}=a_{31}=2, u_{12}=\frac{a_{12}}{l_{11}}=-\frac{1}{2},$$

$$u_{13}=\frac{a_{13}}{l_{11}}=\frac{3}{2}, l_{22}=a_{22}-l_{21}u_{12}=\frac{5}{2}, l_{32}=a_{32}-l_{31}u_{12}=5,$$

$$u_{23}=\frac{1}{l_{22}}(a_{23}-l_{21}u_{13})=-\frac{1}{5},\quad l_{33}=a_{33}-l_{31}u_{13}-l_{32}u_{23}=1,$$

所以 Crout 分解为

$$\boldsymbol{A}=\begin{bmatrix}2 & 0 & 0\\ 1 & \frac{5}{2} & 0\\ 2 & 5 & 1\end{bmatrix}\begin{bmatrix}1 & -\frac{1}{2} & \frac{3}{2}\\ 0 & 1 & -\frac{1}{5}\\ 0 & 0 & 1\end{bmatrix}。$$

4.1.3 对称三角分解

定理 4.4 Hermite 正定矩阵 $\boldsymbol{A}$ 存在下三角矩阵 $\boldsymbol{G}$，使得 $\boldsymbol{A}=\boldsymbol{G}\boldsymbol{G}^{\mathrm{H}}$，称为 $\boldsymbol{A}$ 的对称三角分解(也称为平方根分解，或 Cholesky 分解)。

类似于矩阵 $\boldsymbol{A}$ 的 Doolittle 分解的计算式的推导过程，我们可以得到 $\boldsymbol{A}$ 的 Cholesky 分解计算式：

$$g_{ij}=\begin{cases}\left(a_{ii}-\sum_{k=1}^{i-1}g_{ik}^{2}\right)^{\frac{1}{2}}, & i=j\\ \frac{1}{g_{ii}}\left(a_{ij}-\sum_{k=1}^{j-1}g_{ik}g_{jk}\right), & i>j\\ 0, & i<j\end{cases}。$$

例 4.2 求矩阵 $A=\begin{bmatrix}5 & -2 & 0\\ -2 & 3 & -1\\ 0 & -1 & 1\end{bmatrix}$ 的 Cholesky 分解。

解 易于验证矩阵 A 是实对称正定矩阵，由 Cholesky 分解的递推公式得

$$g_{11}=\sqrt{a_{11}}=\sqrt{5},g_{21}=\frac{a_{21}}{g_{11}}=-\frac{2}{\sqrt{5}},g_{31}=\frac{a_{31}}{g_{11}}=0,$$

$$g_{22}=\sqrt{a_{22}-|g_{21}|^2}=\sqrt{\frac{11}{5}},g_{32}=\frac{1}{g_{22}}(a_{32}-g_{31}g_{21})=-\sqrt{\frac{5}{11}},$$

$$g_{33}=\sqrt{a_{33}-|g_{31}|^2-|g_{32}|^2}=\sqrt{\frac{6}{11}},$$

所以 Cholesky 分解为

$$A=\begin{bmatrix}\sqrt{5} & 0 & 0\\ -\frac{2}{\sqrt{5}} & \sqrt{\frac{11}{5}} & 0\\ 0 & -\sqrt{\frac{5}{11}} & \sqrt{\frac{6}{11}}\end{bmatrix}\begin{bmatrix}\sqrt{5} & -\frac{2}{\sqrt{5}} & 0\\ 0 & \sqrt{\frac{11}{5}} & -\sqrt{\frac{5}{11}}\\ 0 & 0 & \sqrt{\frac{6}{11}}\end{bmatrix}。$$

下面，我们介绍不可逆矩阵的三角分解条件。

定理 4.5 设 $A\in C_r^{m\times n}$，且 A 的前 r 个顺序主子式不为零，即 $\Delta_k\neq 0(k=1,2,\cdots,r)$，则 A 可以进行三角分解。

证 设 A_r 为 A 的 r 阶顺序主子阵，由定理 4.1 可知，A_r 可以进行三角分解，即 $A_r=L_rU_r$，式中，L_r 和 U_r 分别是可逆的下三角矩阵和上三角矩阵。将矩阵 A 分块得 $A=\begin{bmatrix}A_r & A_{12}\\ A_{21} & A_{22}\end{bmatrix}$。由于 $\mathrm{rank}(A)=\mathrm{rank}(A_r)=r$，所以 A 的后 $n-r$ 行可由前 r 行线性表示，即存在矩阵 $B\in C^{(n-r)\times r}$，使得 $(A_{21},A_{22})=B(A_r,A_{12})$，从而

$$A=\begin{bmatrix}A_r & A_{12}\\ BA_r & BA_{12}\end{bmatrix}=\begin{bmatrix}L_rU_r & A_{12}\\ BL_rU_r & BA_{12}\end{bmatrix}=\begin{bmatrix}L_r & O\\ BL_r & I_{n-r}\end{bmatrix}\begin{bmatrix}U_r & L_r^{-1}A_{12}\\ O & O\end{bmatrix},$$

即得到 A 的一种三角分解。 证毕。

注意，该定理的条件仅是充分的，如矩阵 $A=\begin{bmatrix}0 & 0\\ 1 & 2\end{bmatrix}$ 的秩为 1，且不满足定理 4.5 的条件，但

$$A=\begin{bmatrix}0 & 0\\ 1 & 2\end{bmatrix}\begin{bmatrix}1 & 0\\ 0 & 1\end{bmatrix}=\begin{bmatrix}0 & 0\\ 1 & 1\end{bmatrix}\begin{bmatrix}1 & 1\\ 0 & 1\end{bmatrix}$$

都是 A 的三角分解。

定理 4.6 矩阵 $A\in C^{n\times n}$ 有唯一的 LDU 分解的充分必要条件为，A 的顺序主子式 $\Delta_k\neq 0$ $(k=1,2,\cdots,n-1)$，其中 L 是单位下三角矩阵，U 是单位上三角矩阵。

最后，我们来介绍三角分解在求解线性方程组中的应用。对于线性方程组 $Ax=b$ 而言，如果其系数矩阵 A 为非奇异矩阵，并且 $\Delta_k\neq 0$ $(k=1,2,\cdots,n-1)$，则存在三角分解 $A=LU$。这时，$Ax=b$ 就与方程组 $\begin{cases}Ly=b\\Ux=y\end{cases}$ 等价，而方程组 $\begin{cases}Ly=b\\Ux=y\end{cases}$ 中的两个子方程组很容易求解，这就是解线性方程组的三角分解。

例 4.3 求解线性方程组 $Ax=b$，式中

$$A=\begin{bmatrix}2&-1&3\\1&2&1\\2&4&3\end{bmatrix},\quad b=\begin{bmatrix}-3\\4\\7\end{bmatrix}。$$

解 例 4.1 已求得

$$A=LU=\begin{bmatrix}1&0&0\\ \frac{1}{2}&1&0\\1&2&1\end{bmatrix}\begin{bmatrix}2&-1&3\\0&\frac{5}{2}&-\frac{1}{2}\\0&0&1\end{bmatrix},$$

由 $Ly=b$ 递推求得

$$y_1=b_1=-3,y_2=b_2-l_{21}y_1=\frac{11}{2},y_3=b_3-l_{31}y_1-l_{32}y_2=-1,$$

而由 $Ux=y$ 回代求得

$$x_3=\frac{y_3}{u_{33}}=-1,x_2=\frac{1}{u_{22}}(y_2-u_{23}x_3)=2,x_1=\frac{1}{u_{11}}(y_1-u_{12}x_2-u_{13}x_3)=1。$$

4.2 矩阵的 QR 分解

矩阵的 QR 分解在解决最小二乘问题、计算特征值等方面，都是十分重要的。本节首先介绍 Givens 矩阵和 Householder 矩阵，这是求解矩阵 QR 分解的主要工具。

4.2.1 Givens 矩阵

首先我们介绍 Givens 矩阵。在二维平面中，笛卡儿直角坐标系的旋转变换为 $y=\begin{bmatrix}\cos\theta&\sin\theta\\-\sin\theta&\cos\theta\end{bmatrix}x=Tx$，这是一个正交变换，所以 T 是正交矩阵，$\det T=1$。一般地，对于 n 维酉空间而言，旋转变换定义如下。

定义 4.2 设复数 c 与 s 满足 $|c|^2+|s|^2=1$，则称矩阵

$$
T_{pq}=\begin{bmatrix}
1 &&&&&&&&& \\
& \ddots &&&&&&&& \\
&& 1 &&&&&&& \\
&&& \bar{c} &&&& \bar{s} && \\
&&&& 1 &&&&& \\
&&&&& \ddots &&&& \\
&&&&&& 1 &&& \\
&&& -s &&&& c && \\
&&&&&&&& 1 & \\
&&&&&&&&& \ddots \\
&&&&&&&&&& 1
\end{bmatrix}
\begin{matrix} \\ \\ \\ (p) \\ \\ \\ \\ (q) \\ \\ \\ \\ \end{matrix}
$$

$$(p)\qquad\qquad\qquad (q)$$

为 Givens 矩阵(或初等旋转矩阵),简记为$T_{pq}=T_{pq}(c,s)$,由 Givens 矩阵所确定的线性变换称为 Givens 变换(或初等旋转变换)。

容易验证,当$|c|^2+|s|^2=1$,且 c 与 s 为实数时,存在角度 θ,使得 $c=\cos\theta, s=\sin\theta$。此时,这样的 Givens 矩阵恰为平面旋转矩阵$\begin{bmatrix}\cos\theta & \sin\theta \\ -\sin\theta & \cos\theta\end{bmatrix}$。

Givens 矩阵一定是酉矩阵,并且

$$[T_{pq}(c,s)]^{-1}=[T_{pq}(c,s)]^{\mathrm{H}}=T_{pq}(\bar{c},-s),\det[T_{pq}(c,s)]=1;$$

同时,若 $x=(\xi_1,\xi_2,\cdots,\xi_n)^{\mathrm{T}}, y=T_{pq}x=(\eta_1,\eta_2,\cdots,\eta_n)^{\mathrm{T}}$,则有

$$\begin{cases}\eta_p=\bar{c}\xi_p+\bar{s}\xi_q \\ \eta_q=-s\xi_p+c\xi_q \\ \eta_k=\xi_k \quad (k\neq p,q)\end{cases},$$

所以,当$|\xi_p|^2+|\xi_q|^2=0$ 时,取 $c=1, s=0$,则$T_{pq}=I$,此时 $\eta_p=\eta_q=0$。当$|\xi_p|^2+|\xi_q|^2\neq 0$时,取 $c=\dfrac{\xi_p}{\sqrt{|\xi_p|^2+|\xi_q|^2}}, s=\dfrac{\xi_q}{\sqrt{|\xi_p|^2+|\xi_q|^2}}$,就可以使

$$\eta_p=\sqrt{|\xi_p|^2+|\xi_q|^2}, \eta_q=0。$$

定理 4.7　设 $x=(\xi_1,\xi_2,\cdots,\xi_n)^{\mathrm{T}}\neq \mathbf{0}$,则存在有限个 Givens 矩阵$T_{pq}$,使得 $y=T_{pq}x=(\eta_1,\eta_2,\cdots,\eta_n)^{\mathrm{T}}$ 满足 $\eta_p=\sqrt{|\xi_p|^2+|\xi_q|^2}$,并且 $\eta_q=0, \eta_k=\xi_k\ (k\neq p,q)$。

定理 4.8　设 $x=(\xi_1,\xi_2,\cdots,\xi_n)^{\mathrm{T}}\neq \mathbf{0}$,则存在有限个 Givens 矩阵之积,记为 T,使得$Tx=\|x\|e_1$,称为用 Givens 变换化向量 x 与e_1 同方向。

证　由定理 4.7,存在 Givens 矩阵T_{12},使得

$$T_{12}x=\left(\sqrt{|\xi_1|^2+|\xi_2|^2},0,\xi_3,\cdots,\xi_n\right)^{\mathrm{T}},$$

对 $T_{12}x$,又存在 Givens 矩阵 T_{13},使得

$$T_{13}(T_{12}x)=(\sqrt{|\xi_1|^2+|\xi_2|^2+|\xi_3|^2},0,0,\xi_4,\cdots,\xi_n)^{\mathrm{T}},$$

依次进行下去，得

$$T_{1n}\cdots T_{13}T_{12}x=\left(\sqrt{\sum_{k=1}^{n}|\xi_k|^2},0,\cdots,0\right)^{\mathrm{T}}=\|x\|e_1,$$

令 $T=T_{1n}T_{1,n-1}\cdots T_{12}$，则有 $Tx=\|x\|e_1$。 证毕。

4.2.2 Householder 矩阵

下面介绍 Householder 矩阵。在二维平面中，将向量 x 映射为关于 ox 轴对称的向量 y 的变换，称为关于 ox 轴的镜像变换(或初等反射变换)。设 $x=(\xi_1,\xi_2)^{\mathrm{T}}$，通过镜像变换有

$$y=(\xi_1,-\xi_2)^{\mathrm{T}}=\begin{bmatrix}1&0\\0&-1\end{bmatrix}\begin{bmatrix}\xi_1\\\xi_2\end{bmatrix}=(I-2e_2e_2^{\mathrm{T}})x=Hx,$$

式中，$e_2=(0,1)^{\mathrm{T}}$，这里的矩阵 H 是正交矩阵且 $\det H=-1$。

一般地，对于 n 维酉空间而言，将向量 x 映射为关于“与单位向量 u 正交的 $n-1$ 维子空间”对称的向量 y 的镜像变换定义如下。

定义 4.3 设单位向量 $u\in \mathbf{C}^n$，称 $H=I-2uu^{\mathrm{H}}$ 为 Householder 矩阵(或初等反射矩阵)，称由 Householder 矩阵所确定的线性变换 $y=Hx$ 为 Householder 变换(或初等反射变换)。

容易验证 Householder 矩阵具有以下性质：

(1) Householder 矩阵是 Hermite 矩阵，即 $H=H^{\mathrm{H}}$；

(2) Householder 矩阵是酉矩阵，即 $H^{\mathrm{H}}H=I$；

(3) Householder 矩阵是对合矩阵，即 $H^2=I$；

(4) Householder 矩阵是自逆矩阵，即 $H=H^{-1}$；

(5) $\det H=-1$；

(6) $\begin{bmatrix}I_r&O\\O&H\end{bmatrix}$ 是 $n+r$ 阶 Householder 矩阵。

定理 4.9 任意给定非零列向量 $x\in\mathbf{C}^n$ 及单位列向量 $z\in\mathbf{C}^n$，存在 Householder 矩阵 H，使得 $Hx=\|x\|z$。

证 当 $x=\|x\|z$ 时，取单位向量 u 满足 $u^{\mathrm{H}}x=0$，则

$$Hx=(I-2uu^{\mathrm{H}})x=x-2u(u^{\mathrm{H}}x)=x=\|x\|z;$$

当 $x\neq\|x\|z$ 时，取 $u=\dfrac{x-\|x\|z}{\|x-\|x\|z\|}$，由于 $\|x-\|x\|z\|^2=2(x-\|x\|z,x)$，则

$$Hx=(I-2uu^{\mathrm{H}})x=\|x\|z。$$

证毕。

例 4.4 用 Givens 变换和 Householder 变换化 $x=(1,2,2)^{\mathrm{T}}$ 与 e_1 同方向。

解 (Givens 变换)取 $c_1=\dfrac{1}{\sqrt{5}}$，$s_1=\dfrac{2}{\sqrt{5}}$，则

$$T_{12}=\begin{bmatrix}\frac{1}{\sqrt{5}} & \frac{2}{\sqrt{5}} & 0\\ -\frac{2}{\sqrt{5}} & \frac{1}{\sqrt{5}} & 0\\ 0 & 0 & 1\end{bmatrix},$$

使得$T_{12}x=\begin{bmatrix}\sqrt{5}\\0\\2\end{bmatrix}$。再取 $c_2=\frac{\sqrt{5}}{3}$，$s_2=\frac{2}{3}$，则

$$T_{13}=\begin{bmatrix}\frac{\sqrt{5}}{3} & 0 & \frac{2}{3}\\ 0 & 1 & 0\\ -\frac{2}{3} & 0 & \frac{\sqrt{5}}{3}\end{bmatrix},$$

使得

$$T_{13}T_{12}x=\begin{bmatrix}3\\0\\0\end{bmatrix}=3e_1。$$

(Householder 变换) $\|x\|=3$，$z=e_1$，则可计算得

$$u=\frac{x-\|x\|e_1}{\|x-\|x\|e_1\|}=\frac{1}{\sqrt{3}}\begin{bmatrix}-1\\1\\1\end{bmatrix},$$

于是 $Hx=(I-2uu^{\mathrm{T}})x=3z$，式中，$H=\frac{1}{3}\begin{bmatrix}1 & 2 & 2\\ 2 & 1 & -2\\ 2 & -2 & 1\end{bmatrix}$。

定理 4.10 Givens 矩阵是两个 Householder 矩阵的乘积，即$T_{pq}=H_vH_u$，式中，H_u 和 H_v 分别为在两个单位向量 u 和 v 下的 Householder 矩阵。

但是 Householder 矩阵不能由若干个 Givens 矩阵的乘积表示，因为 $\det H=-1$，而 $\det T_{pq}=1$。

4.2.3 QR 分解

下面介绍矩阵的 QR 分解。

定义 4.4 设 n 阶复矩阵 A 能够分解为一个 n 阶酉矩阵 Q 和一个上三角矩阵 R 之积（或 n 阶实矩阵 A 能够分解为一个 n 阶正交矩阵 Q 和一个上三角矩阵 R 之积），即 $A=QR$，则称为矩阵 A 的 QR 分解。

定理 4.11 设 $\boldsymbol{A}$ 是任意 n 阶复矩阵，则矩阵 $\boldsymbol{A}$ 有 QR 分解。

证 （Householder 变换）将矩阵 $\boldsymbol{A}$ 按列分块为 $\boldsymbol{A}=(\boldsymbol{a}_1,\boldsymbol{a}_2,\cdots,\boldsymbol{a}_n)$，由定理 4.9 可知，存在 n 阶 Householder 矩阵 $\boldsymbol{H}_1$，使得 $\boldsymbol{H}_1\boldsymbol{a}_1=k_1\boldsymbol{e}_1(k_1=\|\boldsymbol{a}_1\|)$，因此

$$\boldsymbol{H}_1\boldsymbol{A}=(\boldsymbol{H}_1\boldsymbol{a}_1,\boldsymbol{H}_1\boldsymbol{a}_2,\cdots,\boldsymbol{H}_1\boldsymbol{a}_n)=\left[\begin{array}{c|ccc} k_1 & * & \cdots & * \\ \hline 0 & & & \\ \vdots & & \boldsymbol{B}_{n-1} & \\ 0 & & & \end{array}\right],$$

式中，$\boldsymbol{B}_{n-1}$ 是 $n-1$ 阶复矩阵。再将 $\boldsymbol{B}_{n-1}$ 按列分块为 $\boldsymbol{B}_{n-1}=(\boldsymbol{b}_2,\boldsymbol{b}_3,\cdots,\boldsymbol{b}_n)$，则存在 $n-1$ 阶 Householder 矩阵 $\widetilde{\boldsymbol{H}}_2$，使得 $\widetilde{\boldsymbol{H}}_2\boldsymbol{b}_2=k_2\widetilde{\boldsymbol{e}}_1$，$\widetilde{\boldsymbol{e}}_1=(1,0,\cdots,0)^{\mathrm{T}}\in\mathbf{C}^{n-1}$，记 $\boldsymbol{H}_2=\begin{bmatrix}1 & \boldsymbol{0}^{\mathrm{T}}\\ \boldsymbol{0} & \widetilde{\boldsymbol{H}}_2\end{bmatrix}$，则 $\boldsymbol{H}_2$ 是 Householder 矩阵，并且

$$\boldsymbol{H}_2(\boldsymbol{H}_1\boldsymbol{A})=\left[\begin{array}{c|ccc} k_1 & * & \cdots & * \\ \hline 0 & & & \\ \vdots & & \widetilde{\boldsymbol{H}}_2\boldsymbol{B}_{n-1} & \\ 0 & & & \end{array}\right]=\left[\begin{array}{cc|ccc} k_1 & * & * & \cdots & * \\ 0 & k_2 & * & \cdots & * \\ \hline 0 & 0 & & \boldsymbol{C}_{n-2} & \end{array}\right],$$

式中，$\boldsymbol{C}_{n-2}$ 是 $n-2$ 阶矩阵。其余类推，到第 $n-1$ 步有

$$\boldsymbol{H}_{n-1}\cdots\boldsymbol{H}_2\boldsymbol{H}_1\boldsymbol{A}=\begin{bmatrix}k_1 & & * \\ & \ddots & \\ & & k_n\end{bmatrix}=\boldsymbol{R},$$

式中，$\boldsymbol{H}_k(k=1,2,\cdots,n-1)$ 都是 n 阶 Householder 矩阵。由于 $\boldsymbol{H}_k$ 的自逆性，所以有

$$\boldsymbol{A}=\boldsymbol{H}_1\boldsymbol{H}_2\cdots\boldsymbol{H}_{n-1}\boldsymbol{R}=\boldsymbol{QR},$$

式中，$\boldsymbol{Q}=\boldsymbol{H}_1\boldsymbol{H}_2\cdots\boldsymbol{H}_{n-1}$ 是酉矩阵，$\boldsymbol{R}$ 是上三角矩阵。

（Givens 变换）将矩阵 $\boldsymbol{A}$ 按列分块为 $\boldsymbol{A}=(\boldsymbol{a}_1,\boldsymbol{a}_2,\cdots,\boldsymbol{a}_n)$，由定理 4.8 可知，存在 n 阶 Givens 矩阵 $\boldsymbol{T}_{12},\boldsymbol{T}_{13},\cdots,\boldsymbol{T}_{1n}$，使得 $\boldsymbol{T}_{1n}\cdots\boldsymbol{T}_{13}\boldsymbol{T}_{12}\boldsymbol{a}_1=\|\boldsymbol{a}_1\|\boldsymbol{e}_1$，因此

$$\boldsymbol{T}_{1n}\cdots\boldsymbol{T}_{13}\boldsymbol{T}_{12}\boldsymbol{A}=\left[\begin{array}{c|ccc}\|\boldsymbol{a}_1\| & * & \cdots & * \\ \hline \boldsymbol{0} & \boldsymbol{b}_2 & \cdots & \boldsymbol{b}_n\end{array}\right](\boldsymbol{b}_k\in\mathbf{C}^{n-1},k=2,3,\cdots,n),$$

对于其第二列，存在 n 阶 Givens 矩阵 $\boldsymbol{T}_{23},\boldsymbol{T}_{24},\cdots,\boldsymbol{T}_{2n}$，使得

$$\boldsymbol{T}_{2n}\cdots\boldsymbol{T}_{24}\boldsymbol{T}_{23}\begin{bmatrix}*\\ \boldsymbol{b}_2\end{bmatrix}=(*,\|\boldsymbol{b}_2\|,0,\cdots,0)^{\mathrm{T}},$$

所以

$$\boldsymbol{T}_{2n}\cdots\boldsymbol{T}_{24}\boldsymbol{T}_{23}\boldsymbol{T}_{1n}\cdots\boldsymbol{T}_{13}\boldsymbol{T}_{12}\boldsymbol{A}=\left[\begin{array}{cc|ccc}\|\boldsymbol{a}_1\| & * & * & \cdots & * \\ 0 & \|\boldsymbol{b}_2\| & * & \cdots & * \\ \hline \boldsymbol{0} & \boldsymbol{0} & \boldsymbol{c}_3 & \cdots & \boldsymbol{c}_n\end{array}\right](\boldsymbol{c}_k\in\mathbf{C}^{n-2},k=3,4,\cdots,n),$$

其余类推，最后得到 $\boldsymbol{T}_{n-1,n}\cdots\boldsymbol{T}_{2n}\cdots\boldsymbol{T}_{24}\boldsymbol{T}_{23}\boldsymbol{T}_{1n}\cdots\boldsymbol{T}_{13}\boldsymbol{T}_{12}\boldsymbol{A}=\boldsymbol{R}$。由此，

$$\boldsymbol{A}=\boldsymbol{T}_{12}^{\mathrm{H}}\boldsymbol{T}_{13}^{\mathrm{H}}\cdots\boldsymbol{T}_{1n}^{\mathrm{H}}\boldsymbol{T}_{23}^{\mathrm{H}}\boldsymbol{T}_{24}^{\mathrm{H}}\cdots\boldsymbol{T}_{2n}^{\mathrm{H}}\cdots\boldsymbol{T}_{n-1,n}^{\mathrm{H}}\boldsymbol{R}=\boldsymbol{QR},$$

式中，$Q=T_{12}^{H}T_{13}^{H}\cdots T_{1n}^{H}T_{23}^{H}T_{24}^{H}\cdots T_{2n}^{H}\cdots T_{n-1,n}^{H}$是酉矩阵，$R$ 是上三角矩阵。　　证毕。

这个定理的证明过程给出了用 Householder 变换及用 Givens 变换求矩阵的 QR 分解的方法。若 A 是可逆矩阵，则有以下的结论。

定理 4.12 设 A 是任意 n 阶可逆复矩阵，则矩阵 A 可以唯一地分解为 $A=QR$。式中，Q 是 n 阶酉矩阵，R 是具有正对角元素的上三角可逆矩阵。

证 将矩阵 A 按列分块为 $A=(a_1,a_2,\cdots,a_n)$，因为矩阵 A 可逆，所以 $a_1,a_2,\cdots,a_n$ 线性无关，由 Schmidt 正交化方法将其正交化，得

$$\begin{cases} p_1=a_1 \\ p_2=a_2-\lambda_{21}p_1 \\ \cdots \\ p_n=a_n-\lambda_{n1}p_1-\cdots-\lambda_{n,n-1}p_{n-1} \end{cases},$$

式中，$\lambda_{ij}=\dfrac{(a_i,p_j)}{(p_j,p_j)}$。再将 $p_k(k=1,2,\cdots,n)$ 单位化，得 $q_k=\dfrac{p_k}{\|p_k\|}(k=1,2,\cdots,n)$，则有

$$\begin{cases} a_1=\|p_1\|q_1 \\ a_2=\lambda_{21}\|p_1\|q_1+\|p_2\|q_2 \\ \cdots \\ a_n=\lambda_{n1}\|p_1\|q_1+\cdots+\lambda_{n,n-1}\|p_{n-1}\|q_{n-1}+\|p_n\|q_n \end{cases},$$

所以

$$\begin{aligned} A &=(a_1,a_2,\cdots,a_n) \\ &=(q_1,q_2,\cdots,q_n)\begin{bmatrix} \|p_1\| & \lambda_{21}\|p_1\| & \cdots & \lambda_{n1}\|p_1\| \\ & \|p_2\| & \cdots & \lambda_{n2}\|p_2\| \\ & & \ddots & \vdots \\ & & & \|p_n\| \end{bmatrix} \\ &=QR, \end{aligned}$$

式中，$Q=(q_1,q_2,\cdots,q_n)$是 n 阶酉矩阵，R 是具有正对角元素的上三角可逆矩阵。

再证唯一性。设矩阵 A 有两个 QR 分解：$A=QR=Q_1R_1$，则

$$Q=Q_1R_1R^{-1}=Q_1D,$$

式中，$D=R_1R^{-1}$是具有正对角元素的上三角可逆矩阵，由于

$$I=Q^{H}Q=(Q_1D)^{H}(Q_1D)=D^{H}D,$$

则 D 仍为 n 阶酉矩阵，因此 D 是单位矩阵。所以 $Q=Q_1D=Q_1$，$R_1=DR=R$。　　证毕。

在定理 4.12 中，若不要求上三角矩阵 R 具有正对角元素，则矩阵 A 的 QR 分解的不同仅在于酉矩阵 Q 的列和上三角矩阵 R 的对应行相差模为 1 的因子。这个定理的证明过程给出了应用 Schmidt 正交化方法求可逆矩阵 A 的 QR 分解的方法。

总结以上内容，可以用 Householder 变换、Givens 变换和 Schmidt 正交化方法求矩阵 A 的 QR 分解。

例 4.5 试求矩阵 $A=\begin{bmatrix}0&3&1\\0&4&-2\\2&1&2\end{bmatrix}$ 的 QR 分解。

解 分别用 Householder 变换、Givens 变换和 Schmidt 正交化方法求矩阵 $\boldsymbol{A}$ 的 QR 分解。

(Householder 变换)因为$\boldsymbol{a}_1=(0,0,2)^{\mathrm{T}}$,取 $k_1=\|\boldsymbol{a}_1\|=2$,得单位向量

$$\boldsymbol{u}_1=\frac{\boldsymbol{a}_1-k_1\boldsymbol{e}_1}{\|\boldsymbol{a}_1-k_1\boldsymbol{e}_1\|}=\frac{1}{\sqrt{2}}(-1,0,1)^{\mathrm{T}},$$

则

$$\boldsymbol{H}_1=\boldsymbol{I}-2\boldsymbol{u}_1\boldsymbol{u}_1^{\mathrm{T}}=\begin{bmatrix}0&0&1\\0&1&0\\1&0&0\end{bmatrix},\boldsymbol{H}_1\boldsymbol{A}=\begin{bmatrix}2&1&2\\0&4&-2\\0&3&1\end{bmatrix};$$

又因为$\boldsymbol{b}_2=(4,3)^{\mathrm{T}}$,取 $k_2=\|\boldsymbol{b}_2\|=5$,得单位向量

$$\widetilde{\boldsymbol{u}}_2=\frac{\boldsymbol{b}_2-k_2\widetilde{\boldsymbol{e}}_1}{\|\boldsymbol{b}_2-k_2\widetilde{\boldsymbol{e}}_1\|}=\frac{1}{\sqrt{10}}(-1,3)^{\mathrm{T}},$$

则$\widetilde{\boldsymbol{H}}_2=\boldsymbol{I}-2\widetilde{\boldsymbol{u}}_2\widetilde{\boldsymbol{u}}_2^{\mathrm{T}}=\frac{1}{5}\begin{bmatrix}4&3\\3&-4\end{bmatrix}$,记$\boldsymbol{H}_2=\begin{bmatrix}1&\boldsymbol{0}^{\mathrm{T}}\\\boldsymbol{0}&\widetilde{\boldsymbol{H}}_2\end{bmatrix}$,则$\boldsymbol{H}_2\boldsymbol{H}_1\boldsymbol{A}=\begin{bmatrix}2&1&2\\0&5&-1\\0&0&-2\end{bmatrix}=\boldsymbol{R}$;

所以矩阵 $\boldsymbol{A}$ 的 QR 分解为

$$\boldsymbol{A}=(\boldsymbol{H}_1\boldsymbol{H}_2)\boldsymbol{R}=\begin{bmatrix}0&\frac{3}{5}&-\frac{4}{5}\\0&\frac{4}{5}&\frac{3}{5}\\1&0&0\end{bmatrix}\begin{bmatrix}2&1&2\\0&5&-1\\0&0&-2\end{bmatrix}。$$

(Givens 变换)取 $c_1=0,s_1=1$,则$\boldsymbol{T}_{13}=\begin{bmatrix}0&0&1\\0&1&0\\-1&0&0\end{bmatrix}$,$\boldsymbol{T}_{13}\boldsymbol{A}=\begin{bmatrix}2&1&2\\0&4&-2\\0&-3&-1\end{bmatrix}$;

再取 $c_2=\frac{4}{5},s_2=-\frac{3}{5}$,则

$$\boldsymbol{T}_{23}=\begin{bmatrix}1&0&0\\0&\frac{4}{5}&-\frac{3}{5}\\0&\frac{3}{5}&\frac{4}{5}\end{bmatrix},\boldsymbol{T}_{23}\boldsymbol{T}_{13}\boldsymbol{A}=\begin{bmatrix}2&1&2\\0&5&-1\\0&0&-2\end{bmatrix}=\boldsymbol{R};$$

所以矩阵 $\boldsymbol{A}$ 的 QR 分解为

$$\boldsymbol{A}=(\boldsymbol{T}_{13}^{\mathrm{T}}\boldsymbol{T}_{23}^{\mathrm{T}})\boldsymbol{R}=\begin{bmatrix}0 & \frac{3}{5} & -\frac{4}{5}\\ 0 & \frac{4}{5} & \frac{3}{5}\\ 1 & 0 & 0\end{bmatrix}\begin{bmatrix}2 & 1 & 2\\ 0 & 5 & -1\\ 0 & 0 & -2\end{bmatrix}。$$

(Schmidt 正交化)因为$\boldsymbol{a}_1=(0,0,2)^{\mathrm{T}},\boldsymbol{a}_2=(3,4,1)^{\mathrm{T}},\boldsymbol{a}_3=(1,-2,2)^{\mathrm{T}}$，可见$\boldsymbol{a}_1,\boldsymbol{a}_2,\boldsymbol{a}_3$ 线性无关，应用 Schmidt 正交化方法得到

$$\boldsymbol{p}_1=\boldsymbol{a}_1=(0,0,2)^{\mathrm{T}},\boldsymbol{p}_2=(3,4,0)^{\mathrm{T}},\boldsymbol{p}_3=\left(\frac{8}{5},-\frac{6}{5},0\right)^{\mathrm{T}};$$

再单位化得到

$$\boldsymbol{q}_1=\frac{1}{2}\boldsymbol{p}_1=(0,0,1)^{\mathrm{T}},\boldsymbol{q}_2=\frac{1}{5}\boldsymbol{p}_2=\left(\frac{3}{5},\frac{4}{5},0\right)^{\mathrm{T}},\boldsymbol{q}_3=\frac{1}{2}\boldsymbol{p}_3=\left(\frac{4}{5},-\frac{3}{5},0\right)^{\mathrm{T}},$$

因此，

$$\boldsymbol{a}_1=\boldsymbol{p}_1=2\boldsymbol{q}_1,\boldsymbol{a}_2=\frac{1}{2}\boldsymbol{p}_1+\boldsymbol{p}_2=\boldsymbol{q}_1+5\boldsymbol{q}_2,\boldsymbol{a}_3=\boldsymbol{p}_1-\frac{1}{5}\boldsymbol{p}_2+\boldsymbol{p}_3=2\boldsymbol{q}_1-\boldsymbol{q}_2+2\boldsymbol{q}_3;$$

所以矩阵 $\boldsymbol{A}$ 的 QR 分解为

$$\boldsymbol{A}=\begin{bmatrix}0 & \frac{3}{5} & \frac{4}{5}\\ 0 & \frac{4}{5} & -\frac{3}{5}\\ 1 & 0 & 0\end{bmatrix}\begin{bmatrix}2 & 1 & 2\\ 0 & 5 & -1\\ 0 & 0 & 2\end{bmatrix}。$$

对于线性方程组 $\boldsymbol{Ax}=\boldsymbol{b}$ 来说，如果 $\boldsymbol{A}\in\mathbf{C}_n^{n\times n}$，则有 $\boldsymbol{A}=\boldsymbol{QR}$，式中，$\boldsymbol{Q}$ 是 n 阶酉矩阵，$\boldsymbol{R}\in\mathbf{C}_n^{n\times n}$ 是上三角矩阵。则原方程组等价于$\boldsymbol{Q}^{\mathrm{H}}\boldsymbol{Ax}=\boldsymbol{Q}^{\mathrm{H}}\boldsymbol{b}$，即 $\boldsymbol{Rx}=\boldsymbol{Q}^{\mathrm{H}}\boldsymbol{b}$。由于 $\boldsymbol{R}$ 是上三角矩阵，则可以通过回代求出 $\boldsymbol{x}$。又由于$\boldsymbol{Q}^{\mathrm{H}}$ 是一个酉矩阵，它左乘任意向量都不会改变其长度，故可抑制计算过程中的误差积累。所以 QR 分解在数值中是常用的工具之一。

4.3 矩阵的满秩分解

矩阵的满秩分解在研究矩阵的广义逆时是一个非常重要的工具。本节主要介绍满秩分解的定义与求法。

定义 4.5 设 $\boldsymbol{A}\in\mathbf{C}_r^{m\times n}(r>0)$，如果存在列满秩矩阵 $\boldsymbol{F}\in\mathbf{C}_r^{m\times r}$ 和行满秩矩阵 $\boldsymbol{G}\in\mathbf{C}_r^{r\times n}$，使得 $\boldsymbol{A}=\boldsymbol{FG}$，则称为 $\boldsymbol{A}$ 的满秩分解。

定理 4.13 设 $\boldsymbol{A}\in\mathbf{C}_r^{m\times n}(r>0)$，则 $\boldsymbol{A}$ 一定有满秩分解。

证 当 $r=m$ 时，$\boldsymbol{A}=\boldsymbol{I}_m\boldsymbol{A}$ 是 $\boldsymbol{A}$ 的一个满秩分解；而当 $r=n$ 时，$\boldsymbol{A}=\boldsymbol{AI}_n$ 是 $\boldsymbol{A}$ 的一个满秩分解。下面设 $0<r<\min\{m,n\}$。

因为 $\mathrm{rank}\boldsymbol{A}=r>0$，对 $\boldsymbol{A}$ 进行初等行变换，可得到阶梯形矩阵 $\boldsymbol{B}=\begin{bmatrix}\boldsymbol{G}\\\boldsymbol{O}\end{bmatrix}$，式中 $\boldsymbol{G}$ 为 $r\times n$ 矩阵，并且 $\mathrm{rank}\boldsymbol{G}=r>0$；则一定存在 m 阶可逆矩阵 $\boldsymbol{P}$（有限个初等矩阵的乘积），使得 $\boldsymbol{PA}=\boldsymbol{B}$，即 $(\boldsymbol{A},\boldsymbol{I})\xrightarrow{\text{行}}(\boldsymbol{B},\boldsymbol{P})$。将矩阵 $\boldsymbol{P}^{-1}$ 分块为 $\boldsymbol{P}^{-1}=(\boldsymbol{F}_{m\times r},\boldsymbol{S}_{m\times(m-r)})$，且由于 $\boldsymbol{P}$ 可逆，有 $\mathrm{rank}\boldsymbol{F}=r$，$\mathrm{rank}\boldsymbol{S}=n-r$。则

$$\boldsymbol{A}=\boldsymbol{P}^{-1}\boldsymbol{B}=(\boldsymbol{F},\boldsymbol{S})\begin{bmatrix}\boldsymbol{G}\\\boldsymbol{O}\end{bmatrix}=\boldsymbol{FG},$$

式中，$\boldsymbol{F}$ 是列满秩矩阵，$\boldsymbol{G}$ 是行满秩矩阵。　　证毕。

注：矩阵 $\boldsymbol{A}$ 的满秩分解不唯一。这是因为若取任意一个 r 阶非奇异矩阵 $\boldsymbol{D}$，则有

$$\boldsymbol{A}=\boldsymbol{FG}=(\boldsymbol{FD})(\boldsymbol{D}^{-1}\boldsymbol{G})=\widetilde{\boldsymbol{F}}\widetilde{\boldsymbol{G}}。$$

例 4.6　求矩阵 $\boldsymbol{A}=\begin{bmatrix}-1&0&1&2\\1&2&-1&1\\2&2&-2&-1\end{bmatrix}$ 的满秩分解。

解　对矩阵 $\boldsymbol{A}$ 进行初等行变换

$$(\boldsymbol{A}\,\vdots\,\boldsymbol{I})=\begin{bmatrix}-1&0&1&2&1&0&0\\1&2&-1&1&0&1&0\\2&2&-2&-1&0&0&1\end{bmatrix}\to\begin{bmatrix}-1&0&1&2&1&0&0\\0&2&0&3&1&1&0\\0&0&0&0&1&-1&1\end{bmatrix},$$

可见 $\mathrm{rank}\boldsymbol{A}=2$，且

$$\boldsymbol{B}=\begin{bmatrix}-1&0&1&2\\0&2&0&3\\0&0&0&0\end{bmatrix},\boldsymbol{G}=\begin{bmatrix}-1&0&1&2\\0&2&0&3\end{bmatrix},\boldsymbol{P}=\begin{bmatrix}1&0&0\\1&1&0\\1&-1&1\end{bmatrix};$$

而

$$\boldsymbol{P}^{-1}=\begin{bmatrix}1&0&0\\-1&1&0\\-2&1&1\end{bmatrix}=(\boldsymbol{F}_{3\times2},\boldsymbol{S}_{3\times1})，\text{其中 }\boldsymbol{F}=\begin{bmatrix}1&0\\-1&1\\-2&1\end{bmatrix},$$

所以有

$$\boldsymbol{A}=\boldsymbol{P}^{-1}\boldsymbol{B}=(\boldsymbol{F},\boldsymbol{S})\begin{bmatrix}\boldsymbol{G}\\\boldsymbol{O}\end{bmatrix}=\boldsymbol{FG}=\begin{bmatrix}1&0\\-1&1\\-2&1\end{bmatrix}\begin{bmatrix}-1&0&1&2\\0&2&0&3\end{bmatrix}。$$

定义 4.6　若 $\boldsymbol{H}\in\mathbf{C}_r^{m\times n}(r>0)$ 满足以下条件：

(1)矩阵 $\boldsymbol{H}$ 的前 r 行中的每一行至少含有一个非零元素，并且第一个非零元素是 1，而后 $m-r$ 行元素均为 0；

(2)如果矩阵 $\boldsymbol{H}$ 的第 i 行的第一个非零元素 1 在第 j_i 列$(i=1,2,\cdots,r)$，则 $j_1<j_2<\cdots<j_r$；

(3)矩阵 $\boldsymbol{H}$ 的 $j_1,j_2,\cdots,j_r$ 列是单位矩阵 $\boldsymbol{I}_m$ 的前 r 列。

则称矩阵 $\boldsymbol{H}$ 为 Hermite 标准形(或行最简形)。

由定义可知,Hermite 标准形有如下形式:

$$\boldsymbol{H}=\begin{bmatrix} 0 & \cdots & 0 & \overset{j_1}{1} & * & \cdots & * & \overset{j_2}{0} & * & \cdots & \overset{j_r}{0} & * & \cdots & * \\ 0 & \cdots & 0 & 0 & 0 & \cdots & 0 & 1 & * & \cdots & \vdots & \vdots & & \vdots \\ \vdots & & \vdots & \vdots & \vdots & & \vdots & \vdots & \vdots & & 0 & * & \cdots & * \\ 0 & \cdots & 0 & 0 & 0 & \cdots & 0 & 0 & 0 & \cdots & 1 & * & \cdots & * \\ 0 & \cdots & 0 & 0 & 0 & \cdots & 0 & 0 & 0 & \cdots & 0 & 0 & \cdots & 0 \\ \vdots & & \vdots & \vdots & \vdots & & \vdots & \vdots & \vdots & & \vdots & \vdots & & \vdots \\ 0 & \cdots & 0 & 0 & 0 & \cdots & 0 & 0 & 0 & \cdots & 0 & 0 & \cdots & 0 \end{bmatrix} \text{第 } r \text{ 行}$$

定义 4.7　以 n 阶单位矩阵 $\boldsymbol{I}$ 的 n 个列向量 $\boldsymbol{e}_1,\boldsymbol{e}_2,\cdots,\boldsymbol{e}_n$ 为列构成的 n 阶矩阵 $\boldsymbol{P}=(\boldsymbol{e}_{i_1},\boldsymbol{e}_{i_2},\cdots,\boldsymbol{e}_{i_n})$ 称为置换矩阵。式中,$i_1,i_2,\cdots,i_n$ 是 $1,2,\cdots,n$ 的一个全排列。

对于任意一个秩为 r 的 $m\times n$ 矩阵 $\boldsymbol{A}$,均可以经过初等行变换将其化为 Hermite 标准形 $\boldsymbol{H}$,而且矩阵 $\boldsymbol{H}$ 的前 r 行元素组成的行向量组线性无关。若 $\boldsymbol{P}=(\boldsymbol{e}_{i_1},\boldsymbol{e}_{i_2},\cdots,\boldsymbol{e}_{i_n})$ 为一个 n 阶置换矩阵,则 $\boldsymbol{AP}$ 是将 $\boldsymbol{A}$ 的列按 $i_1,i_2,\cdots,i_n$ 的顺序重新排列,$\boldsymbol{P}^{\mathrm{T}}\boldsymbol{A}$ 是将 $\boldsymbol{A}$ 的行按 $i_1,i_2,\cdots,i_n$ 的顺序重新排列,$\boldsymbol{P}^{\mathrm{T}}\boldsymbol{AP}$ 是将 $\boldsymbol{A}$ 的行和列同时按 $i_1,i_2,\cdots,i_n$ 的顺序重新排列。可见 Hermite 标准形一定可以通过右乘置换矩阵变成 $\begin{bmatrix}\boldsymbol{I}_r & \boldsymbol{K}\\ \boldsymbol{O} & \boldsymbol{O}\end{bmatrix}$ 的形式。下面我们将借助 Hermite 标准形给出另一种计算满秩分解的方法。

定理 4.14　设 $\boldsymbol{A}\in\mathbf{C}_r^{m\times n}(r>0)$ 的 Hermite 标准形为 $\boldsymbol{H}$,则在矩阵 $\boldsymbol{A}$ 的满秩分解 $\boldsymbol{A}=\boldsymbol{FG}$ 中,可以取矩阵 $\boldsymbol{F}$ 为 $\boldsymbol{A}$ 的 $j_1,j_2,\cdots,j_r$ 列构成的 $m\times r$ 矩阵,$\boldsymbol{G}$ 为 $\boldsymbol{H}$ 的前 r 行构成的 $r\times n$ 矩阵。

例 4.7　求矩阵 $\boldsymbol{A}=\begin{bmatrix}-1 & 0 & 1 & 2\\ 1 & 2 & -1 & 1\\ 2 & 2 & -2 & -1\end{bmatrix}$ 的满秩分解。

解　先求出矩阵 $\boldsymbol{A}$ 的 Hermite 标准形

$$\boldsymbol{A}=\begin{bmatrix}-1 & 0 & 1 & 2\\ 1 & 2 & -1 & 1\\ 2 & 2 & -2 & -1\end{bmatrix}\rightarrow\begin{bmatrix}1 & 0 & -1 & -2\\ 0 & 1 & 0 & \frac{3}{2}\\ 0 & 0 & 0 & 0\end{bmatrix}=\boldsymbol{H},$$

可见,$j_1=1,j_2=2$。因此 $\boldsymbol{F}$ 为 $\boldsymbol{A}$ 的第 1 列与第 2 列构成的 3×2 矩阵,$\boldsymbol{G}$ 为 $\boldsymbol{H}$ 的前 2 行构成的 2×4 矩阵,即

$$\boldsymbol{F}=\begin{bmatrix}-1 & 0\\ 1 & 2\\ 2 & 2\end{bmatrix},\boldsymbol{G}=\begin{bmatrix}1 & 0 & -1 & -2\\ 0 & 1 & 0 & \frac{3}{2}\end{bmatrix},$$

所以

$$A=FG=\begin{bmatrix}-1&0\\1&2\\2&2\end{bmatrix}\begin{bmatrix}1&0&-1&-2\\0&1&0&\frac{3}{2}\end{bmatrix}。$$

对比例 4.6 可以看出，两种方法求得的结果是不同的，即矩阵 A 的满秩分解不唯一。

4.4 矩阵的奇异值分解

矩阵的 Jordan 标准形有两个局限：其一，只有方阵才能求其 Jordan 标准形；其二，Jordan 标准形毕竟不如对角矩阵来得方便。本节讨论的矩阵奇异值分解将克服这些局限性。同时矩阵的奇异值分解在数字图像压缩技术以及文本和词汇的分类方面有着重要的应用。

定义 4.8 设 $A\in C_r^{m\times n}(r>0)$，$A^HA$ 的特征值为

$$\lambda_1\geqslant\lambda_2\geqslant\cdots\geqslant\lambda_r>\lambda_{r+1}=\lambda_{r+2}=\cdots=\lambda_n=0,$$

则称 $\sigma_i=\sqrt{\lambda_i}\,(i=1,2,\cdots,n)$ 为矩阵 A 的奇异值。

注：由第 3 章的知识可知，A^HA 与 AA^H 均为 Hermite 半正定矩阵，有相同的非零特征值，且 $\mathrm{rank}(A^HA)=\mathrm{rank}(AA^H)=r$。因此 A 的正奇异值的个数恰为 r，且 A 与 A^H 有相同的正奇异值。

定义 4.9 设 $A,B\in C^{m\times n}$，若存在 m 阶酉矩阵 U 和 n 阶酉矩阵 V，使得 $B=U^HAV$，则称矩阵 A 与 B 酉等价。

定理 4.15 设 $A,B\in C^{m\times n}$，若 A 与 B 酉等价，则它们有相同的奇异值。

证 设 m 阶酉矩阵 U 和 n 阶酉矩阵 V 使得 $U^HAV=B$，则有

$$B^HB=(U^HAV)^H(U^HAV)=V^HA^HAV,$$

这表明 A^HA 与 B^HB 相似。从而它们有相同的特征值，即 A 与 B 有相同的奇异值。　　证毕。

定理 4.16 如果 $A\in C_r^{m\times n}(r>0)$，则存在 m 阶酉矩阵 U 和 n 阶酉矩阵 V，使得 $A=U\begin{bmatrix}\Sigma&O\\O&O\end{bmatrix}V^H$。式中，$\Sigma=\mathrm{diag}(\sigma_1,\sigma_2,\cdots,\sigma_r)$，$\sigma_i(i=1,2,\cdots,r)$ 是矩阵 A 的正奇异值。

证 记 A^HA 的特征值为

$$\lambda_1\geqslant\lambda_2\geqslant\cdots\geqslant\lambda_r>\lambda_{r+1}=\lambda_{r+2}=\cdots=\lambda_n=0,$$

由于 A^HA 为正规矩阵，则存在 n 阶酉矩阵 V，使得

$$V^H(A^HA)V=\begin{bmatrix}\lambda_1&&\\&\ddots&\\&&\lambda_n\end{bmatrix}=\begin{bmatrix}\Sigma^2&O\\O&O\end{bmatrix}。\tag{4.1}$$

将 V 分块为

$$V=(V_1,V_2),\quad V_1\in C^{n\times r},\quad V_2\in C^{n\times(n-r)},$$

代入式(4.1)，得

$$\begin{bmatrix}V_1^HA^HAV_1&V_1^HA^HAV_2\\V_2^HA^HAV_1&V_2^HA^HAV_2\end{bmatrix}=\begin{bmatrix}\Sigma^2&O\\O&O\end{bmatrix},$$

故

$$\boldsymbol{V}_1^{\mathrm{H}}\boldsymbol{A}^{\mathrm{H}}\boldsymbol{A}\boldsymbol{V}_1=\boldsymbol{\Sigma}^2,\quad \boldsymbol{A}\boldsymbol{V}_2=\boldsymbol{O}。\tag{4.2}$$

令$\boldsymbol{U}_1=\boldsymbol{A}\boldsymbol{V}_1\boldsymbol{\Sigma}^{-1}$,则$\boldsymbol{U}_1$为$m\times r$矩阵且$\boldsymbol{U}_1^{\mathrm{H}}\boldsymbol{U}_1=\boldsymbol{I}_r$,即$\boldsymbol{U}_1$的列向量是两两正交的单位向量。取以$\boldsymbol{U}_1^{\mathrm{H}}\boldsymbol{x}=\boldsymbol{0}$的$m-r$个单位正交的解向量为列向量构成的矩阵为$\boldsymbol{U}_2$,则$\boldsymbol{U}_1^{\mathrm{H}}\boldsymbol{U}_2=\boldsymbol{U}_2^{\mathrm{H}}\boldsymbol{U}_1=\boldsymbol{O}$,且$\boldsymbol{U}=(\boldsymbol{U}_1,\boldsymbol{U}_2)$为酉矩阵。此时,考虑到式(4.2),可知

$$\boldsymbol{U}^{\mathrm{H}}\boldsymbol{A}\boldsymbol{V}=\begin{bmatrix}\boldsymbol{U}_1^{\mathrm{H}}\boldsymbol{A}\boldsymbol{V}_1 & \boldsymbol{U}_1^{\mathrm{H}}\boldsymbol{A}\boldsymbol{V}_2\\ \boldsymbol{U}_2^{\mathrm{H}}\boldsymbol{A}\boldsymbol{V}_1 & \boldsymbol{U}_2^{\mathrm{H}}\boldsymbol{A}\boldsymbol{V}_2\end{bmatrix}=\begin{bmatrix}\boldsymbol{\Sigma} & \boldsymbol{O}\\ \boldsymbol{O} & \boldsymbol{O}\end{bmatrix},$$

故

$$\boldsymbol{A}=\boldsymbol{U}\begin{bmatrix}\boldsymbol{\Sigma} & \boldsymbol{O}\\ \boldsymbol{O} & \boldsymbol{O}\end{bmatrix}\boldsymbol{V}^{\mathrm{H}}。$$

证毕。

注:由定理4.16,$\boldsymbol{A}=\boldsymbol{U}\begin{bmatrix}\boldsymbol{\Sigma} & \boldsymbol{O}\\ \boldsymbol{O} & \boldsymbol{O}\end{bmatrix}\boldsymbol{V}^{\mathrm{H}}=\boldsymbol{U}_1\boldsymbol{\Sigma}\boldsymbol{V}_1^{\mathrm{H}}$,也称$\boldsymbol{U}_1\boldsymbol{\Sigma}\boldsymbol{V}_1^{\mathrm{H}}$为$\boldsymbol{A}$的奇异值分解。

例4.8 求矩阵$\boldsymbol{A}=\begin{bmatrix}1 & 0 & 1\\ 0 & 1 & 1\\ 0 & 0 & 0\end{bmatrix}$的奇异值分解。

解 可求得$\boldsymbol{A}^{\mathrm{H}}\boldsymbol{A}=\boldsymbol{A}^{\mathrm{T}}\boldsymbol{A}=\begin{bmatrix}1 & 0 & 1\\ 0 & 1 & 1\\ 1 & 1 & 2\end{bmatrix}$的特征值为3,1,0,对应的特征向量依次为

$$\boldsymbol{p}_1=(1,1,2)^{\mathrm{T}},\boldsymbol{p}_2=(-1,1,0)^{\mathrm{T}},\boldsymbol{p}_3=(-1,-1,1)^{\mathrm{T}},$$

故取正交矩阵

$$\boldsymbol{V}=\begin{bmatrix}\frac{1}{\sqrt{6}} & -\frac{1}{\sqrt{2}} & -\frac{1}{\sqrt{3}}\\ \frac{1}{\sqrt{6}} & \frac{1}{\sqrt{2}} & -\frac{1}{\sqrt{3}}\\ \frac{2}{\sqrt{6}} & 0 & \frac{1}{\sqrt{3}}\end{bmatrix},$$

令

$$\boldsymbol{V}_1=\begin{bmatrix}\frac{1}{\sqrt{6}} & -\frac{1}{\sqrt{2}}\\ \frac{1}{\sqrt{6}} & \frac{1}{\sqrt{2}}\\ \frac{2}{\sqrt{6}} & 0\end{bmatrix},$$

$$\boldsymbol{\Sigma}=\begin{bmatrix}\sqrt{3} & 0\\ 0 & 1\end{bmatrix},$$

取

$$U_1=AV_1\Sigma^{-1}=\begin{bmatrix}\frac{1}{\sqrt{2}} & -\frac{1}{\sqrt{2}}\\ \frac{1}{\sqrt{2}} & \frac{1}{\sqrt{2}}\\ 0 & 0\end{bmatrix},$$

显然取$U_2=(0,0,1)^T$ 即可。则 A 的奇异值分解为

$$A=\begin{bmatrix}\frac{1}{\sqrt{2}} & -\frac{1}{\sqrt{2}} & 0\\ \frac{1}{\sqrt{2}} & \frac{1}{\sqrt{2}} & 0\\ 0 & 0 & 1\end{bmatrix}\begin{bmatrix}\sqrt{3} & 0 & 0\\ 0 & 1 & 0\\ 0 & 0 & 0\end{bmatrix}\begin{bmatrix}\frac{1}{\sqrt{6}} & \frac{1}{\sqrt{6}} & \frac{2}{\sqrt{6}}\\ -\frac{1}{\sqrt{2}} & \frac{1}{\sqrt{2}} & 0\\ -\frac{1}{\sqrt{3}} & -\frac{1}{\sqrt{3}} & \frac{1}{\sqrt{3}}\end{bmatrix}。$$

习题 4

1. 求矩阵 $A=\begin{bmatrix}1 & 3 & 0\\ 2 & 3 & 0\\ 2 & 0 & -6\end{bmatrix}$的 Doolitttle 分解与 Crout 分解。

2. 求矩阵 $A=\begin{bmatrix}-1 & i & 0\\ -i & 0 & -i\\ 0 & i & -1\end{bmatrix}$的 QR 分解。

3. 求矩阵 $A=\begin{bmatrix}1 & 2 & 3 & 0\\ 0 & 2 & 1 & -1\\ 1 & 0 & 2 & 1\end{bmatrix}$的满秩分解。

4. 求矩阵 $A=\begin{bmatrix}2 & 1\\ 0 & 2\\ 1 & 0\end{bmatrix}$的奇异值分解。

5. 证明：设 $A\in \mathbf{C}^{n\times n}$，则 A 可分解为 $A=BQ=QC$，式中，Q 是 n 阶酉矩阵，B 和 C 是 Hermite半正定矩阵。这称为矩阵 A 的极分解。

6. 设矩阵 A 的奇异值分解为 $A=U\begin{bmatrix}\Sigma & O\\ O & O\end{bmatrix}V^H$。证明：$U$ 的列向量是 AA^H 的特征向量，V 的列向量是A^HA 的特征向量。

第5章

向量与矩阵范数

范数可以看作长度概念的推广，主要用于刻画向量（矩阵）之间接近的程度。在数值计算中，为了讨论计算方法的收敛性、稳定性，以及对计算结果进行误差分析，有必要引入范数的理论。

5.1 向量范数

我们知道在二维与三维欧氏空间中，向量的长度满足：正定性、正齐次性与三角不等式性质。本节采用公理化方法将向量长度定义推广到一般的线性空间，这里的向量不局限于 n 维向量，而是广义的。

5.1.1 向量范数公理

定义 5.1 设 V 是数域 $\mathbf{K}$ 上的线性空间，如果对于任意的向量 $\boldsymbol{x}\in V$，都对应着一个实数 $\|\boldsymbol{x}\|$，并且满足下列三条公理：

(1) $\|\boldsymbol{x}\|\geqslant 0$，当且仅当 $\boldsymbol{x}=\mathbf{0}$ 时 $\|\boldsymbol{x}\|=0$；（正定条件）

(2) $\|k\boldsymbol{x}\|=|k|\,\|\boldsymbol{x}\|\ (\forall k\in\mathbf{K},\boldsymbol{x}\in V)$；（正齐次条件）

(3) $\|\boldsymbol{x}+\boldsymbol{y}\|\leqslant\|\boldsymbol{x}\|+\|\boldsymbol{y}\|\ (\forall \boldsymbol{x},\boldsymbol{y}\in V)$。（三角不等式）

则实值函数 $\|\boldsymbol{x}\|$ 称为 V 中的向量范数（或称为模），V 称为赋范线性空间。

定理 5.1 向量范数具有下列性质：

(1) 当 $\|\boldsymbol{x}\|\neq 0$ 时，$\left\|\dfrac{1}{\|\boldsymbol{x}\|}\boldsymbol{x}\right\|=1$；

(2) $\forall x\in V$, $\|-x\|=\|x\|$;

(3) $\forall x,y\in V$, $|\,\|x\|-\|y\|\,|\leqslant\|x-y\|$, $|\,\|x\|-\|y\|\,|\leqslant\|x+y\|$。

证 (1)与(2)显然成立。

(3)由范数的三角不等式,可得

$$\|x\|=\|(x-y)+y\|\leqslant\|x-y\|+\|y\|,$$
$$\|y\|=\|(y-x)+x\|\leqslant\|y-x\|+\|x\|,$$

综合上述两式即得

$$|\,\|x\|-\|y\|\,|\leqslant\|x-y\|;$$

若以 $-y$ 代入上式,可得到 $|\,\|x\|-\|y\|\,|\leqslant\|x+y\|$。 证毕。

例 5.1 (1-范数)设 $x=(\xi_1,\xi_2,\cdots,\xi_n)^{\mathrm{T}}$ 为 $\mathbf{C}^n$ 中任意向量,规定 $\|x\|=\sum_{i=1}^{n}|\xi_i|$,证明:$\|x\|$ 是 $\mathbf{C}^n$ 中的一种向量范数,这个范数称为向量的1-范数,记为 $\|x\|_1$。

证 (1)当 $x\neq\mathbf{0}$ 时,则 $\xi_1,\xi_2,\cdots,\xi_n$ 不全为零,所以

$$\|x\|_1=|\xi_1|+|\xi_2|+\cdots+|\xi_n|>0,$$

当 $x=\mathbf{0}$ 时,必有 $\xi_1=\xi_2=\cdots=\xi_n=0$,所以 $\|x\|_1=0$;

(2) $\forall k\in\mathbf{C}$, $\|kx\|_1=\sum_{i=1}^{n}|k\xi_i|=|k|\sum_{i=1}^{n}|\xi_i|=|k|\,\|x\|_1$;

(3) $\forall x=(\xi_1,\xi_2,\cdots,\xi_n)^{\mathrm{T}}, y=(\eta_1,\eta_2,\cdots,\eta_n)^{\mathrm{T}}\in\mathbf{C}^n$,有

$$\|x+y\|_1=\sum_{i=1}^{n}|\xi_i+\eta_i|\leqslant\sum_{i=1}^{n}|\xi_i|+\sum_{i=1}^{n}|\eta_i|=\|x\|_1+\|y\|_1。$$

所以,$\|x\|_1$ 是 $\mathbf{C}^n$ 中的一种向量范数。 证毕。

例 5.2 (2-范数)设 $x=(\xi_1,\xi_2,\cdots,\xi_n)^{\mathrm{T}}$ 是 $\mathbf{C}^n$ 的任意向量,规定

$$\|x\|=\sqrt{|\xi_1|^2+|\xi_2|^2+\cdots+|\xi_n|^2}=\sqrt{x^{\mathrm{H}}x},$$

试证这样规定的 $\|x\|$ 是 $\mathbf{C}^n$ 的一种向量范数,其称为向量的2-范数,也称为向量的长度,记为 $\|x\|_2$。

证 (1)若 $x\neq\mathbf{0}$,则 $\xi_1,\xi_2,\cdots,\xi_n$ 不全为0,则

$$\|x\|_2=\sqrt{|\xi_1|^2+|\xi_2|^2+\cdots+|\xi_n|^2}>0,$$

显然,当且仅当 $x=\mathbf{0}$ 时,$\|x\|_2=0$;

(2)对于任意的 $k\in\mathbf{C}$, $x=(\xi_1,\xi_2,\cdots,\xi_n)^{\mathrm{T}}\in\mathbf{C}^n$,有

$$\begin{aligned}\|kx\|_2&=\sqrt{|k\xi_1|^2+|k\xi_2|^2+\cdots+|k\xi_n|^2}\\&=|k|\sqrt{|\xi_1|^2+|\xi_2|^2+\cdots+|\xi_n|^2}=|k|\,\|x\|_2;\end{aligned}$$

(3)对任意 $x,y\in\mathbf{C}^n$,有

$$
\begin{aligned}
\|x+y\|_2^2 &= (x+y,x+y)\\
&= (x,x)+(x,y)+(y,x)+(y,y)\\
&= \|x\|_2^2+2\mathrm{Re}(x,y)+\|y\|_2^2\\
&\leqslant \|x\|_2^2+2|y^{\mathrm{H}}x|+\|y\|_2^2\\
&\leqslant \|x\|_2^2+2\|x\|_2\|y\|_2+\|y\|_2^2\\
&= (\|x\|_2+\|y\|_2)^2。
\end{aligned}
$$

即 $\|x\|_2$ 满足范数的三条公理。　　证毕。

可以证明向量 2-范数具有酉不变性，即对于任意 n 阶酉矩阵 U 有 $\|Ux\|_2=\|x\|_2$。

引理 5.1　(Hölder 不等式)　对任意 $\xi_k,\eta_k\in\mathbf{C}(k=1,2,\cdots,n)$，有

$$
\sum_{k=1}^{n}|\xi_k||\eta_k|\leqslant\left(\sum_{k=1}^{n}|\xi_k|^p\right)^{\frac{1}{p}}\left(\sum_{k=1}^{n}|\eta_k|^q\right)^{\frac{1}{q}},
$$

其中 $p,q>1,\dfrac{1}{p}+\dfrac{1}{q}=1$。

例 5.3　(p-范数)设 $x=(\xi_1,\xi_2,\cdots,\xi_n)^{\mathrm{T}}$ 为 $\mathbf{C}^n$ 中任意向量，规定 $\|x\|=\left(\sum\limits_{k=1}^{n}|\xi_k|^p\right)^{\frac{1}{p}}(1\leqslant p<+\infty)$，试证这样规定的 $\|x\|$ 是 $\mathbf{C}^n$ 中的一种向量范数，其称为向量的 p-范数，记为 $\|x\|_p$。

证　易知正定性和正齐次性成立，下面只证三角不等式性质。对 $x=(\xi_1,\xi_2,\cdots,\xi_n)^{\mathrm{T}}$，$y=(\eta_1,\eta_2,\cdots,\eta_n)^{\mathrm{T}}\in\mathbf{C}^n$，有

$$
\begin{aligned}
\|x+y\|_p^p &= \sum_{k=1}^{n}|\xi_k+\eta_k|^p\\
&\leqslant \sum_{k=1}^{n}|\xi_k||\xi_k+\eta_k|^{p-1}+\sum_{k=1}^{n}|\eta_k||\xi_k+\eta_k|^{p-1}\\
&\leqslant \left(\sum_{k=1}^{n}|\xi_k|^p\right)^{\frac{1}{p}}\left(\sum_{k=1}^{n}|\xi_k+\eta_k|^{(p-1)q}\right)^{\frac{1}{q}}+\\
&\quad\left(\sum_{k=1}^{n}|\eta_k|^p\right)^{\frac{1}{p}}\left(\sum_{k=1}^{n}|\xi_k+\eta_k|^{(p-1)q}\right)^{\frac{1}{q}}\\
&= (\|x\|_p+\|y\|_p)\|x+y\|_p^{\frac{p}{q}},
\end{aligned}
$$

故

$$
\|x+y\|_p=\|x+y\|_p^{p-\frac{p}{q}}\leqslant\|x\|_p+\|y\|_p,
$$

所以，$\|x\|_p$ 是 $\mathbf{C}^n$ 中的一种向量范数。　　证毕。

例 5.4　(∞-范数)设 $x=(\xi_1,\xi_2,\cdots,\xi_n)^{\mathrm{T}}$ 为 $\mathbf{C}^n$ 中任意向量，规定 $\|x\|=\max\limits_{k}|\xi_k|$，证明：$\|x\|$ 是 $\mathbf{C}^n$ 中的一种向量范数，其称为向量的∞-范数，记为 $\|x\|_\infty$。

证　我们只证三角不等式性质。对 $x=(\xi_1,\xi_2,\cdots,\xi_n)^{\mathrm{T}}$，$y=(\eta_1,\eta_2,\cdots,\eta_n)^{\mathrm{T}}\in\mathbf{C}^n$，有

$$\| x+y \|_\infty=\max_k|\xi_k+\eta_k|\leqslant\max_k|\xi_k|+\max_k|\eta_k|=\| x \|_\infty+\| y \|_\infty,$$

所以，$\| x \|_\infty=\max_k|\xi_k|$ 是 C^n 中的一种向量范数。 证毕。

显然，当 $p=1,2$ 时，p-范数就是 1-范数与 2-范数，并且下面的定理表明 $\lim\limits_{p\to+\infty}\| x \|_p=\| x \|_\infty$。

定理 5.2 设 $x=(\xi_1,\xi_2,\cdots,\xi_n)^{\mathrm{T}}$ 为 C^n 中任意向量，则 $\lim\limits_{p\to+\infty}\| x \|_p=\| x \|_\infty$。

证 当 $x=0$ 时，结论成立。设 $x\neq 0$，又设

$$\| x \|_\infty=\max_k|\xi_k|=|\xi_{k0}|,$$

则有

$$\| x \|_\infty=|\xi_{k0}|\leqslant\left(\sum_{k=1}^n|\xi_k|^p\right)^{\frac{1}{p}}=\| x \|_p\leqslant(n|\xi_{k0}|^p)^{\frac{1}{p}}=n^{\frac{1}{p}}\| x \|_\infty,$$

由于 $\lim\limits_{p\to+\infty}n^{\frac{1}{p}}=1$，故 $\lim\limits_{p\to+\infty}\| x \|_p=\| x \|_\infty$。 证毕。

由上面的例题可知，在一个线性空间中，可以定义多种向量范数。下面我们来讨论如何由已知的向量范数构造新的向量范数。

例 5.5 设 $\|\cdot\|_\alpha$ 是 C^m 中的一种向量范数，给定矩阵 $A\in C_n^{m\times n}$，对于 C^n 中的向量 x，规定 $\| x \|_\beta=\| Ax \|_\alpha$，则 $\| x \|_\beta$ 也是 C^n 中的一种向量范数。

证 (1)正定性成立：当 $x=0$ 时，$Ax=0$，从而 $\| x \|_\beta=\| Ax \|_\alpha=0$；当 $x\neq 0$ 时，由于 A 是列满秩的，则 $Ax\neq 0$，于是 $\| x \|_\beta=\| Ax \|_\alpha>0$。

(2)正齐次性成立：对任意 $k\in C$，有 $\| kx \|_\beta=\| A(kx) \|_\alpha=|k|\ \| Ax \|_\alpha=|k|\ \| x \|_\beta$。

(3)三角不等式性质成立：对任意 $y\in C^n$，有

$$\| x+y \|_\beta=\| A(x+y) \|_\alpha=\| Ax+Ay \|_\alpha\leqslant\| Ax \|_\alpha+\| Ay \|_\alpha=\| x \|_\beta+\| y \|_\beta。$$

所以，$\| x \|_\beta$ 是 C^n 中的一种向量范数。 证毕。

由此可知，给定一个列满秩的矩阵，就可以由一种已知向量范数构造一种新的向量范数，因此，向量范数有无穷多种。若取

$$A=\mathrm{diag}(1,2,\cdots,n),$$

则对于任意 $x=(\xi_1,\xi_2,\cdots,\xi_n)^{\mathrm{T}}\in C^n$，用 C^n 中向量的 1-范数和 2-范数可以构造得到如下两种新的向量范数：$\| x \|_a=\| Ax \|_1=\sum\limits_{k=1}^n k|\xi_k|$，$\| x \|_b=\| Ax \|_2=\sqrt{\sum\limits_{k=1}^n k^2|\xi_k|^2}$。虽然向量范数多种多样，但是不同的范数之间存在着一个重要关系。

5.1.2 向量范数等价性

定义 5.2 若 $\|\cdot\|_\alpha$ 和 $\|\cdot\|_\beta$ 是有限维线性空间 V 中任意两种向量范数，如果存在着 $M>m>0$，使得对于一切 $x\in V$，都有 $m\| x \|_\beta\leqslant\| x \|_\alpha\leqslant M\| x \|_\beta$，则称范数 $\| x \|_\alpha$ 与 $\| x \|_\beta$ 等价。

定理 5.3 有限维线性空间中任意两种向量范数都等价。

证 取定 n 维线性空间 V 的一个基 $\boldsymbol{e}_1,\boldsymbol{e}_2,\cdots,\boldsymbol{e}_n$，则 $\forall \boldsymbol{x}\in V$，$\boldsymbol{x}=\xi_1\boldsymbol{e}_1+\xi_2\boldsymbol{e}_2+\cdots+\xi_n\boldsymbol{e}_n$。首先，证明 V 中任意一种向量范数 $\|\boldsymbol{x}\|$ 都是坐标 $\xi_1,\xi_2,\cdots,\xi_n$ 的连续函数。令

$$\varphi(\xi_1,\xi_2,\cdots,\xi_n)=\|\boldsymbol{x}\|,$$

则

$$\begin{aligned}&|\varphi(\xi_1,\xi_2,\cdots,\xi_n)-\varphi(\eta_1,\eta_2,\cdots,\eta_n)|\\ =&\big|\|\boldsymbol{x}\|-\|\boldsymbol{y}\|\big|\leqslant\|\boldsymbol{x}-\boldsymbol{y}\|=\left\|\sum_{i=1}^{n}(\xi_i-\eta_i)\boldsymbol{e}_i\right\|\\ \leqslant&\sum_{i=1}^{n}(|\xi_i-\eta_i|\,\|\boldsymbol{e}_i\|)\leqslant\sqrt{\sum_{i=1}^{n}\|\boldsymbol{e}_i\|^2}\sqrt{\sum_{i=1}^{n}|\xi_i-\eta_i|^2}=k\sqrt{\sum_{i=1}^{n}|\xi_i-\eta_i|^2},\end{aligned}$$

当 $\boldsymbol{x}\to\boldsymbol{y}$ 时，$|\varphi(\xi_1,\xi_2,\cdots,\xi_n)-\varphi(\eta_1,\eta_2,\cdots,\eta_n)|\to 0$，所以 $\varphi(\xi_1,\xi_2,\cdots,\xi_n)=\|\boldsymbol{x}\|$ 是坐标 $\xi_1,\xi_2,\cdots,\xi_n$ 的连续函数。

其次，证明有限维线性空间中任意两种向量范数都等价。设 $\|\cdot\|_\alpha$ 和 $\|\cdot\|_\beta$ 是有限维线性空间 V 中的任意两种向量范数，欲证明存在 $M>m>0$，使得对于一切属于 V 的向量 $\boldsymbol{x}$，都有 $m\|\boldsymbol{x}\|_\beta\leqslant\|\boldsymbol{x}\|_\alpha\leqslant M\|\boldsymbol{x}\|_\beta$。当 $\boldsymbol{x}=\boldsymbol{0}$ 时，显然成立。当 $\boldsymbol{x}\neq\boldsymbol{0}$ 时，有 $\|\boldsymbol{x}\|_\beta\neq 0$。因为 $\|\boldsymbol{x}\|_\alpha$，$\|\boldsymbol{x}\|_\beta$ 都是 $\xi_1,\xi_2,\cdots,\xi_n$ 的连续函数，所以

$$f(\boldsymbol{x})=\frac{\|\boldsymbol{x}\|_\alpha}{\|\boldsymbol{x}\|_\beta}$$

也是坐标 $\xi_1,\xi_2,\cdots,\xi_n$ 的连续函数。

考虑 n 维线性空间 V 中的单位球面

$$S=\{\boldsymbol{x}=(\xi_1,\xi_2,\cdots,\xi_n)^{\mathrm{T}}:|\xi_1|^2+|\xi_2|^2+\cdots+|\xi_n|^2=1\},$$

因为 S 是有界闭集，并且 S 上的点都不为零，所以 $f(\xi_1,\xi_2,\cdots,\xi_n)$ 是 S 上的连续函数。可设 $f(\xi_1,\xi_2,\cdots,\xi_n)$ 在 S 上取得最大值 M 与最小值 m，亦即存在 $\boldsymbol{x}_0,\boldsymbol{y}_0\in S$，使得

$$M=\max_{x\in S}\frac{\|\boldsymbol{x}\|_\alpha}{\|\boldsymbol{x}\|_\beta}=\frac{\|\boldsymbol{x}_0\|_\alpha}{\|\boldsymbol{x}_0\|_\beta}>0,\ m=\min_{x\in S}\frac{\|\boldsymbol{x}\|_\alpha}{\|\boldsymbol{x}\|_\beta}=\frac{\|\boldsymbol{y}_0\|_\alpha}{\|\boldsymbol{y}_0\|_\beta}>0,$$

所以存在 $\boldsymbol{z}=\dfrac{\boldsymbol{x}}{\sqrt{\sum_{i=1}^{n}|\xi_i|^2}}\in S$，使得 $m\leqslant f(\boldsymbol{z})\leqslant M$。又因为 $f(\boldsymbol{z})=\dfrac{\|\boldsymbol{x}\|_\alpha}{\|\boldsymbol{x}\|_\beta}$，所以，$m\|\boldsymbol{x}\|_\beta\leqslant\|\boldsymbol{x}\|_\alpha\leqslant M\|\boldsymbol{x}\|_\beta$。 证毕。

5.2 矩阵范数

本节介绍矩阵的范数。首先，任意 $\boldsymbol{A}\in\mathbf{C}^{m\times n}$ 都对应于 $\mathbf{C}^{mn}$ 中的一个 mn 维的列向量，因此可以按向量范数的定义方法来定义矩阵范数。但是，矩阵之间的运算除了与向量运算相同的加法和数乘，还多了矩阵乘法，因此，我们在定义矩阵范数时，要将矩阵的乘法考虑进去。

5.2.1 矩阵范数公理

定义 5.3 若对于任意矩阵 $\boldsymbol{A}\in\mathbf{C}^{m\times n}$，都对应着一个实数 $\|\boldsymbol{A}\|$，且满足以下 4 条公理：

(1)当$\boldsymbol{A}\neq\boldsymbol{O}$时，$\|\boldsymbol{A}\|>0$，当且仅当$\boldsymbol{A}=\boldsymbol{O}$时，$\|\boldsymbol{A}\|=0$；(正定条件)

(2)$\forall k\in\mathbf{C},\boldsymbol{A}\in\mathbf{C}^{m\times n}$，有$\|k\boldsymbol{A}\|=|k|\,\|\boldsymbol{A}\|$；(正齐次条件)

(3)$\forall \boldsymbol{A},\boldsymbol{B}\in\mathbf{C}^{m\times n}$，有$\|\boldsymbol{A}+\boldsymbol{B}\|\leqslant\|\boldsymbol{A}\|+\|\boldsymbol{B}\|$；(三角不等式)

(4)$\forall \boldsymbol{A}\in\mathbf{C}^{m\times n},\forall \boldsymbol{B}\in\mathbf{C}^{n\times l}$，有$\|\boldsymbol{AB}\|\leqslant\|\boldsymbol{A}\|\|\boldsymbol{B}\|$。(相容条件)

则称$\|\boldsymbol{A}\|$为$\boldsymbol{A}$的矩阵范数。如果满足上述前三条公理，则$\|\boldsymbol{A}\|$称为$\boldsymbol{A}$的广义矩阵范数。

在定义5.3中，由于前三条公理与向量范数一致，因此矩阵范数与向量范数所具有的性质类似，如$\|-\boldsymbol{A}\|=\|\boldsymbol{A}\|$，$|\,\|\boldsymbol{A}\|-\|\boldsymbol{B}\|\,|\leqslant\|\boldsymbol{A}-\boldsymbol{B}\|$，以及$\mathbf{C}^{m\times n}$中的任意两种矩阵范数等价。在相容条件(4)中，当$l=1$时，$\boldsymbol{B}$与$\boldsymbol{AB}$分别是$n$维与$m$维列向量，由此我们可以建立一种与向量范数相联系并且相容的矩阵范数，即$\|\boldsymbol{Ax}\|_\beta\leqslant\|\boldsymbol{A}\|\|\boldsymbol{x}\|_\alpha$。$\alpha$-范数与$\beta$-范数相同时，有$\|\boldsymbol{Ax}\|_\alpha\leqslant\|\boldsymbol{A}\|\|\boldsymbol{x}\|_\alpha$，此时称矩阵范数$\|\boldsymbol{A}\|$与向量的$\alpha$-范数$\|\boldsymbol{x}\|_\alpha$相容。

定义 5.4 若向量范数$\|\cdot\|_{\mathrm{v}}$与矩阵范数$\|\cdot\|_{\mathrm{m}}$满足，对任意的$\boldsymbol{A}\in\mathbf{C}^{m\times n},\boldsymbol{x}\in\mathbf{C}^n$，下列不等式成立：

$$\|\boldsymbol{Ax}\|_{\mathrm{v}}\leqslant\|\boldsymbol{A}\|_{\mathrm{m}}\|\boldsymbol{x}\|_{\mathrm{v}},$$

则称矩阵范数$\|\cdot\|_{\mathrm{m}}$与向量范数$\|\cdot\|_{\mathrm{v}}$是相容的。

例 5.6 (矩阵的m_1-范数)设$\boldsymbol{A}=(a_{ij})_{m\times n}\in\mathbf{C}^{m\times n}$，规定

$$\|\boldsymbol{A}\|_{\mathrm{m}_1}=\sum_{i=1}^{m}\sum_{j=1}^{n}|a_{ij}|,$$

则$\|\cdot\|_{\mathrm{m}_1}$是$\mathbf{C}^{m\times n}$中的一种矩阵范数，称为矩阵的m_1-范数，并且矩阵的m_1-范数与向量的1-范数相容。

证 由于$\mathbf{C}^{m\times n}$中的矩阵$\boldsymbol{A}$可以视为$\mathbf{C}^{mn}$中的向量，所以$\|\boldsymbol{A}\|_{\mathrm{m}_1}$也就是向量$\boldsymbol{A}$的1-范数，因此$\|\boldsymbol{A}\|_{\mathrm{m}_1}$是广义矩阵范数。所以我们只证明$\|\cdot\|_{\mathrm{m}_1}$满足矩阵范数的相容性即可。设$\boldsymbol{B}=(b_{ij})_{n\times l}\in\mathbf{C}^{n\times l}$，则

$$\begin{aligned}\|\boldsymbol{AB}\|_{\mathrm{m}_1}&=\sum_{i=1}^{m}\sum_{j=1}^{l}\left|\sum_{k=1}^{n}a_{ik}b_{kj}\right|\\&\leqslant\sum_{i=1}^{m}\sum_{j=1}^{l}\left(\sum_{k=1}^{n}|a_{ik}||b_{kj}|\right)\\&\leqslant\sum_{i=1}^{m}\sum_{j=1}^{l}\left[\left(\sum_{k=1}^{n}|a_{ik}|\right)\left(\sum_{k=1}^{n}|b_{kj}|\right)\right]\\&=\left(\sum_{i=1}^{m}\sum_{k=1}^{n}|a_{ik}|\right)\left(\sum_{j=1}^{l}\sum_{k=1}^{n}|b_{kj}|\right)\\&=\|\boldsymbol{A}\|_{\mathrm{m}_1}\|\boldsymbol{B}\|_{\mathrm{m}_1};\end{aligned}$$

下面证明$\|\cdot\|_{\mathrm{m}_1}$与向量的1-范数相容。设$\boldsymbol{x}=(\xi_1,\xi_2,\cdots,\xi_n)^{\mathrm{T}}$，则

$$\begin{aligned}\|\boldsymbol{Ax}\|_1&=\sum_{i=1}^{m}\left|\sum_{k=1}^{n}a_{ik}\xi_k\right|\leqslant\sum_{i=1}^{m}\left(\sum_{k=1}^{n}|a_{ik}||\xi_k|\right)\\&\leqslant\sum_{i=1}^{m}\left[\left(\sum_{k=1}^{n}|a_{ik}|\right)\left(\sum_{k=1}^{n}|\xi_k|\right)\right]=\left(\sum_{i=1}^{m}\sum_{k=1}^{n}|a_{ik}|\right)\left(\sum_{k=1}^{n}|\xi_k|\right)\\&=\|\boldsymbol{A}\|_{\mathrm{m}_1}\|\boldsymbol{x}\|_1。\end{aligned}$$

例 5.7 （矩阵的 F-范数）设 $A\in \mathbf{C}^{m\times n}$，证明：$\|A\|=\left(\sum_{i=1}^{m}\sum_{j=1}^{n}|a_{ij}|^2\right)^{\frac{1}{2}}$ 是一种矩阵范数，其称为矩阵 A 的 Frobenius 范数，简称为矩阵的 F-范数，记作 $\|A\|_F=\left(\sum_{i=1}^{m}\sum_{j=1}^{n}|a_{ij}|^2\right)^{\frac{1}{2}}$；且 $\|\cdot\|_F$ 与向量的 $\|\cdot\|_2$ 相容。

证 矩阵 A 可以视为 $\mathbf{C}^{mn}$ 中的向量，所以 $\|A\|_F$ 也就是向量 A 的 2-范数，因此 $\|A\|_F$ 是广义矩阵范数。下面证明相容性。

$$\begin{aligned}\|AB\|_F&=\sqrt{\sum_{i=1}^{m}\sum_{j=1}^{l}\left|\sum_{k=1}^{n}a_{ik}b_{kj}\right|^2}\leqslant\sqrt{\sum_{i=1}^{m}\sum_{j=1}^{l}\left(\sum_{k=1}^{n}|a_{ik}||b_{kj}|\right)^2}\\&\leqslant\sqrt{\sum_{i=1}^{m}\sum_{j=1}^{l}\left[\left(\sum_{k=1}^{n}|a_{ik}|^2\right)\left(\sum_{k=1}^{n}|b_{kj}|^2\right)\right]}\\&\leqslant\sqrt{\sum_{i=1}^{m}\sum_{k=1}^{n}|a_{ik}|^2}\sqrt{\sum_{j=1}^{l}\sum_{k=1}^{n}|b_{kj}|^2}=\|A\|_F\|B\|_F。\end{aligned}$$

下证 $\|\cdot\|_F$ 与向量 $\|\cdot\|_2$ 的相容性。设 $x=(\xi_1,\xi_2,\cdots,\xi_n)^T$，则

$$\begin{aligned}\|Ax\|_2&=\sqrt{\sum_{i=1}^{m}\left|\sum_{k=1}^{n}a_{ik}\xi_k\right|^2}\leqslant\sqrt{\sum_{i=1}^{m}\left(\sum_{k=1}^{n}|a_{ik}||\xi_k|\right)^2}\\&\leqslant\sqrt{\sum_{i=1}^{m}\left[\left(\sum_{k=1}^{n}|a_{ik}|^2\right)\left(\sum_{k=1}^{n}|\xi_k|^2\right)\right]}=\|A\|_F\|x\|_2。\end{aligned}$$

证毕。

定理 5.4 设矩阵 $A\in \mathbf{C}^{m\times n}$，$\lambda_i(i=1,2,\cdots,n)$ 为 A^HA 的特征值，则 $\|A\|_F=\sqrt{\sum_{i=1}^{n}\lambda_i}$。

证 由于 $\|A\|_F=\left(\sum_{i=1}^{m}\sum_{j=1}^{n}|a_{ij}|^2\right)^{\frac{1}{2}}=\sqrt{\mathrm{tr}(A^HA)}$，结论显然成立。 证毕。

定理 5.5 设 $A\in \mathbf{C}^{m\times n}$，则对任意适当阶酉矩阵 U 和 V，恒有

$$\|UA\|_F=\|AV\|_F=\|UAV\|_F=\|A\|_F,$$

称为 F-范数的酉不变性。

证 利用定理 5.4，得

$$\|UA\|_F=\sqrt{\mathrm{tr}[(UA)^HUA]}=\sqrt{\mathrm{tr}(A^HU^HUA)}=\sqrt{\mathrm{tr}(A^HA)}=\|A\|_F,$$

$$\|AV\|_F=\sqrt{\mathrm{tr}(V^HA^HAV)}=\sqrt{\mathrm{tr}(A^HAVV^H)}=\sqrt{\mathrm{tr}(A^HA)}=\|A\|_F,$$

最后，

$$\|UAV\|_F=\|AV\|_F=\|A\|_F。$$

证毕。

例 5.8 （矩阵的 m_∞-范数或最大范数）设矩阵 $A\in \mathbf{C}^{m\times n}$，证明：$\|A\|=\max\{m,n\}\max\limits_{i,j}|a_{ij}|$ 是一种矩阵范数，这种范数称为矩阵 A 的 m_∞-范数或最大范数，记为 $\|A\|_{m_\infty}$；m_∞-范数分别与向量的 1-范数、2-范数和∞-范数相容。

证 容易证明 $\|A\|=\max\{m,n\}\max\limits_{i,j}|a_{ij}|$ 满足矩阵范数的前三条公理。下证矩阵范

数的相容性。设 $B=(b_{ij})_{n\times l}\in \mathbf{C}^{n\times l}$，同时不妨假设 $m\leqslant n\leqslant l$，则

$$\begin{aligned}\|AB\|_{m_\infty} &= l\max_{i,j}\left|\sum_{k=1}^{n}a_{ik}b_{kj}\right| \leqslant l\max_{i,j}\sum_{k=1}^{n}|a_{ik}||b_{kj}| \\ &\leqslant l\max_{k,j}|b_{kj}|\ \max_{i,j}\sum_{k=1}^{n}|a_{ik}| \leqslant \|B\|_{m_\infty}\, n\max_{i,k}|a_{ik}| = \|A\|_{m_\infty}\|B\|_{m_\infty},\end{aligned}$$

故 $\|A\|_{m_\infty}$ 是 $\mathbf{C}^{m\times n}$ 上的一种矩阵范数。

下证矩阵的 m_∞-范数与向量的 ∞-范数相容，其余证明留给读者。设 $x=(\xi_1,\xi_2,\cdots,\xi_n)^{\mathrm{T}}$，同时不妨假设 $m\leqslant n$，则

$$\|Ax\|_\infty = \max_i\left|\sum_{k=1}^{n}a_{ik}\xi_k\right| \leqslant \max_i\sum_{k=1}^{n}|a_{ik}||\xi_k| \leqslant n\max_{i,k}|a_{ik}|\ \max_k|\xi_k| = \|A\|_{m_\infty}\|x\|_\infty。$$

证毕。

本例表明，与一个矩阵范数相容的向量范数可能不唯一。那么，对于 $\mathbf{C}^{m\times n}$ 中任意给定的矩阵范数，是否一定存在与之相容的向量范数呢？对此有下面的结论。

定理 5.6 设 $\|\cdot\|_m$ 是 $\mathbf{C}^{m\times n}$ 中的一种矩阵范数，则 $\mathbf{C}^n$ 中必存在与之相容的向量范数。

下面的定理给出另一种定义矩阵范数的方法，并使得该矩阵范数与已知的向量范数相容。

5.2.2 矩阵的从属范数

定理 5.7 已知线性空间 $\mathbf{C}^m$ 与 $\mathbf{C}^n$ 中的同类向量范数 $\|\cdot\|_v$，并设 $A\in \mathbf{C}^{m\times n}$，$x\in \mathbf{C}^n$，则实值函数 $\|A\|=\max\limits_{\|x\|_v=1}\|Ax\|_v$ 是 $\mathbf{C}^{m\times n}$ 中的矩阵范数，且此矩阵范数与向量范数 $\|\cdot\|_v$ 相容。这种矩阵范数称为由向量范数 $\|\cdot\|_v$ 导出的矩阵范数(或称为从属范数)。

对于 $\mathbf{C}^{n\times n}$ 中的任何一种从属范数，都有 $\|I\|=\max\limits_{\|x\|=1}\|Ix\|=1$；而对于一般的矩阵范数，因为 $\|x\|=\|Ix\|\leqslant\|I\|\|x\|$，所以 $\|I\|\geqslant 1$。

根据定理 5.7，由向量的 1-范数、2-范数和 ∞-范数导出的三种矩阵范数分别记为 $\|A\|_1$、$\|A\|_2$ 和 $\|A\|_\infty$。

定理 5.8 设矩阵 $A=(a_{ij})_{m\times n}\in \mathbf{C}^{m\times n}$，$x=(\xi_1,\xi_2,\cdots,\xi_n)^{\mathrm{T}}\in \mathbf{C}^n$，则从属于向量的 1-范数、2-范数和 ∞-范数的矩阵范数分别为：

(1) $\|A\|_1=\max\limits_j\sum\limits_{i=1}^{m}|a_{ij}|$；

(2) $\|A\|_2=\sqrt{\lambda_1}$ (其中 λ_1 为 $A^{\mathrm{H}}A$ 的最大特征值)；

(3) $\|A\|_\infty=\max\limits_i\sum\limits_{j=1}^{n}|a_{ij}|$。

通常，$\|\cdot\|_1$、$\|\cdot\|_2$ 和 $\|\cdot\|_\infty$ 分别称为矩阵的 1-范数、2-范数和 ∞-范数，或分别称为列和范数、谱范数和行和范数。

定理 5.9 设矩阵 $A\in \mathbf{C}^{m\times n}$，且 $U\in \mathbf{C}^{m\times m}$，$V\in \mathbf{C}^{n\times n}$ 为酉矩阵，则

$$\|UAV\|_2=\|UA\|_2=\|AV\|_2=\|A\|_2。$$

定理 5.9 的证明留给读者。

逼近和误差估计是矩阵范数应用的主要领域。最后，我们介绍矩阵范数的应用：谱半径和条件数。

5.2.3 谱半径

定义 5.5 设矩阵 $\boldsymbol{A}\in\mathbf{C}^{n\times n}$，$\lambda_1,\lambda_2,\cdots,\lambda_n$ 为 $\boldsymbol{A}$ 的 n 个特征值，称 $\rho(\boldsymbol{A})=\max\limits_j|\lambda_j|$ 为 $\boldsymbol{A}$ 的谱半径。

定理 5.10 设矩阵 $\boldsymbol{A}\in\mathbf{C}^{n\times n}$，则

(1) $\rho(\boldsymbol{A}^k)=(\rho(\boldsymbol{A}))^k$；

(2) $\rho(\boldsymbol{A}^{\mathrm{H}}\boldsymbol{A})=\rho(\boldsymbol{A}\boldsymbol{A}^{\mathrm{H}})=\|\boldsymbol{A}\|_2^2$；

(3) 当 $\boldsymbol{A}$ 是正规矩阵时，$\rho(\boldsymbol{A})=\|\boldsymbol{A}\|_2$。

该定理的证明是比较容易的，留给读者练习。

定理 5.11 设矩阵 $\boldsymbol{A}\in\mathbf{C}^{n\times n}$，则对 $\mathbf{C}^{n\times n}$ 中的任意矩阵范数 $\|\cdot\|$，都有

$$\rho(\boldsymbol{A})\leqslant\|\boldsymbol{A}\|。$$

证 设 λ 为 $\boldsymbol{A}$ 的任意特征值，$\boldsymbol{x}$ 为对应的特征向量，又设 $\|\cdot\|_{\mathrm{v}}$ 为 $\mathbf{C}^n$ 中与矩阵范数 $\|\cdot\|$ 相容的向量范数，则

$$|\lambda|\,\|\boldsymbol{x}\|_{\mathrm{v}}=\|\lambda\boldsymbol{x}\|_{\mathrm{v}}=\|\boldsymbol{A}\boldsymbol{x}\|_{\mathrm{v}}\leqslant\|\boldsymbol{A}\|\|\boldsymbol{x}\|_{\mathrm{v}},$$

从而 $|\lambda|\leqslant\|\boldsymbol{A}\|$，即 $\rho(\boldsymbol{A})\leqslant\|\boldsymbol{A}\|$。 证毕。

定理 5.12 设矩阵 $\boldsymbol{A}\in\mathbf{C}^{n\times n}$，对任意给定的正数 ε，存在某一矩阵范数 $\|\cdot\|_{\mathrm{m}}$，使得 $\|\boldsymbol{A}\|_{\mathrm{m}}\leqslant\rho(\boldsymbol{A})+\varepsilon$。

5.2.4 条件数

在工程实际中经常需要计算 $\boldsymbol{A}^{-1}$ 和线性方程 $\boldsymbol{A}\boldsymbol{x}=\boldsymbol{b}$ 的解，其中 $\boldsymbol{A}\in\mathbf{C}_n^{n\times n}$，$\boldsymbol{b}\in\mathbf{C}^n$。由方程 $\boldsymbol{A}\boldsymbol{x}=\boldsymbol{b}$ 可知 $\|\boldsymbol{x}\|\geqslant\dfrac{\|\boldsymbol{b}\|}{\|\boldsymbol{A}\|}$ 且 $\boldsymbol{x}=\boldsymbol{A}^{-1}\boldsymbol{b}$。考虑两种情况引起的误差：(1) $\boldsymbol{b}$ 存在误差；(2) $\boldsymbol{A}$ 存在误差。

(1) 若 $\boldsymbol{b}$ 存在误差 $\Delta\boldsymbol{b}$，则求出的 $\boldsymbol{x}$ 存在误差 $\Delta\boldsymbol{x}=\boldsymbol{A}^{-1}\Delta\boldsymbol{b}$，且 $\|\Delta\boldsymbol{x}\|\leqslant\|\boldsymbol{A}^{-1}\|\|\Delta\boldsymbol{b}\|$。此时的相对误差 $\dfrac{\|\Delta\boldsymbol{x}\|}{\|\boldsymbol{x}\|}\leqslant\|\boldsymbol{A}\|\|\boldsymbol{A}^{-1}\|\dfrac{\|\Delta\boldsymbol{b}\|}{\|\boldsymbol{b}\|}$，即

$$\left(\frac{\|\Delta\boldsymbol{x}\|}{\|\boldsymbol{x}\|}\right)\bigg/\left(\frac{\|\Delta\boldsymbol{b}\|}{\|\boldsymbol{b}\|}\right)\leqslant\|\boldsymbol{A}\|\|\boldsymbol{A}^{-1}\|。$$

(2) 若 $\boldsymbol{A}$ 存在误差 $\Delta\boldsymbol{A}$，则求出的 $\boldsymbol{x}$ 存在误差 $\Delta\boldsymbol{x}$ 满足 $\boldsymbol{A}\Delta\boldsymbol{x}=-\Delta\boldsymbol{A}\boldsymbol{x}-\Delta\boldsymbol{A}\Delta\boldsymbol{x}$。忽略高阶小量得 $\|\Delta\boldsymbol{x}\|\leqslant\|\boldsymbol{A}^{-1}\|\|\Delta\boldsymbol{A}\|\|\boldsymbol{x}\|$。此时的相对误差 $\dfrac{\|\Delta\boldsymbol{x}\|}{\|\boldsymbol{x}\|}\leqslant\|\boldsymbol{A}\|\|\boldsymbol{A}^{-1}\|\dfrac{\|\Delta\boldsymbol{A}\|}{\|\boldsymbol{A}\|}$，即

$$\frac{\|\Delta\boldsymbol{x}\|}{\|\boldsymbol{x}\|}\bigg/\frac{\|\Delta\boldsymbol{A}\|}{\|\boldsymbol{A}\|}\leqslant\|\boldsymbol{A}\|\|\boldsymbol{A}^{-1}\|。$$

可见，数据的误差对逆矩阵和线性方程组解的影响与 $\|\boldsymbol{A}\|\|\boldsymbol{A}^{-1}\|$ 的大小有关。当该

数较大时，近似逆矩阵的相对误差或线性方程组的解的相对误差可能较大。因此该数可以作为数据误差对于求逆矩阵和线性方程组的解影响大小的一种度量。

定义 5.6 设矩阵 $\boldsymbol{A}\in\mathbf{C}_n^{n\times n}$，$\|\cdot\|_{\mathrm{m}}$ 是 $\mathbf{C}^{n\times n}$ 中的一种矩阵范数，称

$$\mathrm{cond}(\boldsymbol{A})=\|\boldsymbol{A}\|_{\mathrm{m}}\|\boldsymbol{A}^{-1}\|_{\mathrm{m}}$$

为矩阵 $\boldsymbol{A}$(关于求逆或求解线性方程组)的条件数。

由矩阵范数的相容性可知

$$\|\boldsymbol{A}\|_{\mathrm{m}}\|\boldsymbol{A}^{-1}\|_{\mathrm{m}}\geqslant\|\boldsymbol{A}\boldsymbol{A}^{-1}\|_{\mathrm{m}}=\|\boldsymbol{I}\|_{\mathrm{m}}\geqslant 1,$$

因此 $\mathrm{cond}(\boldsymbol{A})\geqslant 1$。条件数反映了误差放大的程度，条件数越大，矩阵越病态。一般地，如果矩阵 $\boldsymbol{A}$ 的条件数大，则称 $\boldsymbol{A}$ 对于求逆矩阵或求解线性方程组是病态的，或坏条件的；否则，则称为良态或好条件的。

常用的条件数有

$$\mathrm{cond}_\infty(\boldsymbol{A})=\|\boldsymbol{A}\|_\infty\|\boldsymbol{A}^{-1}\|_\infty,$$

$$\mathrm{cond}_2(\boldsymbol{A})=\|\boldsymbol{A}\|_2\|\boldsymbol{A}^{-1}\|_2=\sqrt{\frac{\mu_1}{\mu_n}},$$

式中，μ_1,μ_n 分别为$\boldsymbol{A}^{\mathrm{H}}\boldsymbol{A}$ 的最大和最小特征值。当 $\boldsymbol{A}$ 是正规矩阵时，有

$$\mathrm{cond}_2(\boldsymbol{A})=\frac{|\lambda_1|}{|\lambda_n|},$$

式中，λ_1,λ_n 分别是 $\boldsymbol{A}$ 的按模最大和最小的特征值。

习题 5

1. 设 $\|\cdot\|_a$与 $\|\cdot\|_b$是 $\mathbf{C}^n$ 中的两种向量范数，又 k_1 和 k_2 是正常数，证明下列函数是 $\mathbf{C}^n$ 中的向量范数：

(1)$\max\{\|\cdot\|_a,\|\cdot\|_b\}$；(2)$k_1\|\cdot\|_a+k_2\|\cdot\|_b$。

2. 设 $\boldsymbol{A}\in\mathbf{C}^{n\times n}$为 Hermite 正定矩阵，对于 $\boldsymbol{x}\in\mathbf{C}^n$，验证 $\|\boldsymbol{x}\|_A=\sqrt{\boldsymbol{x}^{\mathrm{H}}\boldsymbol{A}\boldsymbol{x}}$是 $\mathbf{C}^n$ 中的向量范数。

3. 设 $\boldsymbol{A}=(a_{ij})_{m\times n}\in\mathbf{C}^{m\times n}$，验证 $\|\boldsymbol{A}\|=\sqrt{mn}\max\limits_{i,j}|a_{ij}|$为矩阵范数。

4. 证明矩阵的 m_∞-范数与向量的 1-范数和向量的 2-范数相容。

5. 设 $\boldsymbol{A}\in\mathbf{C}^{m\times n}$，$\boldsymbol{U},\boldsymbol{V}$ 分别是 m,n 阶酉矩阵，证明：

$$\|\boldsymbol{A}\|_2=\|\boldsymbol{A}^{\mathrm{H}}\|_2=\|\boldsymbol{UAV}\|_2=\|\boldsymbol{UA}\|_2=\|\boldsymbol{AV}\|_2。$$

6. 设 $\boldsymbol{A}\in\mathbf{C}^{n\times n}$，证明：

(1)$\rho(\boldsymbol{A}^k)=(\rho(\boldsymbol{A}))^k$；

(2)$\rho(\boldsymbol{A}^{\mathrm{H}}\boldsymbol{A})=\rho(\boldsymbol{A}\boldsymbol{A}^{\mathrm{H}})=\|\boldsymbol{A}\|_2^2$；

(3)当 $\boldsymbol{A}$ 是正规矩阵时，$\rho(\boldsymbol{A})=\|\boldsymbol{A}\|_2$。

7. 若 $\boldsymbol{A}=\begin{bmatrix}1 & -1 & 2 & 4\\ -1 & 1 & 0 & 1\\ -1 & -2 & 1 & -1\\ 1 & -1 & -1 & 1\end{bmatrix}$，$\boldsymbol{x}=\begin{bmatrix}1\\2\\3\\4\end{bmatrix}$，求 $\|\boldsymbol{A}\|_\infty$ 和 $\|\boldsymbol{Ax}\|_1$。

8. 已知 $\boldsymbol{A}=\begin{bmatrix}1+\mathrm{i} & 0 & -3\\ 5 & 4\mathrm{i} & 0\\ -2 & 3 & 1\end{bmatrix}$，求 $\|\boldsymbol{A}\|_F$、$\|\boldsymbol{A}\|_1$ 和 $\|\boldsymbol{A}\|_\infty$。

9. 已知 $\boldsymbol{A}=\begin{bmatrix}0 & 0.2 & 0.1\\ -0.2 & 0 & 0.2\\ -0.1 & -0.2 & 0\end{bmatrix}$，试估计 $\boldsymbol{A}$ 的谱半径。

10. 设 $\boldsymbol{P}\in\mathbf{C}^{n\times n}$，若对 $\mathbf{C}^{n\times n}$ 中的某一矩阵范数 $\|\cdot\|$ 有 $\|\boldsymbol{P}\|<1$，则 $\boldsymbol{I}-\boldsymbol{P}$ 可逆。

第 6 章

矩阵函数

线性代数中，主要用代数的方法研究矩阵，没有涉及极限和微积分运算。由于在工程实际中经常需要矩阵的微积分、级数等运算，所以有必要对矩阵函数做些介绍。本章首先讨论矩阵的微分与积分、矩阵的极限、矩阵的级数，然后介绍矩阵函数及矩阵函数在微分方程组中的应用。

6.1 矩阵的微分与积分

本节用矩阵描述微积分中的若干结果，着重讨论在工程实际中常见的三个问题：函数矩阵对自变量的微分与积分，数量函数对向量变量或矩阵变量的导数，向量值函数或矩阵值函数对向量变量或矩阵变量的导数。

6.1.1 函数矩阵的微分与积分

定义 6.1 以变量 t 的函数为元素的矩阵 $\boldsymbol{A}(t)=(a_{ij}(t))_{m\times n}$ 称为函数矩阵，式中，$a_{ij}(t)(i=1,2,\cdots,m;j=1,2,\cdots n)$ 都是变量 t 的函数。若每个 $a_{ij}(t)$ 在 $[a,b]$ 上连续、可微、可积，则称 $\boldsymbol{A}(t)$ 在 $[a,b]$ 上是连续、可微、可积的。当 $\boldsymbol{A}(t)$ 可微时，规定其导数为

$$\boldsymbol{A}'(t)=(a'_{ij}(t))_{m\times n} \quad 或 \quad \frac{\mathrm{d}}{\mathrm{d}t}\boldsymbol{A}(t)=\left(\frac{\mathrm{d}}{\mathrm{d}t}a_{ij}(t)\right)_{m\times n},$$

当 $\boldsymbol{A}(t)$ 在 $[a,b]$ 上可积时，规定 $\boldsymbol{A}(t)$ 在 $[a,b]$ 上的积分为

$$\int_a^b \boldsymbol{A}(t)\mathrm{d}t=\left(\int_a^b a_{ij}(t)\mathrm{d}t\right)_{m\times n}。$$

例 6.1 求函数矩阵 $\boldsymbol{A}(t)=\begin{bmatrix}\sin t & \cos t & t\\ 2^t & \mathrm{e}^t & t^2\\ 0 & 1 & t^3\end{bmatrix}$ 的导数。

解
$$\frac{\mathrm{d}}{\mathrm{d}t}\boldsymbol{A}(t)=\begin{bmatrix}\cos t & -\sin t & 1\\ 2^t\ln 2 & \mathrm{e}^t & 2t\\ 0 & 0 & 3t^2\end{bmatrix}。$$

例 6.2 设 $\boldsymbol{A}(t)=\begin{bmatrix}2t & 1\\ t & t^2\end{bmatrix}$,求 $\int_0^1\boldsymbol{A}(t)\mathrm{d}t$ 。

解
$$\int_0^1\boldsymbol{A}(t)\mathrm{d}t=\begin{bmatrix}1 & 1\\ \frac{1}{2} & \frac{1}{3}\end{bmatrix}。$$

关于函数矩阵,有下面的求导和积分法则。

定理 6.1 设 $\boldsymbol{A}(t)$ 与 $\boldsymbol{B}(t)$ 是适当阶数的可微矩阵,则

(1) $\frac{\mathrm{d}}{\mathrm{d}t}(\boldsymbol{A}(t)+\boldsymbol{B}(t))=\frac{\mathrm{d}}{\mathrm{d}t}\boldsymbol{A}(t)+\frac{\mathrm{d}}{\mathrm{d}t}\boldsymbol{B}(t)$;

(2) 当 $\lambda(t)$ 为可微函数时,有
$$\frac{\mathrm{d}}{\mathrm{d}t}(\lambda(t)\boldsymbol{A}(t))=\left(\frac{\mathrm{d}}{\mathrm{d}t}\lambda(t)\right)\boldsymbol{A}(t)+\lambda(t)\frac{\mathrm{d}}{\mathrm{d}t}\boldsymbol{A}(t);$$

(3) $\frac{\mathrm{d}}{\mathrm{d}t}(\boldsymbol{A}(t)\boldsymbol{B}(t))=\left(\frac{\mathrm{d}}{\mathrm{d}t}\boldsymbol{A}(t)\right)\boldsymbol{B}(t)+\boldsymbol{A}(t)\frac{\mathrm{d}}{\mathrm{d}t}\boldsymbol{B}(t)$;

(4) 当 $u=f(t)$ 关于 t 可微时,有
$$\frac{\mathrm{d}}{\mathrm{d}t}\boldsymbol{A}(u)=f'(t)\frac{\mathrm{d}}{\mathrm{d}u}\boldsymbol{A}(u);$$

(5) 当 $\boldsymbol{A}^{-1}(t)$ 是可微矩阵时,有
$$\frac{\mathrm{d}}{\mathrm{d}t}\boldsymbol{A}^{-1}(t)=-\boldsymbol{A}^{-1}(t)\left(\frac{\mathrm{d}}{\mathrm{d}t}\boldsymbol{A}(t)\right)\boldsymbol{A}^{-1}(t)。$$

证 只证(5)。由于 $\boldsymbol{A}(t)\boldsymbol{A}^{-1}(t)=\boldsymbol{I}$,两边对 t 求导,得
$$\left(\frac{\mathrm{d}}{\mathrm{d}t}\boldsymbol{A}(t)\right)\boldsymbol{A}^{-1}(t)+\boldsymbol{A}(t)\frac{\mathrm{d}}{\mathrm{d}t}\boldsymbol{A}^{-1}(t)=\boldsymbol{O},$$
从而
$$\frac{\mathrm{d}}{\mathrm{d}t}\boldsymbol{A}^{-1}(t)=-\boldsymbol{A}^{-1}(t)\left(\frac{\mathrm{d}}{\mathrm{d}t}\boldsymbol{A}(t)\right)\boldsymbol{A}^{-1}(t)。$$
证毕。

定理 6.2 设 $\boldsymbol{A}(t)$ 与 $\boldsymbol{B}(t)$ 是区间 $[a,b]$ 上适当阶数的可积矩阵,$\boldsymbol{A}$ 与 $\boldsymbol{B}$ 是适当阶数的常

数矩阵，$\lambda \in \mathbf{C}$，则

(1) $\int_a^b (\boldsymbol{A}(t)+\boldsymbol{B}(t))\mathrm{d}t = \int_a^b \boldsymbol{A}(t)\mathrm{d}t + \int_a^b \boldsymbol{B}(t)\mathrm{d}t$ ；

(2) $\int_a^b \lambda\boldsymbol{A}(t)\mathrm{d}t = \lambda\int_a^b \boldsymbol{A}(t)\mathrm{d}t$ ；

(3) $\int_a^b \boldsymbol{A}(t)\boldsymbol{B}\mathrm{d}t = \left(\int_a^b \boldsymbol{A}(t)\mathrm{d}t\right)\boldsymbol{B}, \int_a^b \boldsymbol{B}\boldsymbol{A}(t)\mathrm{d}t = \boldsymbol{B}\left(\int_a^b \boldsymbol{A}(t)\mathrm{d}t\right)$ ；

(4) 当 $\boldsymbol{A}(t)$ 在 $[a,b]$ 上连续时，对任意 $t\in(a,b)$，有

$$\frac{\mathrm{d}}{\mathrm{d}t}\left(\int_a^t \boldsymbol{A}(\tau)\mathrm{d}\tau\right) = \boldsymbol{A}(t) \text{ ；}$$

(5) 当 $\boldsymbol{A}(t)$ 在 $[a,b]$ 上连续可微时，有

$$\int_a^b \boldsymbol{A}'(t)\mathrm{d}t = \boldsymbol{A}(b) - \boldsymbol{A}(a) \text{ 。}$$

6.1.2 数量函数对矩阵变量的导数

定义 6.2 设 $f(\boldsymbol{X})$ 是以矩阵 $\boldsymbol{X}=(x_{ij})_{m\times n}$ 中的 $m\times n$ 个元素 x_{ij} 为自变量的函数，且 $\frac{\partial f}{\partial x_{ij}}(i=1,2,\cdots,m;j=1,2,\cdots,n)$ 都存在，规定 f 对矩阵变量 $\boldsymbol{X}$ 的导数 $\frac{\mathrm{d}f}{\mathrm{d}\boldsymbol{X}}$ 为

$$\frac{\mathrm{d}f}{\mathrm{d}\boldsymbol{X}} = \left(\frac{\partial f}{\partial x_{ij}}\right)_{m\times n} = \begin{bmatrix} \frac{\partial f}{\partial x_{11}} & \cdots & \frac{\partial f}{\partial x_{1n}} \\ \vdots & \ddots & \vdots \\ \frac{\partial f}{\partial x_{m1}} & \cdots & \frac{\partial f}{\partial x_{mn}} \end{bmatrix} \text{。}$$

特别地，以 $\boldsymbol{x}=(\xi_1,\xi_2,\cdots,\xi_n)^{\mathrm{T}}$ 为自变量的函数 $f(\boldsymbol{x})$ 的导数

$$\frac{\mathrm{d}f}{\mathrm{d}\boldsymbol{x}} = \left(\frac{\partial f}{\partial \xi_1},\frac{\partial f}{\partial \xi_2},\cdots,\frac{\partial f}{\partial \xi_n}\right)^{\mathrm{T}}$$

称为数量函数对向量变量的导数。

例 6.3 设矩阵

$$\boldsymbol{X} = \begin{bmatrix} x_{11} & x_{12} & \cdots & x_{1n} \\ x_{21} & x_{22} & \cdots & x_{2n} \\ \vdots & \vdots & \ddots & \vdots \\ x_{m1} & x_{m2} & \cdots & x_{mn} \end{bmatrix}$$

且数量函数为

$$f(\boldsymbol{X}) = x_{11}^2 + x_{12}^2 + \cdots + x_{1n}^2 + x_{21}^2 + x_{22}^2 + \cdots + x_{2n}^2 + \cdots + x_{m1}^2 + x_{m2}^2 + \cdots + x_{mn}^2 \text{，}$$

求 $\frac{\mathrm{d}f}{\mathrm{d}\boldsymbol{X}}$。

解 因为$\dfrac{\partial f}{\partial x_{ij}}=2x_{ij}\,(i=1,2,\cdots,m;j=1,2,\cdots,n)$，所以

$$\frac{\mathrm{d}}{\mathrm{d}\boldsymbol{X}}f(\boldsymbol{X})=2\begin{bmatrix}x_{11}&x_{12}&\cdots&x_{1n}\\x_{21}&x_{22}&\cdots&x_{2n}\\\vdots&\vdots&\ddots&\vdots\\x_{m1}&x_{m2}&\cdots&x_{mn}\end{bmatrix}=2\boldsymbol{X}。$$

例 6.4 设$\boldsymbol{A}=(a_{ij})_{m\times n}$是给定的矩阵，$\boldsymbol{X}=(x_{ij})_{n\times m}$是矩阵变量，且

$$f(\boldsymbol{X})=\mathrm{tr}(\boldsymbol{AX}),$$

求$\dfrac{\mathrm{d}f}{\mathrm{d}\boldsymbol{X}}$。

解 因为$\boldsymbol{AX}=\left(\sum\limits_{k=1}^{n}a_{ik}x_{kj}\right)_{m\times m}$，所以

$$f(\boldsymbol{X})=\mathrm{tr}(\boldsymbol{AX})=\sum_{s=1}^{m}\sum_{k=1}^{n}a_{sk}x_{ks}\ ,$$

而

$$\frac{\partial f}{\partial x_{ij}}=a_{ji}\quad(i=1,2,\cdots,m;\ j=1,2,\cdots,n),$$

故

$$\frac{\mathrm{d}f}{\mathrm{d}\boldsymbol{X}}=\left(\frac{\partial f}{\partial x_{ij}}\right)_{n\times m}=(a_{ji})_{n\times m}=\boldsymbol{A}^{\mathrm{T}}。$$

例 6.5 设$\boldsymbol{a}=(a_1,a_2,\cdots,a_n)^{\mathrm{T}}$是给定的向量，$\boldsymbol{x}=(\xi_1,\xi_2,\cdots,\xi_n)^{\mathrm{T}}$是向量变量，且

$$f(\boldsymbol{x})=\boldsymbol{a}^{\mathrm{T}}\boldsymbol{x}=\boldsymbol{x}^{\mathrm{T}}\boldsymbol{a},$$

求$\dfrac{\mathrm{d}f}{\mathrm{d}\boldsymbol{x}}$。

解 因为

$$f(\boldsymbol{x})=\sum_{k=1}^{n}a_k\xi_k\ ,$$

而

$$\frac{\partial f}{\partial \xi_i}=a_j\quad(j=1,2,\cdots,n),$$

所以

$$\frac{\mathrm{d}f}{\mathrm{d}\boldsymbol{x}}=\left(\frac{\partial f}{\partial \xi_1},\frac{\partial f}{\partial \xi_2},\cdots,\frac{\partial f}{\partial \xi_n}\right)^{\mathrm{T}}=(a_1,a_2,\cdots,a_n)^{\mathrm{T}}=\boldsymbol{a}。$$

6.1.3 矩阵值函数对矩阵变量的导数

定义 6.3 设矩阵 $\boldsymbol{F}(\boldsymbol{X})=(f_{ij}(\boldsymbol{X}))_{s\times t}$ 的元素 $f_{ij}(\boldsymbol{X})(i=1,2,\cdots,s;j=1,2,\cdots,t)$ 都是矩阵变量 $\boldsymbol{X}=(x_{ij})_{m\times n}$ 的函数，则称 $\boldsymbol{F}(\boldsymbol{X})$ 为矩阵值函数，规定 $\boldsymbol{F}(\boldsymbol{X})$ 对矩阵变量 $\boldsymbol{X}$ 的导数为

$$\frac{\mathrm{d}\boldsymbol{F}}{\mathrm{d}\boldsymbol{X}}=\begin{bmatrix}\dfrac{\partial \boldsymbol{F}}{\partial x_{11}} & \cdots & \dfrac{\partial \boldsymbol{F}}{\partial x_{1n}}\\ \vdots & \ddots & \vdots\\ \dfrac{\partial \boldsymbol{F}}{\partial x_{m1}} & \cdots & \dfrac{\partial \boldsymbol{F}}{\partial x_{mn}}\end{bmatrix},$$

式中，

$$\frac{\partial \boldsymbol{F}}{\partial x_{ij}}=\begin{bmatrix}\dfrac{\partial f_{11}}{\partial x_{ij}} & \cdots & \dfrac{\partial f_{1t}}{\partial x_{ij}}\\ \vdots & \ddots & \vdots\\ \dfrac{\partial f_{s1}}{\partial x_{ij}} & \cdots & \dfrac{\partial f_{st}}{\partial x_{ij}}\end{bmatrix},$$

其结果为 $(ms)\times(nt)$ 矩阵。

作为特殊情形，这一定义包括了向量值函数对于向量变量的导数，向量值函数对于矩阵变量的导数，以及矩阵值函数对于向量变量的导数等。

例 6.6 设 $\boldsymbol{F}=\begin{bmatrix}x_{11}x_{12} & x_{12}x_{21}\\ x_{21}x_{22} & x_{22}x_{11}\end{bmatrix}$，$\boldsymbol{X}=\begin{bmatrix}x_{11} & x_{12}\\ x_{21} & x_{22}\end{bmatrix}$，求 $\dfrac{\mathrm{d}\boldsymbol{F}}{\mathrm{d}\boldsymbol{X}}$。

解 由定义

$$\frac{\mathrm{d}\boldsymbol{F}}{\mathrm{d}\boldsymbol{X}}=\begin{bmatrix}\dfrac{\partial \boldsymbol{F}}{\partial x_{11}} & \dfrac{\partial \boldsymbol{F}}{\partial x_{12}}\\ \dfrac{\partial \boldsymbol{F}}{\partial x_{21}} & \dfrac{\partial \boldsymbol{F}}{\partial x_{22}}\end{bmatrix}=\begin{bmatrix}\dfrac{\partial f_{11}}{\partial x_{11}}\dfrac{\partial f_{12}}{\partial x_{11}} & \dfrac{\partial f_{11}}{\partial x_{12}}\dfrac{\partial f_{12}}{\partial x_{12}}\\ \dfrac{\partial f_{21}}{\partial x_{11}}\dfrac{\partial f_{22}}{\partial x_{11}} & \dfrac{\partial f_{21}}{\partial x_{12}}\dfrac{\partial f_{22}}{\partial x_{12}}\\ \dfrac{\partial f_{11}}{\partial x_{21}}\dfrac{\partial f_{12}}{\partial x_{21}} & \dfrac{\partial f_{11}}{\partial x_{22}}\dfrac{\partial f_{12}}{\partial x_{22}}\\ \dfrac{\partial f_{21}}{\partial x_{21}}\dfrac{\partial f_{22}}{\partial x_{21}} & \dfrac{\partial f_{21}}{\partial x_{22}}\dfrac{\partial f_{22}}{\partial x_{22}}\end{bmatrix}=\begin{bmatrix}x_{12} & 0 & x_{11} & x_{21}\\ 0 & x_{22} & 0 & 0\\ 0 & x_{12} & 0 & 0\\ x_{22} & 0 & x_{21} & x_{11}\end{bmatrix}。$$

例 6.7 设 $\boldsymbol{a}=(a_1,a_2,a_3,a_4)^{\mathrm{T}}$ 是给定向量，$\boldsymbol{X}=\begin{bmatrix}x_{11} & x_{12} & x_{13} & x_{14}\\ x_{21} & x_{22} & x_{23} & x_{24}\end{bmatrix}$ 是矩阵变量，求 $\dfrac{\mathrm{d}(\boldsymbol{Xa})^{\mathrm{T}}}{\mathrm{d}\boldsymbol{X}}$ 和 $\dfrac{\mathrm{d}(\boldsymbol{Xa})}{\mathrm{d}\boldsymbol{X}}$。

解 因为

$$\boldsymbol{X}\boldsymbol{a}=\begin{bmatrix}x_{11}a_1+x_{12}a_2+x_{13}a_3+x_{14}a_4\\x_{21}a_1+x_{22}a_2+x_{23}a_3+x_{24}a_4\end{bmatrix},$$

$$(\boldsymbol{X}\boldsymbol{a})^{\mathrm{T}}=(x_{11}a_1+x_{12}a_2+x_{13}a_3+x_{14}a_4,x_{21}a_1+x_{22}a_2+x_{23}a_3+x_{24}a_4),$$

所以

$$\frac{\mathrm{d}(\boldsymbol{X}\boldsymbol{a})^{\mathrm{T}}}{\mathrm{d}\boldsymbol{X}}=\begin{bmatrix}\frac{\partial(\boldsymbol{X}\boldsymbol{a})^{\mathrm{T}}}{\partial x_{11}} & \frac{\partial(\boldsymbol{X}\boldsymbol{a})^{\mathrm{T}}}{\partial x_{12}} & \frac{\partial(\boldsymbol{X}\boldsymbol{a})^{\mathrm{T}}}{\partial x_{13}} & \frac{\partial(\boldsymbol{X}\boldsymbol{a})^{\mathrm{T}}}{\partial x_{14}}\\ \frac{\partial(\boldsymbol{X}\boldsymbol{a})^{\mathrm{T}}}{\partial x_{21}} & \frac{\partial(\boldsymbol{X}\boldsymbol{a})^{\mathrm{T}}}{\partial x_{22}} & \frac{\partial(\boldsymbol{X}\boldsymbol{a})^{\mathrm{T}}}{\partial x_{23}} & \frac{\partial(\boldsymbol{X}\boldsymbol{a})^{\mathrm{T}}}{\partial x_{24}}\end{bmatrix}$$

$$=\begin{bmatrix}a_1 & 0 & a_2 & 0 & a_3 & 0 & a_4 & 0\\0 & a_1 & 0 & a_2 & 0 & a_3 & 0 & a_4\end{bmatrix},$$

而

$$\frac{\mathrm{d}(\boldsymbol{X}\boldsymbol{a})}{\mathrm{d}\boldsymbol{X}}=\begin{bmatrix}\frac{\partial(\boldsymbol{X}\boldsymbol{a})}{\partial x_{11}} & \frac{\partial(\boldsymbol{X}\boldsymbol{a})}{\partial x_{12}} & \frac{\partial(\boldsymbol{X}\boldsymbol{a})}{\partial x_{13}} & \frac{\partial(\boldsymbol{X}\boldsymbol{a})}{\partial x_{14}}\\ \frac{\partial(\boldsymbol{X}\boldsymbol{a})}{\partial x_{21}} & \frac{\partial(\boldsymbol{X}\boldsymbol{a})}{\partial x_{22}} & \frac{\partial(\boldsymbol{X}\boldsymbol{a})}{\partial x_{23}} & \frac{\partial(\boldsymbol{X}\boldsymbol{a})}{\partial x_{24}}\end{bmatrix}=\begin{bmatrix}a_1 & a_2 & a_3 & a_4\\0 & 0 & 0 & 0\\0 & 0 & 0 & 0\\a_1 & a_2 & a_3 & a_4\end{bmatrix}。$$

例 6.8　设 $\boldsymbol{x}=(\xi_1,\xi_2,\cdots,\xi_n)^{\mathrm{T}}$ 是向量变量，求 $\frac{\mathrm{d}\boldsymbol{x}^{\mathrm{T}}}{\mathrm{d}\boldsymbol{x}}$ 和 $\frac{\mathrm{d}\boldsymbol{x}}{\mathrm{d}\boldsymbol{x}^{\mathrm{T}}}$。

解　由定义，得

$$\frac{\mathrm{d}\boldsymbol{x}^{\mathrm{T}}}{\mathrm{d}\boldsymbol{x}}=\begin{bmatrix}\frac{\partial\boldsymbol{x}^{\mathrm{T}}}{\partial\xi_1}\\ \frac{\partial\boldsymbol{x}^{\mathrm{T}}}{\partial\xi_2}\\ \vdots\\ \frac{\partial\boldsymbol{x}^{\mathrm{T}}}{\partial\xi_n}\end{bmatrix}=\begin{bmatrix}1 & 0 & \cdots & 0\\0 & 1 & \cdots & 0\\ \vdots & \vdots & \ddots & \vdots\\0 & 0 & \cdots & 1\end{bmatrix}=\boldsymbol{I}_n,$$

同理可得

$$\frac{\mathrm{d}\boldsymbol{x}}{\mathrm{d}\boldsymbol{x}^{\mathrm{T}}}=\left[\frac{\partial\boldsymbol{x}}{\partial\xi_1},\frac{\partial\boldsymbol{x}}{\partial\xi_2},\cdots,\frac{\partial\boldsymbol{x}}{\partial\xi_n}\right]=\boldsymbol{I}_n。$$

6.2　矩阵序列的极限与收敛矩阵

6.2.1　矩阵序列的极限

定义 6.4　设有 $\mathbf{C}^{m\times n}$ 中的矩阵序列 $\{\boldsymbol{A}^{(k)}\}(k=0,1,2,\cdots)$，式中，$\boldsymbol{A}^{(k)}=\begin{bmatrix}a_{11}^{(k)} & \cdots & a_{1n}^{(k)}\\ \vdots & \ddots & \vdots\\ a_{m1}^{(k)} & \cdots & a_{mn}^{(k)}\end{bmatrix}$，

若$\lim\limits_{k\to+\infty} a_{ij}^{(k)}=a_{ij}\ (i=1,2,\cdots,m;j=1,2,\cdots,n)$，则称矩阵序列$\{\boldsymbol{A}^{(k)}\}$收敛于$\boldsymbol{A}=(a_{ij})_{m\times n}$，或称$\boldsymbol{A}$为矩阵序列$\{\boldsymbol{A}^{(k)}\}$的极限，记为

$$\lim_{k\to+\infty}\boldsymbol{A}^{(k)}=\boldsymbol{A}。$$

当$k\to+\infty$时，$a_{ij}^{(k)}\ (i=1,2,\cdots,m;\ j=1,2,\cdots,n)$中至少有一个极限不存在，便称矩阵序列$\{\boldsymbol{A}^{(k)}\}$是发散的。

例如，2 阶矩阵序列

$$\begin{bmatrix}\frac{1}{2} & \frac{1}{2}\\ \frac{1}{3} & \frac{3}{2}\end{bmatrix},\begin{bmatrix}\frac{2}{3} & \frac{1}{4}\\ \frac{1}{9} & \frac{4}{3}\end{bmatrix},\cdots,\begin{bmatrix}\frac{k}{k+1} & \frac{1}{2^k}\\ \frac{1}{3^k} & \frac{k+2}{k+1}\end{bmatrix},\cdots$$

以$\begin{bmatrix}1 & 0\\ 0 & 1\end{bmatrix}$为极限。

又如，在 $\mathbf{R}^2$ 中的向量序列

$$\boldsymbol{X}^{(k)}=\left(\frac{1}{2^k},\frac{\sin k}{k}\right)\quad (k=1,2,\cdots),$$

由于

$$\lim_{k\to+\infty}\frac{1}{2^k}=0,\ \lim_{k\to+\infty}\frac{\sin k}{k}=0,$$

所以

$$\lim_{k\to+\infty}\boldsymbol{X}^{(k)}=(0,0)。$$

可见，$\mathbf{C}^{m\times n}$中一个矩阵序列收敛相当于$m\times n$个数列同时收敛，因此可以用初等分析的方法来进行研究，但同时考虑$m\times n$个数列的极限比较烦琐，可以利用矩阵的范数来研究矩阵序列的极限。

定理 6.3 设$\mathbf{C}^{m\times n}$中的矩阵序列$\{\boldsymbol{A}^{(k)}\}(k=0,1,2,\cdots)$，$\|\cdot\|$为$\mathbf{C}^{m\times n}$中任意矩阵范数，则

$$\lim_{k\to+\infty}\boldsymbol{A}^{(k)}=\boldsymbol{A}\Leftrightarrow\lim_{k\to+\infty}\|\boldsymbol{A}^{(k)}-\boldsymbol{A}\|=0。$$

证 先取$\mathbf{C}^{m\times n}$中矩阵的 m_1-范数，由于

$$|a_{ij}^{(k)}-a_{ij}|\leqslant\sum_{i=1}^{m}\sum_{j=1}^{n}|a_{ij}^{(k)}-a_{ij}|=\|\boldsymbol{A}^{(k)}-\boldsymbol{A}\|_{\mathrm{m}_1}\leqslant mn\max_{i,j}|a_{ij}^{(k)}-a_{ij}|,$$

所以$\lim\limits_{k\to+\infty}\boldsymbol{A}^{(k)}=\boldsymbol{A}$的充分必要条件是$\lim\limits_{k\to+\infty}\|\boldsymbol{A}^{(k)}-\boldsymbol{A}\|_{\mathrm{m}_1}=0$。

又由范数的等价性知，对$\mathbf{C}^{m\times n}$中任意矩阵范数$\|\cdot\|$，存在正常数α,β，使得

$$\alpha\|\boldsymbol{A}^{(k)}-\boldsymbol{A}\|_{\mathrm{m}_1}\leqslant\|\boldsymbol{A}^{(k)}-\boldsymbol{A}\|\leqslant\beta\|\boldsymbol{A}^{(k)}-\boldsymbol{A}\|_{\mathrm{m}_1},$$

故$\lim\limits_{k\to+\infty}\|\boldsymbol{A}^{(k)}-\boldsymbol{A}\|_{\mathrm{m}_1}=0$的充分必要条件是$\lim\limits_{k\to+\infty}\|\boldsymbol{A}^{(k)}-\boldsymbol{A}\|=0$。 证毕。

推论 设$\mathbf{C}^{m\times n}$中的矩阵序列$\{\boldsymbol{A}^{(k)}\}(k=0,1,2,\cdots)$，$\lim\limits_{k\to+\infty}\boldsymbol{A}^{(k)}=\boldsymbol{A}$，则

$$\lim_{k\to+\infty}\|\boldsymbol{A}^{(k)}\|=\|\boldsymbol{A}\|,$$

式中，$\|\cdot\|$是$\mathbf{C}^{m\times n}$中任意矩阵范数。

证　由 $\left|\|\boldsymbol{A}^{(k)}\|-\|\boldsymbol{A}\|\right|\leqslant\|\boldsymbol{A}^{(k)}-\boldsymbol{A}\|$ 即知结论成立。　证毕。

需要指出的是，上述推论反之不成立。例如，矩阵序列

$$\boldsymbol{A}^{(k)}=\begin{bmatrix}(-1)^k & \dfrac{1}{k+1}\\ 1 & 2\end{bmatrix}$$

不收敛，但

$$\lim_{k\to+\infty}\|\boldsymbol{A}^{(k)}\|_F=\lim_{k\to+\infty}\sqrt{6+\frac{1}{(k+1)^2}}=\sqrt{6}。$$

收敛的矩阵序列与收敛的数列有以下相似的性质：

(1)若 $\lim\limits_{k\to+\infty}\boldsymbol{A}^{(k)}$ 存在，则极限唯一；

(2)对于矩阵序列 $\{\boldsymbol{A}^{(k)}\}$ 和 $\{\boldsymbol{B}^{(k)}\}$，若 $\lim\limits_{k\to+\infty}\boldsymbol{A}^{(k)}=\boldsymbol{A}$，$\lim\limits_{k\to+\infty}\boldsymbol{B}^{(k)}=\boldsymbol{B}$，则必有

$$\lim_{k\to+\infty}(\alpha\boldsymbol{A}^{(k)}+\beta\boldsymbol{B}^{(k)})=\alpha\boldsymbol{A}+\beta\boldsymbol{B},$$

式中，α,β 为两个任意常数；

(3)若 $\lim\limits_{k\to+\infty}\boldsymbol{A}^{(k)}=\boldsymbol{A}$，$\lim\limits_{k\to+\infty}\boldsymbol{B}^{(k)}=\boldsymbol{B}$，则必有

$$\lim_{k\to+\infty}\boldsymbol{A}^{(k)}\boldsymbol{B}^{(k)}=\boldsymbol{A}\boldsymbol{B};$$

(4)若 $\{\boldsymbol{A}^{(k)}\}$ 收敛于 $\boldsymbol{A}$，当逆矩阵 $(\boldsymbol{A}^{(k)})^{-1}$ 和 $\boldsymbol{A}^{-1}$ 均存在时，则必有 $\{(\boldsymbol{A}^{(k)})^{-1}\}$ 收敛于 $\boldsymbol{A}^{-1}$，即

$$\lim_{k\to+\infty}(\boldsymbol{A}^{(k)})^{-1}=\boldsymbol{A}^{-1}。$$

证　(1)由定义 6.4 矩阵序列 $\{\boldsymbol{A}^{(k)}\}$ 收敛的充分必要条件是各元素组成的数列收敛，而数列的极限是唯一的，因此矩阵序列的极限也是唯一的。

(2)取矩阵范数 $\|\cdot\|$，有

$$\begin{aligned}\|(\alpha\boldsymbol{A}^{(k)}+\beta\boldsymbol{B}^{(k)})-(\alpha\boldsymbol{A}+\beta\boldsymbol{B})\|&=\|\alpha(\boldsymbol{A}^{(k)}-\boldsymbol{A})+\beta(\boldsymbol{B}^{(k)}-\boldsymbol{B})\|\\&\leqslant|\alpha|\,\|\boldsymbol{A}^{(k)}-\boldsymbol{A}\|+|\beta|\,\|\boldsymbol{B}^{(k)}-\boldsymbol{B}\|,\end{aligned}$$

由定理 6.3 和推论知(2)成立。

(3)由于

$$\begin{aligned}\|\boldsymbol{A}^{(k)}\boldsymbol{B}^{(k)}-\boldsymbol{A}\boldsymbol{B}\|&=\|\boldsymbol{A}^{(k)}\boldsymbol{B}^{(k)}-\boldsymbol{A}\boldsymbol{B}^{(k)}+\boldsymbol{A}\boldsymbol{B}^{(k)}-\boldsymbol{A}\boldsymbol{B}\|\\&\leqslant\|\boldsymbol{A}^{(k)}-\boldsymbol{A}\|\cdot\|\boldsymbol{B}^{(k)}\|+\|\boldsymbol{A}\|\cdot\|\boldsymbol{B}^{(k)}-\boldsymbol{B}\|,\end{aligned}$$

由定理 6.3 和推论知(3)成立。

(4)因为 $(\boldsymbol{A}^{(k)})^{-1}$ 和 $\boldsymbol{A}^{-1}$ 存在，所以 $\lim\limits_{k\to+\infty}|\boldsymbol{A}^{(k)}|=|\boldsymbol{A}|\neq0$，又有 $\lim\limits_{k\to+\infty}(\boldsymbol{A}^{(k)})^*=\boldsymbol{A}^*$，于是

$$\lim_{k\to+\infty}(\boldsymbol{A}^{(k)})^{-1}=\lim_{k\to+\infty}\frac{(\boldsymbol{A}^{(k)})^*}{|\boldsymbol{A}^{(k)}|}=\frac{\boldsymbol{A}^*}{|\boldsymbol{A}|}=\boldsymbol{A}^{-1}。$$

证毕。

6.2.2　收敛矩阵

对于方阵，有如下的概念和结论。

定义 6.5　设矩阵 $\boldsymbol{A}\in\mathbf{C}^{n\times n}$，若 $\lim\limits_{k\to+\infty}\boldsymbol{A}^k=\boldsymbol{O}$，即方幂 $\boldsymbol{E},\boldsymbol{A},\boldsymbol{A}^2,\cdots\boldsymbol{A}^k,\cdots$ 所构成的矩阵序列

$\{\boldsymbol{A}^{(k)}\}$收敛于零矩阵，则称$\boldsymbol{A}$为收敛矩阵。

定理 6.4 设矩阵$\boldsymbol{A}\in\mathbf{C}^{n\times n}$，则$\boldsymbol{A}$为收敛矩阵的充分必要条件是$\rho(\boldsymbol{A})<1$。

证 （必要性）已知$\boldsymbol{A}$为收敛矩阵，则由谱半径的性质，有

$$(\rho(\boldsymbol{A}))^k=\rho(\boldsymbol{A}^k)\leqslant\|\boldsymbol{A}^k\|,$$

式中，$\|\cdot\|$是$\mathbf{C}^{n\times n}$中任意矩阵范数，即有$\lim\limits_{k\to+\infty}(\rho(\boldsymbol{A}))^k=0$，故$\rho(\boldsymbol{A})<1$。

（充分性）由于$\rho(\boldsymbol{A})<1$，则存在正数ε，使得$\rho(\boldsymbol{A})+\varepsilon<1$，根据定理 5.12，存在$\mathbf{C}^{n\times n}$中的矩阵范数$\|\cdot\|_{\mathrm{m}}$，使得

$$\|\boldsymbol{A}\|_{\mathrm{m}}\leqslant\rho(\boldsymbol{A})+\varepsilon<1,$$

从而由$\|\boldsymbol{A}^k\|_{\mathrm{m}}\leqslant\|\boldsymbol{A}\|_{\mathrm{m}}^k$得$\lim\limits_{k\to+\infty}\|\boldsymbol{A}^k\|_{\mathrm{m}}=0$，故$\lim\limits_{k\to+\infty}\boldsymbol{A}^k=\boldsymbol{O}$。

推论 设矩阵$\boldsymbol{A}\in\mathbf{C}^{n\times n}$，若对$\mathbf{C}^{n\times n}$中的某一矩阵范数$\|\cdot\|$有$\|\boldsymbol{A}\|<1$，则$\boldsymbol{A}$为收敛矩阵。

例 6.9 判断下列矩阵是否为收敛矩阵：

(1)$\boldsymbol{A}=\dfrac{1}{6}\begin{bmatrix}1 & -8\\ -2 & 1\end{bmatrix}$； (2)$\boldsymbol{A}=\begin{bmatrix}0.1 & 0.2 & -0.2\\ -0.4 & 0.3 & 0.1\\ 0.3 & 0.1 & 0.2\end{bmatrix}$。

解 (1)可求得$\boldsymbol{A}$的特征值为$\lambda_1=\dfrac{5}{6}$，$\lambda_2=-\dfrac{1}{2}$，于是$\rho(\boldsymbol{A})=\dfrac{5}{6}<1$，故$\boldsymbol{A}$是收敛矩阵。

(2)因为$\|\boldsymbol{A}\|_1=0.8<1$，所以$\boldsymbol{A}$是收敛矩阵。

6.3 矩阵级数与幂级数

6.3.1 矩阵级数

定义 6.6 称由$\mathbf{C}^{m\times n}$中的矩阵序列$\{\boldsymbol{A}^{(k)}\}$构成的无穷和

$$\boldsymbol{A}^{(0)}+\boldsymbol{A}^{(1)}+\boldsymbol{A}^{(2)}+\cdots+\boldsymbol{A}^{(k)}+\cdots$$

为矩阵级数，记为$\sum\limits_{k=0}^{+\infty}\boldsymbol{A}^{(k)}$。对任意正整数$N$，称$\boldsymbol{S}^{(N)}=\sum\limits_{k=0}^{N}\boldsymbol{A}^{(k)}$为矩阵级数的部分和。如果由部分和构成的矩阵序列$\{\boldsymbol{S}^{(N)}\}$收敛，且有极限$\boldsymbol{S}$，即$\lim\limits_{N\to+\infty}\boldsymbol{S}^{(N)}=\boldsymbol{S}$，则称矩阵级数$\sum\limits_{k=0}^{+\infty}\boldsymbol{A}^{(k)}$收敛，而且有和$\boldsymbol{S}$，记为$\boldsymbol{S}=\sum\limits_{k=0}^{+\infty}\boldsymbol{A}^{(k)}$。不收敛的矩阵级数称为发散的。

如果记$\boldsymbol{A}^{(k)}=(a_{ij}^{(k)})_{m\times n}$，$\boldsymbol{S}=(s_{ij})_{m\times n}$，显然$\boldsymbol{S}=\sum\limits_{k=0}^{+\infty}\boldsymbol{A}^{(k)}$相当于

$$\sum_{k=0}^{+\infty}a_{ij}^{(k)}=s_{ij}\quad(i=1,2,\cdots,m;\ j=1,2,\cdots,n),$$

即 $m\times n$ 个数项级数都收敛。

例 6.10 已知

$$A^{(k)}=\begin{bmatrix}\dfrac{1}{2^k} & \dfrac{\pi}{4^k}\\ 0 & \dfrac{1}{(k+1)(k+2)}\end{bmatrix}\quad (k=0,1,\cdots),$$

研究矩阵级数 $\sum\limits_{k=0}^{+\infty}A^{(k)}$ 的敛散性。

解 因为

$$S^{(N)}=\sum_{k=0}^{N}A^{(k)}=\begin{bmatrix}\sum\limits_{k=0}^{N}\dfrac{1}{2^k} & \sum\limits_{k=0}^{N}\dfrac{\pi}{4^k}\\ 0 & \sum\limits_{k=0}^{N}\dfrac{1}{(k+1)(k+2)}\end{bmatrix}=\begin{bmatrix}2-\dfrac{1}{2^N} & \dfrac{\pi}{3}(4-\dfrac{1}{4^N})\\ 0 & 1-\dfrac{1}{N+2}\end{bmatrix},$$

所以

$$S=\lim_{N\to+\infty}S^{(N)}=\begin{bmatrix}2 & \dfrac{4\pi}{3}\\ 0 & 1\end{bmatrix},$$

故所给矩阵级数收敛，且其和为 S。

定义 6.7 设$A^{(k)}=(a_{ij}^{(k)})_{m\times n}\in C^{m\times n}(k=0,1,\cdots)$，如果 $m\times n$ 个数项级数

$$\sum_{k=0}^{+\infty}a_{ij}^{(k)}\quad (i=1,2,\cdots,m;j=1,2,\cdots,n)$$

都绝对收敛，即 $\sum\limits_{k=0}^{+\infty}|a_{ij}^{(k)}|$ 都收敛，则称矩阵级数 $\sum\limits_{k=0}^{+\infty}A^{(k)}$ 绝对收敛。

例如，若

$$A^{(k)}=\begin{bmatrix}(-1)^k\dfrac{1}{2^k} & (-1)^k\dfrac{1}{k^2}\\ 0 & \dfrac{1}{k^2+1}\end{bmatrix},$$

则 $\sum\limits_{k=0}^{+\infty}A^{(k)}$ 就是绝对收敛的级数。

可以利用矩阵范数研究矩阵级数的绝对收敛。

定理 6.5 设$A^{(k)}=(a_{ij}^{(k)})_{m\times n}\in C^{m\times n}(k=0,1,\cdots)$，则矩阵级数 $\sum\limits_{k=0}^{+\infty}A^{(k)}$ 绝对收敛的充分必要条件是正项级数 $\sum\limits_{k=0}^{+\infty}\|A^{(k)}\|$ 收敛，式中，$\|\cdot\|$ 是 $C^{m\times n}$ 中任意矩阵范数。

证 先取矩阵的 m_1-范数，若 $\sum\limits_{k=0}^{+\infty}\|\boldsymbol{A}^{(k)}\|_{\mathrm{m}_1}$ 收敛，由于

$$|a_{ij}^{(k)}|\leqslant\sum_{i=1}^{m}\sum_{j=1}^{n}|a_{ij}^{(k)}|=\|\boldsymbol{A}^{(k)}\|_{\mathrm{m}_1}\quad(i=1,2,\cdots,m;j=1,2,\cdots,n),$$

从而由正项级数的比较判别法知 $\sum\limits_{k=0}^{+\infty}|a_{ij}^{(k)}|$ 都收敛，故 $\sum\limits_{k=0}^{+\infty}\boldsymbol{A}^{(k)}$ 绝对收敛。

反之，若 $\sum\limits_{k=0}^{+\infty}\boldsymbol{A}^{(k)}$ 绝对收敛，则 $\sum\limits_{k=0}^{+\infty}|a_{ij}^{(k)}|$ 都收敛，从而其部分和有界，即

$$\sum_{k=0}^{N}|a_{ij}^{(k)}|\leqslant M_{ij}\quad(i=1,2,\cdots,m;j=1,2,\cdots,n),$$

记 $M=\max\limits_{i,j}M_{ij}$，则有

$$\sum_{k=0}^{N}\|\boldsymbol{A}^{(k)}\|_{\mathrm{m}_1}=\sum_{k=0}^{N}\left(\sum_{i=1}^{m}\sum_{j=1}^{n}|a_{ij}^{(k)}|\right)=\sum_{i=1}^{m}\sum_{j=1}^{n}\left(\sum_{k=0}^{N}|a_{ij}^{(k)}|\right)\leqslant mnM,$$

故 $\sum\limits_{k=0}^{+\infty}\|\boldsymbol{A}^{(k)}\|_{\mathrm{m}_1}$ 收敛，这表明 $\sum\limits_{k=0}^{+\infty}\boldsymbol{A}^{(k)}$ 绝对收敛的充分必要条件是 $\sum\limits_{k=0}^{+\infty}\|\boldsymbol{A}^{(k)}\|_{\mathrm{m}_1}$ 收敛。由矩阵范数的等价性和正项级数的比较判别法知，$\sum\limits_{k=0}^{+\infty}\|\boldsymbol{A}^{(k)}\|_{\mathrm{m}_1}$ 收敛的充分必要条件是 $\sum\limits_{k=0}^{+\infty}\|\boldsymbol{A}^{(k)}\|$ 收敛，式中，$\|\cdot\|$ 是 $\mathbf{C}^{m\times n}$ 中任意矩阵范数。 证毕。

关于矩阵级数的收敛和绝对收敛，有以下一些结论。

定理 6.6 设 $\sum\limits_{k=0}^{+\infty}\boldsymbol{A}^{(k)}=\boldsymbol{A}$，$\sum\limits_{k=0}^{+\infty}\boldsymbol{B}^{(k)}=\boldsymbol{B}$，其中 $\boldsymbol{A}^{(k)},\boldsymbol{B}^{(k)},\boldsymbol{A},\boldsymbol{B}$ 是适当阶数的矩阵，则

(1) $\sum\limits_{k=0}^{+\infty}(\boldsymbol{A}^{(k)}+\boldsymbol{B}^{(k)})=\boldsymbol{A}+\boldsymbol{B}$；

(2)对任意 $\lambda\in\mathbf{C}$，有 $\sum\limits_{k=0}^{+\infty}\lambda\boldsymbol{A}^{(k)}=\lambda\boldsymbol{A}$；

(3)绝对收敛的矩阵级数必收敛，并且任意调换其项的顺序所得的矩阵级数仍收敛，且其和不变；

(4)若矩阵级数 $\sum\limits_{k=0}^{+\infty}\boldsymbol{A}^{(k)}$ 收敛(或绝对收敛)，则矩阵级数 $\sum\limits_{k=0}^{+\infty}\boldsymbol{P}\boldsymbol{A}^{(k)}\boldsymbol{Q}$ 也收敛(或绝对收敛)，并且有

$$\sum_{k=0}^{+\infty}\boldsymbol{P}\boldsymbol{A}^{(k)}\boldsymbol{Q}=\boldsymbol{P}\left(\sum_{k=0}^{+\infty}\boldsymbol{A}^{(k)}\right)\boldsymbol{Q}\text{。}$$

6.3.2 矩阵幂级数

定义 6.8 设矩阵 $\boldsymbol{A}\in\mathbf{C}^{n\times n}$，$a_k\in\mathbf{C}(k=0,1,\cdots)$，称矩阵级数

$$\sum_{k=0}^{+\infty}a_k\boldsymbol{A}^k$$

为矩阵 $\mathbf{A}$ 的幂级数。

利用定义来判定矩阵幂级数的敛散性，需要判别 n^2 个数项级数的敛散性，当矩阵阶数 n 较大时，这很不方便。显然，矩阵幂级数是复变量 z 的幂级数 $\sum_{k=0}^{+\infty} a_k z^k$ 的推广，如果幂级数 $\sum_{k=0}^{+\infty} a_k z^k$ 的收敛半径为 R，则对收敛圆 $|z|<R$ 内的所有 z，$\sum_{k=0}^{+\infty} a_k z^k$ 都是绝对收敛的。因此，讨论 $\sum_{k=0}^{+\infty} a_k \mathbf{A}^k$ 的收敛性问题自然联系到 $\sum_{k=0}^{+\infty} a_k z^k$ 的收敛半径。关于矩阵幂级数收敛有下面的结论。

定理 6.7　设幂级数 $\sum_{k=0}^{+\infty} a_k z^k$ 的收敛半径为 R，矩阵 $\mathbf{A}\in\mathbf{C}^{n\times n}$，则

(1) 当 $\rho(\mathbf{A})<R$ 时，矩阵幂级数 $\sum_{k=0}^{+\infty} a_k \mathbf{A}^k$ 绝对收敛；

(2) 当 $\rho(\mathbf{A})>R$ 时，矩阵幂级数 $\sum_{k=0}^{+\infty} a_k \mathbf{A}^k$ 发散。

证　(1) 因为 $\rho(\mathbf{A})<R$，所以存在正数 ε，使得 $\rho(\mathbf{A})+\varepsilon<R$，根据定理 5.12，存在 $\mathbf{C}^{n\times n}$ 中的矩阵范数 $\|\cdot\|_{\mathrm{m}}$，使得

$$\|\mathbf{A}\|_{\mathrm{m}}\leqslant\rho(\mathbf{A})+\varepsilon<R,$$

从而

$$\|a_k\mathbf{A}^k\|_{\mathrm{m}}\leqslant|a_k|\,\|\mathbf{A}\|_{\mathrm{m}}^k\leqslant|a_k|(\rho(\mathbf{A})+\varepsilon)^k,$$

由于幂级数 $\sum_{k=0}^{+\infty}|a_k|(\rho(\mathbf{A})+\varepsilon)^k$ 收敛，故矩阵幂级数 $\sum_{k=0}^{+\infty} a_k \mathbf{A}^k$ 绝对收敛。

(2) 当 $\rho(\mathbf{A})>R$ 时，设 $\mathbf{A}$ 的 n 个特征值为 $\lambda_1,\lambda_2,\cdots,\lambda_n$，则有某个 λ_l 满足 $|\lambda_l|>R$，由 Jordan 定理，存在 n 阶可逆矩阵 $\boldsymbol{P}$，使得

$$\boldsymbol{P}^{-1}\boldsymbol{A}\boldsymbol{P}=\boldsymbol{J}=\begin{pmatrix}\lambda_1 & \delta_1 & & \\ & \lambda_2 & \ddots & \\ & & \ddots & \delta_{n-1}\\ & & & \lambda_n\end{pmatrix}\ (\delta_i\text{ 代表 1 或 0}),$$

而 $\sum_{k=0}^{+\infty} a_k \boldsymbol{J}^k$ 的对角元素为 $\sum_{k=0}^{+\infty} a_k\lambda_j^k\,(j=1,2,\cdots,n)$。由于 $\sum_{k=0}^{+\infty} a_k\lambda_l^k$ 发散，从而 $\sum_{k=0}^{+\infty} a_k \boldsymbol{J}^k$ 发散。故由定理 6.6(4) 知，$\sum_{k=0}^{+\infty} a_k \mathbf{A}^k$ 也发散。　　证毕。

推论　设幂级数 $\sum_{k=0}^{+\infty} a_k z^k$ 的收敛半径为 R，矩阵 $\mathbf{A}\in\mathbf{C}^{n\times n}$，若存在 $\mathbf{C}^{n\times n}$ 中的某一矩阵范数 $\|\cdot\|$ 使得 $\|\mathbf{A}\|<R$，则矩阵幂级数 $\sum_{k=0}^{+\infty} a_k \mathbf{A}^k$ 绝对收敛。

例 6.11 判断矩阵幂级数 $\sum_{k=0}^{+\infty}\frac{k}{6^k}\begin{bmatrix}1 & -8\\-2 & 1\end{bmatrix}^k$ 的敛散性。

解 令 $\boldsymbol{A}=\begin{bmatrix}1 & -8\\-2 & 1\end{bmatrix}$，可求得 $\boldsymbol{A}$ 的特征值为 $\lambda_1=5,\lambda_2=-3$，于是 $\rho(\boldsymbol{A})=5$。由于幂级数 $\sum_{k=0}^{+\infty}\frac{k}{6^k}z^k$ 的收敛半径为 $R=6$，故由 $\rho(\boldsymbol{A})<6$ 知矩阵幂级数 $\sum_{k=0}^{+\infty}\frac{k}{6^k}\boldsymbol{A}^k$ 绝对收敛。

最后考虑一个特殊的矩阵幂级数。

定理 6.8 设矩阵 $\boldsymbol{A}\in\mathbf{C}^{n\times n}$，矩阵幂级数 $\sum_{k=0}^{+\infty}\boldsymbol{A}^k$（称为 Neumann 级数）收敛的充分必要条件是 $\rho(\boldsymbol{A})<1$，并且在收敛时，其和为 $(\boldsymbol{I}-\boldsymbol{A})^{-1}$。

证 当 $\rho(\boldsymbol{A})<1$ 时，由于幂级数 $\sum_{k=0}^{+\infty}z^k$ 的收敛半径 $R=1$，故由定理 6.7 知矩阵幂级数 $\sum_{k=0}^{+\infty}\boldsymbol{A}^k$ 收敛。反之，若 $\sum_{k=0}^{+\infty}\boldsymbol{A}^k$ 收敛，记

$$\boldsymbol{S}=\sum_{k=0}^{+\infty}\boldsymbol{A}^k,\quad \boldsymbol{S}^{(N)}=\sum_{k=0}^{N}\boldsymbol{A}^k,$$

则 $\lim_{N\to+\infty}\boldsymbol{S}^{(N)}=\boldsymbol{S}$。由于

$$\lim_{N\to+\infty}\boldsymbol{A}^N=\lim_{N\to+\infty}(\boldsymbol{S}^{(N)}-\boldsymbol{S}^{(N-1)})=\lim_{N\to+\infty}\boldsymbol{S}^{(N)}-\lim_{N\to+\infty}\boldsymbol{S}^{(N-1)}=\boldsymbol{O},$$

故由定理 6.4 知 $\rho(\boldsymbol{A})<1$。

当 $\sum_{k=0}^{+\infty}\boldsymbol{A}^k$ 收敛时，$\rho(\boldsymbol{A})<1$，因此 $\boldsymbol{I}-\boldsymbol{A}$ 可逆。又因为

$$\boldsymbol{S}^{(N)}(\boldsymbol{I}-\boldsymbol{A})=\boldsymbol{I}-\boldsymbol{A}^{N+1},$$

所以

$$\boldsymbol{S}^{(N)}=(\boldsymbol{I}-\boldsymbol{A})^{-1}-\boldsymbol{A}^{N+1}(\boldsymbol{I}-\boldsymbol{A})^{-1},$$

故

$$\boldsymbol{S}=\lim_{N\to+\infty}\boldsymbol{S}^{(N)}=(\boldsymbol{I}-\boldsymbol{A})^{-1}。$$

证毕。

例 6.12 已知 $\boldsymbol{A}=\begin{bmatrix}0.1 & 0.3\\0.7 & 0.6\end{bmatrix}$，判断矩阵幂级数 $\sum_{k=0}^{+\infty}\boldsymbol{A}^k$ 的敛散性。若收敛，试求其和。

解 因为 $\rho(\boldsymbol{A})\leqslant\|\boldsymbol{A}\|_1=0.9<1$，所以 $\sum_{k=0}^{+\infty}\boldsymbol{A}^k$ 收敛，且

$$\sum_{k=0}^{+\infty}\boldsymbol{A}^k=(\boldsymbol{I}-\boldsymbol{A})^{-1}=\begin{bmatrix}\frac{8}{3} & 2\\\frac{14}{3} & 6\end{bmatrix}。$$

例 6.13 判断矩阵幂级数 $\sum_{k=0}^{+\infty}\frac{(-1)^k}{k^2}\begin{bmatrix}1 & 1\\0 & 1\end{bmatrix}^k$ 的敛散性。

解 记 $\boldsymbol{A}=\begin{bmatrix}1 & 1\\0 & 1\end{bmatrix}$，则 $\boldsymbol{A}^k=\begin{bmatrix}1 & 1\\0 & 1\end{bmatrix}^k=\begin{bmatrix}1 & k\\0 & 1\end{bmatrix}$，故

$$\sum_{k=0}^{+\infty}\frac{(-1)^k}{k^2}\begin{bmatrix}1 & 1\\0 & 1\end{bmatrix}^k=\begin{bmatrix}\sum_{k=0}^{+\infty}\frac{(-1)^k}{k^2} & \sum_{k=0}^{+\infty}\frac{(-1)^k}{k}\\0 & \sum_{k=0}^{+\infty}\frac{(-1)^k}{k^2}\end{bmatrix},$$

而幂级数 $\sum_{k=0}^{+\infty}\frac{(-1)^k}{k^2}$ 和 $\sum_{k=0}^{+\infty}\frac{(-1)^k}{k}$ 都收敛，所以矩阵幂级数 $\sum_{k=0}^{+\infty}\frac{(-1)^k}{k^2}\begin{bmatrix}1 & 1\\0 & 1\end{bmatrix}^k$ 收敛。

6.4 矩阵函数的定义、计算与性质

矩阵函数是以矩阵为变量且取值为矩阵的一类函数。本节介绍矩阵函数的定义和计算方法，并讨论常用矩阵函数的性质。

6.4.1 矩阵函数的定义

定义 6.9 设幂级数 $\sum_{k=0}^{+\infty}a_kz^k$ 的收敛半径为 R，且当 $|z|<R$ 时，幂级数收敛于函数 $f(z)$，即

$$f(z)=\sum_{k=0}^{+\infty}a_kz^k\quad(|z|<R),$$

如果矩阵 $\boldsymbol{A}\in\mathbf{C}^{n\times n}$ 满足 $\rho(\boldsymbol{A})<R$，则称收敛的矩阵幂级数 $\sum_{k=0}^{+\infty}a_k\boldsymbol{A}^k$ 的和为矩阵函数，记为 $f(\boldsymbol{A})$，即

$$f(\boldsymbol{A})=\sum_{k=0}^{+\infty}a_k\boldsymbol{A}^k。\tag{6.1}$$

根据这个定义，可以得到在形式上和复变函数中的一些函数类似的矩阵函数。例如，对于如下函数的幂级数展开式

$$\mathrm{e}^z=\sum_{k=0}^{+\infty}\frac{z^k}{k!}\quad(R=+\infty),$$

$$\sin z=\sum_{k=0}^{+\infty}\frac{(-1)^k}{(2k+1)!}z^{2k+1}\quad(R=+\infty),$$

$$\cos z=\sum_{k=0}^{+\infty}\frac{(-1)^k}{(2k)!}z^{2k}\quad(R=+\infty),$$

$$(1-z)^{-1}=\sum_{k=0}^{+\infty}z^k\quad(R=1),$$

$$\ln(1+z)=\sum_{k=0}^{+\infty}\frac{(-1)^k}{k+1}z^{k+1}\quad(R=1),$$

相应地有矩阵函数

$$e^{\boldsymbol{A}}=\sum_{k=0}^{+\infty}\frac{1}{k!}\boldsymbol{A}^k\quad(\forall\boldsymbol{A}\in\mathbf{C}^{n\times n}),$$

$$\sin\boldsymbol{A}=\sum_{k=0}^{+\infty}\frac{(-1)^k}{(2k+1)!}\boldsymbol{A}^{2k+1}\quad(\forall\boldsymbol{A}\in\mathbf{C}^{n\times n}),$$

$$\cos\boldsymbol{A}=\sum_{k=0}^{+\infty}\frac{(-1)^k}{(2k)!}\boldsymbol{A}^{2k}\quad(\forall\boldsymbol{A}\in\mathbf{C}^{n\times n}),$$

$$(\boldsymbol{I}-\boldsymbol{A})^{-1}=\sum_{k=0}^{+\infty}\boldsymbol{A}^k\quad(\rho(\boldsymbol{A})<1),$$

$$\ln(\boldsymbol{I}+\boldsymbol{A})=\sum_{k=0}^{+\infty}\frac{(-1)^k}{k+1}\boldsymbol{A}^{k+1}\quad(\rho(\boldsymbol{A})<1),$$

称 $e^{\boldsymbol{A}}$ 为矩阵指数函数，$\sin\boldsymbol{A}$ 为矩阵正弦函数，$\cos\boldsymbol{A}$ 为矩阵余弦函数。

如果把矩阵函数 $f(\boldsymbol{A})$ 的变元 $\boldsymbol{A}$ 换成 $\boldsymbol{A}t$，其中 t 为参数，则相应得到

$$f(\boldsymbol{A}t)=\sum_{k=0}^{+\infty}a_k(\boldsymbol{A}t)^k,\tag{6.2}$$

在实际应用中，经常需要求含参数的矩阵函数。

6.4.2 矩阵函数的计算

以上利用收敛矩阵幂级数的和定义了矩阵函数 $f(\boldsymbol{A})$。在具体应用中，需要将 $f(\boldsymbol{A})$ 所代表的具体的矩阵求出来，即求出矩阵函数的值。这里介绍几种求矩阵函数值的办法。以下均假设式(6.1)和式(6.2)中的矩阵幂级数收敛。

方法一 利用 Cayley-Hamilton 定理。

利用 Cayley-Hamilton 定理找出矩阵方幂之间的关系，然后化简矩阵幂级数求出矩阵函数的值。

例 6.14 已知 $\boldsymbol{A}=\begin{bmatrix}0&1\\-1&0\end{bmatrix}$，求 $e^{\boldsymbol{A}t}$。

解 可求得 $\det(\lambda\boldsymbol{I}-\boldsymbol{A})=\lambda^2+1$，由 Cayley-Hamilton 定理知 $\boldsymbol{A}^2+\boldsymbol{I}=\boldsymbol{O}$，从而 $\boldsymbol{A}^2=-\boldsymbol{I}$，$\boldsymbol{A}^3=-\boldsymbol{A}$，$\boldsymbol{A}^4=\boldsymbol{I}$，$\boldsymbol{A}^5=\boldsymbol{A}$，…，即

$$\boldsymbol{A}^{2k}=(-1)^k\boldsymbol{I},\boldsymbol{A}^{2k+1}=(-1)^k\boldsymbol{A}\quad(k=1,2,\cdots),$$

故

$$\begin{aligned}e^{\boldsymbol{A}t}&=\sum_{k=0}^{+\infty}\frac{1}{k!}\boldsymbol{A}^kt^k=\left(1-\frac{t^2}{2!}+\frac{t^4}{4!}-\cdots\right)\boldsymbol{I}+\left(t-\frac{t^3}{3!}+\frac{t^5}{5!}-\cdots\right)\boldsymbol{A}\\&=(\cos t)\boldsymbol{I}+(\sin t)\boldsymbol{A}=\begin{bmatrix}\cos t&\sin t\\-\sin t&\cos t\end{bmatrix}。\end{aligned}$$

例 6.15 已知 4 阶方阵 $\boldsymbol{A}$ 的特征值为 $\pi,-\pi,0,0$，求 $\sin\boldsymbol{A},\cos\boldsymbol{A}$。

解 因为 $\det(\lambda\boldsymbol{I}-\boldsymbol{A})=(\lambda-\pi)(\lambda+\pi)\lambda^2=\lambda^4-\pi^2\lambda^2$，所以 $\boldsymbol{A}^4-\pi^2\boldsymbol{A}^2=\boldsymbol{O}$，于是

$$\boldsymbol{A}^4=\pi^2\boldsymbol{A}^2,\boldsymbol{A}^5=\pi^2\boldsymbol{A}^3,\boldsymbol{A}^6=\pi^4\boldsymbol{A}^2,\boldsymbol{A}^7=\pi^4\boldsymbol{A}^3,\cdots,$$

即

$$\boldsymbol{A}^{2k}=\pi^{2k-2}\boldsymbol{A}^2,\quad \boldsymbol{A}^{2k+1}=\pi^{2k-2}\boldsymbol{A}^3\quad (k=2,3,\cdots)$$

故

$$\begin{aligned}\sin\boldsymbol{A}&=\sum_{k=0}^{+\infty}\frac{(-1)^k}{(2k+1)!}\boldsymbol{A}^{2k+1}=\boldsymbol{A}-\frac{1}{3!}\boldsymbol{A}^3+\sum_{k=2}^{+\infty}\frac{(-1)^k}{(2k+1)!}\pi^{2k-2}\boldsymbol{A}^3\\&=\boldsymbol{A}-\frac{1}{3!}\boldsymbol{A}^3+\frac{1}{\pi^3}\boldsymbol{A}^3\left(\sum_{k=2}^{+\infty}\frac{(-1)^k}{(2k+1)!}\pi^{2k+1}\right)\\&=\boldsymbol{A}+\frac{\sin\pi-\pi}{\pi^3}\boldsymbol{A}^3=\boldsymbol{A}-\frac{1}{\pi^2}\boldsymbol{A}^3,\\ \cos\boldsymbol{A}&=\sum_{k=0}^{+\infty}\frac{(-1)^k}{(2k)!}\boldsymbol{A}^{2k}=\boldsymbol{I}-\frac{1}{2!}\boldsymbol{A}^2+\sum_{k=2}^{+\infty}\frac{(-1)^k}{(2k)!}\pi^{2k-2}\boldsymbol{A}^2\\&=\boldsymbol{I}+\frac{\cos\pi-1}{\pi^2}\boldsymbol{A}^2=\boldsymbol{I}-\frac{2}{\pi^2}\boldsymbol{A}^2。\end{aligned}$$

方法二 利用相似对角化。

设 $\boldsymbol{A}\in\mathbf{C}^{n\times n}$ 可对角化，即存在 $\boldsymbol{P}\in\mathbf{C}_n^{n\times n}$，使得

$$\boldsymbol{P}^{-1}\boldsymbol{A}\boldsymbol{P}=\mathrm{diag}(\lambda_1,\lambda_2,\cdots,\lambda_n)=\boldsymbol{\Lambda},$$

则有

$$\begin{aligned}f(\boldsymbol{A})&=\sum_{k=0}^{+\infty}a_k\boldsymbol{A}^k=\sum_{k=0}^{+\infty}a_k(\boldsymbol{P\Lambda P}^{-1})^k=\boldsymbol{P}\left(\sum_{k=0}^{+\infty}a_k\boldsymbol{\Lambda}^k\right)\boldsymbol{P}^{-1}\\&=\boldsymbol{P}\mathrm{diag}\left(\sum_{k=0}^{+\infty}a_k\lambda_1^k,\sum_{k=0}^{+\infty}a_k\lambda_2^k,\cdots,\sum_{k=0}^{+\infty}a_k\lambda_n^k\right)\boldsymbol{P}^{-1}\\&=\boldsymbol{P}\mathrm{diag}(f(\lambda_1),f(\lambda_2),\cdots,f(\lambda_n))\boldsymbol{P}^{-1},\end{aligned}$$

同理可得

$$f(\boldsymbol{A}t)=\boldsymbol{P}\mathrm{diag}(f(\lambda_1t),f(\lambda_2t),\cdots,f(\lambda_nt))\boldsymbol{P}^{-1}。$$

例 6.16 已知 $\boldsymbol{A}=\begin{bmatrix}4&6&0\\-3&-5&0\\-3&-6&1\end{bmatrix}$，求 $\mathrm{e}^{\boldsymbol{A}t},\cos\boldsymbol{A}$。

解 可求得 $\det(\lambda\boldsymbol{I}-\boldsymbol{A})=(\lambda+2)(\lambda-1)^2$，即 $\boldsymbol{A}$ 的特征值为 $\lambda_1=-2,\lambda_2=\lambda_3=1$，对应 $\lambda_1=-2$ 的特征向量为 $\boldsymbol{p}_1=(-1,1,1)^{\mathrm{T}}$，对应 $\lambda_2=\lambda_3=1$ 的两个线性无关的特征向量为 $\boldsymbol{p}_2=(-2,1,0)^{\mathrm{T}},\boldsymbol{p}_3=(0,0,1)^{\mathrm{T}}$，于是

$$\boldsymbol{P}=\begin{bmatrix}-1&-2&0\\1&1&0\\1&0&1\end{bmatrix},$$

使得

$$P^{-1}AP=\begin{bmatrix}-2 & & \\ & 1 & \\ & & 1\end{bmatrix}=\Lambda,$$

故

$$e^{At}=Pe^{\Lambda t}P^{-1}=P\begin{bmatrix}e^{-2t} & & \\ & e^{t} & \\ & & e^{t}\end{bmatrix}P^{-1}=\begin{bmatrix}2e^{t}-e^{-2t} & 2e^{t}-2e^{-2t} & 0\\ e^{-2t}-e^{t} & 2e^{-2t}-e^{t} & 0\\ e^{-2t}-e^{t} & 2e^{-2t}-2e^{t} & e^{t}\end{bmatrix},$$

$$\cos A=P(\cos\Lambda)P^{-1}=P\begin{bmatrix}\cos(-2) & & \\ & \cos1 & \\ & & \cos1\end{bmatrix}P^{-1}$$

$$=\begin{bmatrix}2\cos1-\cos2 & 2\cos1-2\cos2 & 0\\ \cos2-\cos1 & 2\cos2-\cos1 & 0\\ \cos2-\cos1 & 2\cos2-2\cos1 & \cos1\end{bmatrix}。$$

方法三 利用 Jordan 标准形。

设 $A\in C^{n\times n}$，且 $P\in C_n^{n\times n}$，使得

$$P^{-1}AP=J=\begin{bmatrix}J_1 & & & \\ & J_2 & & \\ & & \ddots & \\ & & & J_s\end{bmatrix},$$

其中

$$J_i=\begin{bmatrix}\lambda_i & 1 & & \\ & \lambda_i & \ddots & \\ & & \ddots & 1\\ & & & \lambda_i\end{bmatrix}_{r_i\times r_i}\quad(i=1,2,\cdots,s),$$

由定理 3.9 得

$$f(J_it)=\sum_{k=0}^{+\infty}a_kJ_i^kt^k=\sum_{k=0}^{+\infty}a_kt^k\begin{bmatrix}\lambda_i^k & C_k^1\lambda_i^{k-1} & \cdots & C_k^{r_i-1}\lambda_i^{k-r_i+1}\\ & \lambda_i^k & \ddots & \vdots\\ & & \ddots & C_k^1\lambda_i^{k-1}\\ & & & \lambda_i^k\end{bmatrix}$$

$$=\sum_{k=0}^{+\infty}a_k\left.\begin{bmatrix}\lambda^k & \frac{t}{1!}(\lambda^k)' & \cdots & \frac{t^{r_i-1}}{(r_i-1)!}(\lambda^k)^{(r_i-1)}\\ & \lambda^k & \ddots & \vdots\\ & & \ddots & \frac{t}{1!}(\lambda^k)'\\ & & & \lambda^k\end{bmatrix}\right|_{\lambda=\lambda_it}$$

$$
=\begin{bmatrix} f(\lambda) & \frac{t}{1!}f'(\lambda) & \cdots & \frac{t^{r_i-1}}{(r_i-1)!}f^{(r_i-1)}(\lambda) \\ & f(\lambda) & \ddots & \vdots \\ & & \ddots & \frac{t}{1!}f'(\lambda) \\ & & & f(\lambda) \end{bmatrix}\Bigg|_{\lambda=\lambda_i t},
$$

从而

$$
f(\boldsymbol{A}t)=\sum_{k=0}^{+\infty}a_k\boldsymbol{A}^k t^k=\sum_{k=0}^{+\infty}a_k(\boldsymbol{PJP}^{-1})^k t^k
$$

$$
=\boldsymbol{P}\left(\sum_{k=0}^{+\infty}a_k\boldsymbol{J}^k t^k\right)\boldsymbol{P}^{-1}=\boldsymbol{P}\begin{bmatrix}\sum_{k=0}^{+\infty}a_k\boldsymbol{J}_1^k t^k & & \\ & \ddots & \\ & & \sum_{k=0}^{+\infty}a_k\boldsymbol{J}_s^k t^k\end{bmatrix}\boldsymbol{P}^{-1}
$$

$$
=\boldsymbol{P}\begin{bmatrix}f(\boldsymbol{J}_1 t) & & \\ & \ddots & \\ & & f(\boldsymbol{J}_s t)\end{bmatrix}\boldsymbol{P}^{-1}。
$$

例 6.17　设 $\boldsymbol{A}=\begin{bmatrix}0&1&0\\0&0&1\\2&3&0\end{bmatrix}$，求 $e^{\boldsymbol{A}}$ 和 $e^{\boldsymbol{A}t}$。

解　$\boldsymbol{A}$ 的特征矩阵 $\lambda\boldsymbol{I}-\boldsymbol{A}=\begin{bmatrix}\lambda&-1&0\\0&\lambda&-1\\-2&-3&\lambda\end{bmatrix}$ 的 3 阶行列式因子是

$$
D_3(\lambda)=\det(\lambda\boldsymbol{I}-\boldsymbol{A})=(\lambda-2)(\lambda+1)^2,
$$

而 $\lambda\boldsymbol{I}-\boldsymbol{A}$ 有一个 2 阶子式 $\begin{vmatrix}-1&0\\\lambda&-1\end{vmatrix}=1$，所以 $D_1(\lambda)=D_2(\lambda)=1$，于是 $\boldsymbol{A}$ 的不变因子为

$$
d_1(\lambda)=d_2(\lambda)=1,d_3(\lambda)=(\lambda-2)(\lambda+1)^2,
$$

因此，$\lambda\boldsymbol{I}-\boldsymbol{A}$ 的初等因子为 $\lambda-2,(\lambda+1)^2$，故 $\boldsymbol{A}$ 的 Jordan 标准形为

$$
\boldsymbol{J}=\begin{bmatrix}2&0&0\\0&-1&1\\0&0&-1\end{bmatrix},
$$

下面求 $\boldsymbol{P}$，使 $\boldsymbol{P}^{-1}\boldsymbol{AP}=\boldsymbol{J}$ 即 $\boldsymbol{AP}=\boldsymbol{PJ}$，令

$$
\boldsymbol{P}=(\boldsymbol{X}_1,\boldsymbol{X}_2,\boldsymbol{X}_3),
$$

则

$$A(X_1,X_2,X_3)=(X_1,X_2,X_3)\begin{bmatrix}2&0&0\\0&-1&1\\0&0&-1\end{bmatrix},$$

即

$$(AX_1,AX_2,AX_3)=(2X_1,-X_2,X_2-X_3),$$

解下列方程组

$$(2I-A)X_1=0,$$
$$(I+A)X_2=0,$$
$$(I+A)X_3=X_2,$$

得

$$X_1=\begin{bmatrix}1\\2\\4\end{bmatrix},X_2=\begin{bmatrix}1\\-1\\1\end{bmatrix},X_3=\begin{bmatrix}1\\0\\-1\end{bmatrix},$$

于是求得

$$P=\begin{bmatrix}1&1&1\\2&-1&0\\4&1&-1\end{bmatrix},\quad P^{-1}=\frac{1}{9}\begin{bmatrix}1&2&1\\2&-5&2\\6&3&-3\end{bmatrix},$$

那么

$$e^{A}=Pe^{J}P^{-1}=\frac{1}{9}\begin{bmatrix}1&1&1\\2&-1&0\\4&1&-1\end{bmatrix}\begin{bmatrix}e^2&0&0\\0&e^{-1}&e^{-1}\\0&0&e^{-1}\end{bmatrix}\begin{bmatrix}1&2&1\\2&-5&2\\6&3&-3\end{bmatrix}$$

$$=\frac{1}{9}\begin{bmatrix}e^2+14e^{-1}&2e^2+e^{-1}&e^2-4e^{-1}\\2e^2-8e^{-1}&4e^2+2e^{-1}&2e^2+e^{-1}\\4e^2+2e^{-1}&8e^2-5e^{-1}&4e^2+2e^{-1}\end{bmatrix},$$

$$e^{At}=Pe^{Jt}P^{-1}=\frac{1}{9}\begin{bmatrix}1&1&1\\2&-1&0\\4&1&-1\end{bmatrix}\begin{bmatrix}e^{2t}&0&0\\0&e^{-t}&te^{-t}\\0&0&e^{-t}\end{bmatrix}\begin{bmatrix}1&2&1\\2&-5&2\\6&3&-3\end{bmatrix}$$

$$=\frac{1}{9}\begin{bmatrix}e^{2t}+(8+6t)e^{-t}&2e^{2t}+(3t-2)e^{-t}&e^{2t}-(3t+1)e^{-t}\\2e^{2t}-(2+6t)e^{-t}&4e^{2t}+(5-3t)e^{-t}&2e^{2t}+(3t-2)e^{-t}\\4e^{2t}+(6t-4)e^{-t}&8e^{2t}+(3t-8)e^{-t}&4e^{2t}+(5-3t)e^{-t}\end{bmatrix}。$$

根据 Jordan 标准形理论可得下述定理。

定理 6.9 设矩阵 $A\in C^{n\times n}$，$\lambda_1,\lambda_2,\cdots,\lambda_n$ 是 A 的 n 个特征值，则矩阵函数 $f(A)$ 的特征值为 $f(\lambda_1),f(\lambda_2),\cdots,f(\lambda_n)$。

方法四 待定系数法。

设矩阵 $\boldsymbol{A}\in\mathbf{C}^{n\times n}$，且 $\boldsymbol{A}$ 的特征多项式为

$$\psi(\lambda)=\det(\lambda\boldsymbol{I}-\boldsymbol{A})=(\lambda-\lambda_1)^{r_1}(\lambda-\lambda_2)^{r_2}\cdots(\lambda-\lambda_s)^{r_s},$$

式中，$\lambda_1,\lambda_2,\cdots,\lambda_s$ 是 $\boldsymbol{A}$ 的全部互异特征值，$r_1+r_2+\cdots+r_s=n$。

为计算矩阵函数 $f(\boldsymbol{A}t)=\sum\limits_{k=0}^{+\infty}a_k\boldsymbol{A}^kt^k$，记 $f(\lambda t)=\sum\limits_{k=0}^{+\infty}a_k\lambda^kt^k$，将 $f(\lambda t)$ 改写为

$$f(\lambda t)=q(\lambda,t)\psi(\lambda)+r(\lambda,t),\tag{6.3}$$

式中，$q(\lambda,t)$ 是含参数 t 的 λ 的幂级数，$r(\lambda,t)$ 是含参数 t 且次数不超过 $n-1$ 的 λ 的多项式，即

$$r(\lambda,t)=b_{n-1}(t)\lambda^{n-1}+\cdots+b_1(t)\lambda+b_0(t),$$

由 Cayley-Hamilton 定理知 $\psi(\boldsymbol{A})=\boldsymbol{O}$，于是由式(6.3)得

$$\begin{aligned}f(\boldsymbol{A}t)&=q(\boldsymbol{A},t)\psi(\boldsymbol{A})+r(\boldsymbol{A},t)\\&=b_{n-1}(t)\boldsymbol{A}^{n-1}+\cdots+b_1(t)\boldsymbol{A}+b_0(t)\boldsymbol{I}。\end{aligned}$$

可见，只要求出 $b_k(t)(k=0,1,\cdots,n-1)$ 即可得到 $f(\boldsymbol{A}t)$。注意

$$\psi^{(l)}(\lambda_i)=0\quad(l=0,1,\cdots,r_i-1;i=1,2,\cdots,s),$$

将式(6.3)两边对 λ 求导，并利用上式，得

$$\frac{\mathrm{d}^l}{\mathrm{d}\lambda^l}f(\lambda t)\bigg|_{\lambda=\lambda_i}=\frac{\mathrm{d}^l}{\mathrm{d}\lambda^l}r(\lambda,t)\bigg|_{\lambda=\lambda_i},$$

即

$$t^l\frac{\mathrm{d}^l}{\mathrm{d}\mu^l}f(\mu)\bigg|_{\mu=\lambda_it}=\frac{\mathrm{d}^l}{\mathrm{d}\lambda^l}r(\lambda,t)\bigg|_{\lambda=\lambda_i}\quad(l=0,1,\cdots,r_i-1;i=1,2,\cdots,s),\tag{6.4}$$

由式(6.4)即可得到以 $b_0(t),b_1(t),\cdots,b_{n-1}(t)$ 为未知量的线性方程组。

综上分析，用待定系数法求矩阵函数 $f(\boldsymbol{A}t)$ 或 $f(\boldsymbol{A})$ 的步骤如下。

Step1 求矩阵 $\boldsymbol{A}$ 的特征多项式 $\det(\lambda\boldsymbol{I}-\boldsymbol{A})$。

Step2 设 $r(\lambda)=b_{n-1}\lambda^{n-1}+\cdots+b_1\lambda+b_0$，根据

$$r^{(l)}(\lambda_i)=t^lf^{(l)}(\lambda)\big|_{\lambda=\lambda_it}\quad(l=0,1,\cdots,r_i-1;i=1,2,\cdots,s)$$

或

$$r^{(l)}(\lambda_i)=f^{(l)}(\lambda_i)\quad(l=0,1,\cdots,r_i-1;i=1,2,\cdots,s),$$

列方程组求解 $b_0,b_1,\cdots,b_{n-1}$。

Step3 计算 $f(\boldsymbol{A}t)$（或 $f(\boldsymbol{A})$）$=r(\boldsymbol{A})=b_{n-1}\boldsymbol{A}^{n-1}+\cdots+b_1\boldsymbol{A}+b_0\boldsymbol{I}$。

例 6.18 已知 $\boldsymbol{A}=\begin{bmatrix}-1&0&1\\1&2&0\\-4&0&3\end{bmatrix}$，求 $\mathrm{e}^{\boldsymbol{A}t}$，$\cos\boldsymbol{A}$。

解 可求得 $\det(\lambda\boldsymbol{I}-\boldsymbol{A})=(\lambda-1)^2(\lambda-2)$，设

$$r(\lambda)=b_2\lambda^2+b_1\lambda+b_0,$$

则由

$$\begin{cases} r(1)=b_2+b_1+b_0=\mathrm{e}^t \\ r'(1)=2b_2+b_1=t\mathrm{e}^t \\ r(2)=4b_2+2b_1+b_0=\mathrm{e}^{2t} \end{cases},$$

解得

$$\begin{cases} b_2=\mathrm{e}^{2t}-\mathrm{e}^t-t\mathrm{e}^t \\ b_1=-2\mathrm{e}^{2t}+2\mathrm{e}^t+3t\mathrm{e}^t, \\ b_0=\mathrm{e}^{2t}-2t\mathrm{e}^t \end{cases}$$

于是

$$\mathrm{e}^{\boldsymbol{A}t}=b_2\boldsymbol{A}^2+b_1\boldsymbol{A}+b_0\boldsymbol{I}=\begin{bmatrix} \mathrm{e}^t-2t\mathrm{e}^t & 0 & t\mathrm{e}^t \\ -\mathrm{e}^{2t}+\mathrm{e}^t+2t\mathrm{e}^t & \mathrm{e}^{2t} & \mathrm{e}^{2t}-\mathrm{e}^t-t\mathrm{e}^t \\ -4t\mathrm{e}^t & 0 & 2t\mathrm{e}^t+\mathrm{e}^t \end{bmatrix}。$$

而由

$$\begin{cases} r(1)=b_2+b_1+b_0=\cos 1 \\ r'(1)=2b_2+b_1=-\sin 1 \\ r(2)=4b_2+2b_1+b_0=\cos 2 \end{cases},$$

解得

$$\begin{cases} b_2=\sin 1-\cos 1+\cos 2 \\ b_1=-3\sin 1+2\cos 1-2\cos 2, \\ b_0=2\sin 1+\cos 2 \end{cases}$$

从而

$$\cos\boldsymbol{A}=b_2\boldsymbol{A}^2+b_1\boldsymbol{A}+b_0\boldsymbol{I}=\begin{bmatrix} 2\sin 1+\cos 2 & 0 & -\sin 1 \\ -2\sin 1+\cos 1-\cos 2 & \cos 2 & \sin 1-\cos 1+\cos 2 \\ 4\sin 1 & 0 & -2\sin 1+\cos 1 \end{bmatrix}。$$

如果求得矩阵 $\boldsymbol{A}$ 的最小多项式，且其次数低于 $\boldsymbol{A}$ 的特征多项式的次数，则计算矩阵函数要容易一些。

例 6.19 已知 $\boldsymbol{A}=\begin{bmatrix} 3 & 1 & -1 \\ -2 & 0 & 2 \\ -1 & -1 & 3 \end{bmatrix}$，求 $\mathrm{e}^{\boldsymbol{A}t}$，$\sin\boldsymbol{A}$。

解 例 3.13 已求得矩阵 $\boldsymbol{A}$ 的最小多项式为 $m(\lambda)=(\lambda-2)^2$，设

$$r(\lambda)=b_1\lambda+b_0,$$

由

$$\begin{cases} r(2)=2b_1+b_0=\mathrm{e}^{2t} \\ r'(2)=b_1=t\mathrm{e}^{2t} \end{cases},$$

解得

$$\begin{cases}b_1=t\mathrm{e}^{2t}\\b_0=(1-2t)\mathrm{e}^{2t}\end{cases},$$

于是

$$\mathrm{e}^{\boldsymbol{A}t}=b_1\boldsymbol{A}+b_0\boldsymbol{I}=\mathrm{e}^{2t}\begin{bmatrix}1+t & t & -t\\-2t & 1-2t & 2t\\-t & -t & 1+t\end{bmatrix},$$

又由

$$\begin{cases}r(2)=2b_1+b_0=\sin2\\r'(2)=b_1=\cos2\end{cases},$$

解得

$$\begin{cases}b_1=\cos2\\b_0=\sin2-2\cos2\end{cases},$$

从而

$$\sin\boldsymbol{A}=b_1\boldsymbol{A}+b_0\boldsymbol{I}=\begin{bmatrix}\sin2+\cos2 & \cos2 & -\cos2\\-2\cos2 & \sin2-2\cos2 & 2\cos2\\-\cos2 & -\cos2 & \sin2+\cos2\end{bmatrix}。$$

例 6.20 设 $\boldsymbol{A}=\begin{bmatrix}5 & -4\\4 & -3\end{bmatrix}$，计算$\boldsymbol{A}^{100}$。

解 可求得 $\det(\lambda\boldsymbol{I}-\boldsymbol{A})=(\lambda-1)^2$，$\boldsymbol{A}$ 的最小多项式为 $m(\lambda)=(\lambda-1)^2$，设

$$r(\lambda)=b_1\lambda+b_0,$$

由$\begin{cases}r(1)=b_1+b_0=1^{100}\\r'(1)=b_1=100\times1^{99}\end{cases}$，解得$\begin{cases}b_0=-99\\b_1=100\end{cases}$，即

$$\boldsymbol{A}^{100}=100\boldsymbol{A}-99\boldsymbol{I}=\begin{bmatrix}401 & -400\\400 & -399\end{bmatrix}。$$

6.4.3 常用矩阵函数的性质

下面讨论常用矩阵函数 $\mathrm{e}^{\boldsymbol{A}}$、$\sin\boldsymbol{A}$ 和 $\cos\boldsymbol{A}$ 的一些性质，虽然这些矩阵函数有些性质与普通的指数函数和三角函数相同，但由于矩阵乘法不满足交换律，故对于矩阵函数，不可随便套用普通函数的一些性质。

定理 6.10 对任意矩阵 $\boldsymbol{A}\in\mathbf{C}^{n\times n}$，总有

(1) $\sin(-\boldsymbol{A})=-\sin\boldsymbol{A}$，$\cos(-\boldsymbol{A})=\cos\boldsymbol{A}$；

(2) $e^{iA}=\cos A+i\sin A$, $\cos A=\frac{1}{2}(e^{iA}+e^{-iA})$, $\sin A=\frac{1}{2i}(e^{iA}-e^{-iA})$。

证 (1)由 $\sin A$ 与 $\cos A$ 的矩阵幂级数形式直接得到。

(2) $$e^{iA}=\sum_{k=0}^{+\infty}\frac{i^k}{k!}A^k=\sum_{k=0}^{+\infty}\frac{(-1)^k}{(2k)!}A^{2k}+i\sum_{k=0}^{+\infty}\frac{(-1)^k}{(2k+1)!}A^{2k+1}=\cos A+i\sin A,$$

又有

$$e^{-iA}=\cos(-A)+i\sin(-A)=\cos A-i\sin A,$$

从而

$$\cos A=\frac{1}{2}(e^{iA}+e^{-iA}),\quad \sin A=\frac{1}{2i}(e^{iA}-e^{-iA})。$$

证毕。

定理 6.11 设 $A,B\in C^{n\times n}$,且 $AB=BA$,则

(1) $e^{A+B}=e^Ae^B=e^Be^A$;

(2) $\sin(A+B)=\sin A\cos B+\cos A\sin B$;

(3) $\cos(A+B)=\cos A\cos B-\sin A\sin B$。

在定理 6.11 中,取 $A=B$,即得下述推论。

推论 对任意矩阵 $A\in C^{n\times n}$,有

$$\cos(2A)=\cos^2A-\sin^2A,\quad \sin 2A=2\sin A\cos A。$$

值得注意的是,当 $AB\neq BA$ 时,$e^{A+B}=e^Ae^B$ 或 $e^{A+B}=e^Be^A$ 不成立。若取

$$A=\begin{bmatrix}0&0\\1&0\end{bmatrix},B=\begin{bmatrix}0&1\\0&0\end{bmatrix},$$

则

$$A+B=\begin{bmatrix}0&1\\1&0\end{bmatrix},AB=\begin{bmatrix}0&0\\0&1\end{bmatrix}\neq\begin{bmatrix}1&0\\0&0\end{bmatrix}=BA,$$

且

$$e^A=\begin{bmatrix}1&0\\1&1\end{bmatrix},e^B=\begin{bmatrix}1&1\\0&1\end{bmatrix},e^{A+B}=\frac{1}{2}\begin{bmatrix}e+e^{-1}&e-e^{-1}\\e-e^{-1}&e+e^{-1}\end{bmatrix},$$

可见,

$$e^Ae^B=\begin{bmatrix}1&1\\1&2\end{bmatrix}\neq\begin{bmatrix}2&1\\1&1\end{bmatrix}=e^Be^A,$$

$$e^{A+B}\neq e^Ae^B,\quad e^{A+B}\neq e^Be^A。$$

定理 6.12 设矩阵 $A\in C^{n\times n}$,则有

(1) $\sin^2A+\cos^2A=I$;

(2) $\sin(A+2\pi I)=\sin A$;

(3) $\cos(A+2\pi I)=\cos A$;

(4) $e^{A+2\pi iI}=e^A$。

证 (1)在定理 6.11(3)中取 $B=-A$ 即得证。

(2)因为 $\boldsymbol{A}(2\pi\boldsymbol{I})=(2\pi\boldsymbol{I})\boldsymbol{A}$,所以由定理 6.11 得

$$\sin(\boldsymbol{A}+2\pi\boldsymbol{I})=\sin\boldsymbol{A}\cos(2\pi\boldsymbol{I})+\cos\boldsymbol{A}\sin(2\pi\boldsymbol{I})$$

$$=\sin\boldsymbol{A}\left[\boldsymbol{I}-\frac{1}{2!}\times(2\pi\boldsymbol{I})^2+\frac{1}{4!}\times(2\pi\boldsymbol{I})^4-\cdots\right]+\cos\boldsymbol{A}\left[2\pi\boldsymbol{I}-\frac{1}{3!}\times(2\pi\boldsymbol{I})^3+\frac{1}{5!}\times(2\pi\boldsymbol{I})^5-\cdots\right]$$

$$=\sin\boldsymbol{A}\left[1-\frac{1}{2!}\times(2\pi)^2+\frac{1}{4!}\times(2\pi)^4-\cdots\right]\boldsymbol{I}+\cos\boldsymbol{A}\left[2\pi-\frac{1}{3!}\times(2\pi)^3-\cdots\right]\boldsymbol{I}$$

$$=\sin\boldsymbol{A}\cos2\pi+\cos\boldsymbol{A}\sin2\pi=\sin\boldsymbol{A}。$$

(3)与(2)的推导类似。

(4)因为 $\boldsymbol{A}(2\pi\mathrm{i}\boldsymbol{I})=(2\pi\mathrm{i}\boldsymbol{I})\boldsymbol{A}$,所以由定理 6.11 得

$$\mathrm{e}^{\boldsymbol{A}+2\pi\mathrm{i}\boldsymbol{I}}=\mathrm{e}^{\boldsymbol{A}}\mathrm{e}^{2\pi\mathrm{i}\boldsymbol{I}}=\mathrm{e}^{\boldsymbol{A}}\left[\boldsymbol{I}+(2\pi\mathrm{i}\boldsymbol{I})+\frac{1}{2!}\times(2\pi\mathrm{i}\boldsymbol{I})^2+\frac{1}{3!}\times(2\pi\mathrm{i}\boldsymbol{I})^3+\cdots\right]$$

$$=\mathrm{e}^{\boldsymbol{A}}\left\{\left[1-\frac{1}{2!}\times(2\pi)^2+\frac{1}{4!}\times(2\pi)^4-\cdots\right]+\mathrm{i}\left[2\pi-\frac{1}{3!}\times(2\pi)^3+\frac{1}{5!}\times(2\pi)^5-\cdots\right]\right\}\boldsymbol{I}$$

$$=\mathrm{e}^{\boldsymbol{A}}(\cos2\pi+\mathrm{i}\sin2\pi)\boldsymbol{I}=\mathrm{e}^{\boldsymbol{A}}。$$

证毕。

定理 6.13　设矩阵 $\boldsymbol{A}\in\mathbf{C}^{n\times n}$,则有

(1) $\det\mathrm{e}^{\boldsymbol{A}}=\mathrm{e}^{\mathrm{tr}\boldsymbol{A}}$；　(2) $(\mathrm{e}^{\boldsymbol{A}})^{-1}=\mathrm{e}^{-\boldsymbol{A}}$。

证　(1)设 $\boldsymbol{A}$ 的特征值为 $\lambda_1,\lambda_2,\cdots,\lambda_n$,则由定理 6.9 知,$\mathrm{e}^{\boldsymbol{A}}$ 的特征值为 $\mathrm{e}^{\lambda_1},\mathrm{e}^{\lambda_2},\cdots,\mathrm{e}^{\lambda_n}$,从而

$$\det\mathrm{e}^{\boldsymbol{A}}=\mathrm{e}^{\lambda_1}\mathrm{e}^{\lambda_2}\cdots\mathrm{e}^{\lambda_n}=\mathrm{e}^{\lambda_1+\lambda_2+\cdots+\lambda_n}=\mathrm{e}^{\mathrm{tr}\boldsymbol{A}};$$

(2)由于 $\det\mathrm{e}^{\boldsymbol{A}}=\mathrm{e}^{\mathrm{tr}\boldsymbol{A}}\neq0$,所以 $\mathrm{e}^{\boldsymbol{A}}$ 总是可逆的。又由定理 6.11,得

$$\mathrm{e}^{\boldsymbol{A}}\mathrm{e}^{-\boldsymbol{A}}=\mathrm{e}^{\boldsymbol{A}-\boldsymbol{A}}=\mathrm{e}^{\boldsymbol{O}}=\boldsymbol{I},$$

故 $(\mathrm{e}^{\boldsymbol{A}})^{-1}=\mathrm{e}^{-\boldsymbol{A}}$。

证毕。

需要指出的是,对任何 n 阶方阵 $\boldsymbol{A}$,$\mathrm{e}^{\boldsymbol{A}}$ 总是可逆的,但 $\sin\boldsymbol{A}$ 与 $\cos\boldsymbol{A}$ 却不一定可逆。若取 $\boldsymbol{A}=\begin{bmatrix}\pi&0\\0&\frac{\pi}{2}\end{bmatrix}$,则 $\sin\boldsymbol{A}=\begin{bmatrix}0&0\\0&1\end{bmatrix}$,$\cos\boldsymbol{A}=\begin{bmatrix}-1&0\\0&0\end{bmatrix}$,可见 $\sin\boldsymbol{A}$ 与 $\cos\boldsymbol{A}$ 都不可逆。

定理 6.14　设矩阵 $\boldsymbol{A}\in\mathbf{C}^{n\times n}$,则有

(1) $\frac{\mathrm{d}}{\mathrm{d}t}\mathrm{e}^{\boldsymbol{A}t}=\boldsymbol{A}\mathrm{e}^{\boldsymbol{A}t}=\mathrm{e}^{\boldsymbol{A}t}\boldsymbol{A}$;

(2) $\frac{\mathrm{d}}{\mathrm{d}t}\sin\boldsymbol{A}t=\boldsymbol{A}\cos\boldsymbol{A}t=(\cos\boldsymbol{A}t)\boldsymbol{A}$;

(3) $\frac{\mathrm{d}}{\mathrm{d}t}\cos\boldsymbol{A}t=-\boldsymbol{A}\sin\boldsymbol{A}t=-(\sin\boldsymbol{A}t)\boldsymbol{A}$。

证　这里只证(1)。(2)与(3)的证明与(1)类似。

由 $\mathrm{e}^{\boldsymbol{A}t}=\sum_{k=0}^{+\infty}\frac{t^k}{k!}\boldsymbol{A}^k$,并利用绝对收敛级数可以逐项求导,得

$$\frac{\mathrm{d}}{\mathrm{d}t}\mathrm{e}^{\boldsymbol{A}t}=\frac{\mathrm{d}}{\mathrm{d}t}\sum_{k=0}^{+\infty}\frac{t^k}{k!}\boldsymbol{A}^k=\sum_{k=1}^{+\infty}\frac{t^{k-1}}{(k-1)!}\boldsymbol{A}^k=\boldsymbol{A}\sum_{k=1}^{+\infty}\frac{t^{k-1}}{(k-1)!}\boldsymbol{A}^{k-1}=\boldsymbol{A}\mathrm{e}^{\boldsymbol{A}t},$$

同样

$$\frac{\mathrm{d}}{\mathrm{d}t}\mathrm{e}^{\boldsymbol{A}t}=\sum_{k=1}^{+\infty}\frac{t^{k-1}}{(k-1)!}\boldsymbol{A}^k=(\sum_{k=1}^{+\infty}\frac{t^{k-1}}{(k-1)!}\boldsymbol{A}^{k-1})\boldsymbol{A}=\mathrm{e}^{\boldsymbol{A}t}\boldsymbol{A}。$$

证毕。

6.5 矩阵函数在微分方程组中的应用

在数学或工程技术中，常常涉及求解线性微分方程组的问题，矩阵函数在其中起着重要的作用。

6.5.1 一阶线性常系数非齐次微分方程组

首先讨论一阶线性常系数非齐次微分方程组

$$\begin{cases}\dfrac{\mathrm{d}x_1(t)}{\mathrm{d}t}=a_{11}x_1(t)+a_{12}x_2(t)+\cdots+a_{1n}x_n(t)+f_1(t)\\ \dfrac{\mathrm{d}x_2(t)}{\mathrm{d}t}=a_{21}x_1(t)+a_{22}x_2(t)+\cdots+a_{2n}x_n(t)+f_2(t)\\ \cdots\\ \dfrac{\mathrm{d}x_n(t)}{\mathrm{d}t}=a_{n1}x_1(t)+a_{n2}x_2(t)+\cdots+a_{nn}x_n(t)+f_n(t)\end{cases}$$

满足初始条件

$$x_i(t_0)=c_i\quad(i=1,2,\cdots,n)$$

的解。如果记

$$\boldsymbol{A}=(a_{ij})_{n\times n},\boldsymbol{c}=(c_1,c_2,\cdots,c_n)^{\mathrm{T}},$$

$$\boldsymbol{x}(t)=(x_1(t),x_2(t),\cdots,x_n(t))^{\mathrm{T}},\ \boldsymbol{f}(t)=(f_1(t),f_2(t),\cdots,\ f_n(t))^{\mathrm{T}},$$

则上述微分方程组可写为

$$\begin{cases}\dfrac{\mathrm{d}\boldsymbol{x}(t)}{\mathrm{d}t}=\boldsymbol{A}\boldsymbol{x}(t)+\boldsymbol{f}(t)\\ \boldsymbol{x}(t_0)=\boldsymbol{c}\end{cases},\tag{6.5}$$

因为

$$\frac{\mathrm{d}}{\mathrm{d}t}(\mathrm{e}^{-\boldsymbol{A}t}\boldsymbol{x}(t))=\mathrm{e}^{-\boldsymbol{A}t}(-\boldsymbol{A})\boldsymbol{x}(t)+\mathrm{e}^{-\boldsymbol{A}t}\frac{\mathrm{d}\boldsymbol{x}(t)}{\mathrm{d}t}$$

$$=\mathrm{e}^{-\boldsymbol{A}t}\left(\frac{\mathrm{d}\boldsymbol{x}(t)}{\mathrm{d}t}-\boldsymbol{A}\boldsymbol{x}(t)\right)=\mathrm{e}^{-\boldsymbol{A}t}\boldsymbol{f}(t),$$

将上式两边在$[t_0,t]$上积分，得

$$\int_{t_0}^{t}\frac{\mathrm{d}}{\mathrm{d}\tau}(\mathrm{e}^{-\boldsymbol{A}\tau}\boldsymbol{x}(\tau))\mathrm{d}\tau=\int_{t_0}^{t}\mathrm{e}^{-\boldsymbol{A}\tau}\boldsymbol{f}(\tau)\mathrm{d}\tau,$$

即

$$e^{-At}\boldsymbol{x}(t)-e^{-At_0}\boldsymbol{x}(t_0)=\int_{t_0}^{t}e^{-A\tau}\boldsymbol{f}(\tau)d\tau,$$

于是微分方程组的解为

$$\boldsymbol{x}(t)=e^{A(t-t_0)}\boldsymbol{c}+e^{At}\int_{t_0}^{t}e^{-A\tau}\boldsymbol{f}(\tau)d\tau。$$

例 6.21 求解微分方程组初值问题

$$\begin{cases}\dfrac{dx_1(t)}{dt}=-x_1(t)+x_3(t)+1\\ \dfrac{dx_2(t)}{dt}=x_1(t)+2x_2(t)-1\\ \dfrac{dx_3(t)}{dt}=-4x_1(t)+3x_3(t)+2\\ x_1(0)=1,x_2(0)=0,x_3(0)=1\end{cases}。$$

解 记

$$\boldsymbol{A}=\begin{bmatrix}-1&0&1\\1&2&0\\-4&0&3\end{bmatrix},\boldsymbol{c}=\begin{bmatrix}1\\0\\1\end{bmatrix},\boldsymbol{x}(t)=\begin{bmatrix}x_1(t)\\x_2(t)\\x_3(t)\end{bmatrix},\boldsymbol{f}(t)=\begin{bmatrix}1\\-1\\2\end{bmatrix},$$

则微分方程组可以写成式(6.5)的矩阵形式。例 6.18 已求得

$$e^{At}=\begin{bmatrix}e^t-2te^t&0&te^t\\-e^{2t}+e^t+2te^t&e^{2t}&e^{2t}-e^t-te^t\\-4te^t&0&2te^t+e^t\end{bmatrix},$$

依次计算下列各量：

$$e^{At}\boldsymbol{c}=\begin{bmatrix}e^t-te^t\\te^t\\e^t-2te^t\end{bmatrix},$$

$$\int_0^t e^{-A\tau}\boldsymbol{f}(\tau)d\tau=\int_0^t\begin{bmatrix}e^{-\tau}\\-e^{-\tau}\\2e^{-\tau}\end{bmatrix}d\tau=\begin{bmatrix}1-e^{-t}\\-1+e^{-t}\\2-2e^{-t}\end{bmatrix},$$

$$e^{At}\int_0^t e^{-A\tau}\boldsymbol{f}(\tau)d\tau=\begin{bmatrix}e^t-1\\-e^t+1\\2e^t-2\end{bmatrix},$$

故微分方程组的解为

$$\boldsymbol{x}(t)=\begin{bmatrix}x_1(t)\\x_2(t)\\x_3(t)\end{bmatrix}=\begin{bmatrix}e^t-te^t\\te^t\\e^t-2te^t\end{bmatrix}+\begin{bmatrix}e^t-1\\-e^t+1\\2e^t-2\end{bmatrix}=\begin{bmatrix}(2-t)e^t-1\\(t-1)e^t+1\\(3-2t)e^t-2\end{bmatrix}。$$

6.5.2 一阶线性常系数齐次微分方程组

定理 6.15 一阶线性常系数齐次微分方程组

$$\begin{cases} \dfrac{\mathrm{d}x_1(t)}{\mathrm{d}t}=a_{11}x_1(t)+a_{12}x_2(t)+\cdots+a_{1n}x_n(t) \\ \dfrac{\mathrm{d}x_2(t)}{\mathrm{d}t}=a_{21}x_1(t)+a_{22}x_2(t)+\cdots+a_{2n}x_n(t) \\ \cdots \\ \dfrac{\mathrm{d}x_n(t)}{\mathrm{d}t}=a_{n1}x_1(t)+a_{n2}x_2(t)+\cdots+a_{nn}x_n(t) \end{cases},$$

存在满足初始条件

$$x_i(t_0)=c_i \quad (i=1,2,\cdots,n)$$

的解。如果记

$$\boldsymbol{A}=(a_{ij})_{n\times n},\boldsymbol{c}=(c_1,c_2,\cdots,c_n)^{\mathrm{T}},\boldsymbol{x}(t)=(x_1(t),x_2(t),\cdots,x_n(t))^{\mathrm{T}},$$

则上述微分方程组可写为

$$\begin{cases} \dfrac{\mathrm{d}\boldsymbol{x}(t)}{\mathrm{d}t}=\boldsymbol{A}\boldsymbol{x}(t) \\ \boldsymbol{x}(t_0)=\boldsymbol{c} \end{cases}, \tag{6.6}$$

该微分方程组的解为 $\boldsymbol{x}(t)=\mathrm{e}^{\boldsymbol{A}(t-t_0)}\boldsymbol{c}$。

特殊地,一阶线性常系数齐次微分方程组

$$\begin{cases} \dfrac{\mathrm{d}\boldsymbol{x}(t)}{\mathrm{d}t}=\boldsymbol{A}\boldsymbol{x}(t) \\ \boldsymbol{x}(0)=(x_1(0),x_2(0),\cdots,x_n(0))^{\mathrm{T}} \end{cases},$$

有且仅有唯一解 $\boldsymbol{x}(t)=\mathrm{e}^{\boldsymbol{A}t}\boldsymbol{x}(0)$。

例 6.22 求解微分方程组初值问题:

$$\begin{cases} \dfrac{\mathrm{d}\boldsymbol{x}(t)}{\mathrm{d}t}=\boldsymbol{A}\boldsymbol{x}(t) \\ \boldsymbol{x}(0)=(1,1,1)^{\mathrm{T}} \end{cases},\boldsymbol{A}=\begin{bmatrix} 3 & 1 & -1 \\ -2 & 0 & 2 \\ -1 & -1 & 3 \end{bmatrix}。$$

解 例 6.19 已求得

$$\mathrm{e}^{\boldsymbol{A}t}=\mathrm{e}^{2t}\begin{bmatrix} 1+t & t & -t \\ -2t & 1-2t & 2t \\ -t & -t & 1+t \end{bmatrix},$$

故微分方程组的解为

$$\boldsymbol{x}(t)=\mathrm{e}^{\boldsymbol{A}t}\boldsymbol{x}(0)=\mathrm{e}^{2t}\begin{bmatrix} 1+t \\ 1-2t \\ 1-t \end{bmatrix}。$$

习题 6

1. 设 $\boldsymbol{A}(t)=\begin{bmatrix}\cos t & -\sin t\\ \sin t & \cos t\end{bmatrix}$，试求 $\frac{\mathrm{d}}{\mathrm{d}t}\boldsymbol{A}(t)$，$\frac{\mathrm{d}}{\mathrm{d}t}(\det\boldsymbol{A}(t))$，$\det\left(\frac{\mathrm{d}}{\mathrm{d}t}\boldsymbol{A}(t)\right)$，$\frac{\mathrm{d}}{\mathrm{d}t}\boldsymbol{A}^{-1}(t)$。

2. 设 $\boldsymbol{A}(t)=\begin{bmatrix}\mathrm{e}^{2t} & t\mathrm{e}^{t} & t^2\\ \mathrm{e}^{-t} & 2\mathrm{e}^{2t} & 0\\ 3t & 0 & 0\end{bmatrix}$，计算 $\int_0^1\boldsymbol{A}(t)\mathrm{d}t$ 和 $\int_0^t\boldsymbol{A}(\tau)\mathrm{d}\tau$。

3. 设 $\boldsymbol{A}(t)=(a_{ij}(t))_{n\times n}$，说明关系式

$$\frac{\mathrm{d}}{\mathrm{d}t}(\boldsymbol{A}(t))^m=m(\boldsymbol{A}(t))^{m-1}\frac{\mathrm{d}}{\mathrm{d}t}\boldsymbol{A}(t)$$

一般不成立。问该式在什么条件下能成立？

4. 设 $\boldsymbol{A}=(a_{ij})_{m\times n}\in\mathbf{R}^{m\times n}$ 是常数矩阵，$\boldsymbol{x}=(\xi_1,\xi_2,\cdots,\xi_n)^{\mathrm{T}}\in\mathbf{R}^n$ 是向量变量，且 $\boldsymbol{F}(x)=\boldsymbol{A}\boldsymbol{x}$，求 $\frac{\mathrm{d}\boldsymbol{F}}{\mathrm{d}\boldsymbol{x}^{\mathrm{T}}}$。

5. 判断下列矩阵是否为收敛矩阵：

(1) $\boldsymbol{A}=\begin{bmatrix}0.1 & -0.1 & 0.2\\ 0.2 & 0.3 & 0.3\\ 0.1 & 0.5 & 0.1\end{bmatrix}$；

(2) $\boldsymbol{B}=\begin{bmatrix}\frac{1}{6} & -\frac{4}{3}\\ -\frac{1}{3} & \frac{1}{6}\end{bmatrix}$。

6. 设 $\boldsymbol{A}=\begin{bmatrix}0 & a & a\\ a & 0 & a\\ a & a & 0\end{bmatrix}$，讨论 a 取何值时 $\boldsymbol{A}$ 为收敛矩阵。

7. 设 $\boldsymbol{A}^{(k)}=\begin{bmatrix}\frac{1}{2^k} & \frac{1}{3^k}\\ \frac{1}{(k+1)(k+2)} & 0\end{bmatrix}$ $(k=0,1,2,\cdots)$，判断矩阵级数 $\sum\limits_{k=0}^{+\infty}\boldsymbol{A}^{(k)}$ 的敛散性。

8. 判别矩阵幂级数 $\sum\limits_{k=0}^{+\infty}\begin{bmatrix}0.1 & 0.7\\ 0.3 & 0.6\end{bmatrix}^k$ 的敛散性。若收敛，试求其和。

9. 证明：若 $\boldsymbol{A}^{(k)}\in\mathbf{C}^{m\times n}$，且 $\sum\limits_{k=0}^{+\infty}\boldsymbol{A}^{(k)}$ 收敛，则 $\lim\limits_{k\to+\infty}\boldsymbol{A}^{(k)}=\boldsymbol{O}$。但它的逆命题不真，试举反例。

10. 已知 $\boldsymbol{A}=\begin{bmatrix}0 & -a\\ a & 0\end{bmatrix}$，求 $e^{\boldsymbol{A}}$，$\sin\boldsymbol{A}$。

11. 已知 $\boldsymbol{A}=\begin{bmatrix}2 & 1 & 0\\ 0 & 0 & 1\\ 0 & 1 & 0\end{bmatrix}$，求 $e^{\boldsymbol{A}t}$，$\sin\boldsymbol{A}$。

12. 已知 $\boldsymbol{A}=\begin{bmatrix}1 & 1 & 0\\ 0 & 0 & 1\\ 0 & 0 & 1\end{bmatrix}$，求 $e^{\boldsymbol{A}t}$，$\cos(\boldsymbol{A}t)$。

13. 设 $\boldsymbol{A}\in\mathbf{C}^{n\times n}$，$f(\boldsymbol{A})$是矩阵函数，证明：$f(\boldsymbol{A}^{\mathrm{T}})=(f(\boldsymbol{A}))^{\mathrm{T}}$。

14. 求 $e^{\boldsymbol{A}t}$，$\sin(\boldsymbol{A}t)$，$\cos(\boldsymbol{A}t)$，这里 $\boldsymbol{A}$ 分别为

(1) $\boldsymbol{A}=\begin{bmatrix}1 & 0 & 0 & 0\\ 1 & 1 & 0 & 0\\ 0 & 1 & 1 & 0\\ 0 & 0 & 1 & 1\end{bmatrix}$；

(2) $\boldsymbol{A}=\begin{bmatrix}-2 & 1 & 0 & 0\\ 0 & -2 & 0 & 0\\ 0 & 0 & 0 & 0\\ 0 & 0 & 1 & 0\end{bmatrix}$。

15. 设 $\boldsymbol{A}=\begin{bmatrix}0 & 1\\ -1 & 2\end{bmatrix}$，计算 $\boldsymbol{A}^{100}+3\boldsymbol{A}^{23}+\boldsymbol{A}^{20}$。

16. 证明：若 $\boldsymbol{A}$ 为实反对称矩阵，则 $e^{\boldsymbol{A}}$ 是正交矩阵。

17. 证明：若 $\boldsymbol{A}$ 为 Hermite 矩阵，则 $e^{i\boldsymbol{A}}$ 是酉矩阵。

18. 求解微分方程组初值问题：

$$\begin{cases}\dfrac{dx_1}{dt}=3x_1+8x_3\\ \dfrac{dx_2}{dt}=3x_1-x_2+6x_3\\ \dfrac{dx_3}{dt}=-2x_1-5x_3\\ x_1(0)=x_2(0)=x_3(0)=1\end{cases}$$

。

19. 求解微分方程组初值问题：

$$\begin{cases}\dfrac{dx_1}{dt}=-2x_1+x_2+1\\ \dfrac{dx_2}{dt}=-4x_1+2x_2+2\\ \dfrac{dx_3}{dt}=x_1+x_3+e^t-1\\ x_1(0)=1,x_2(0)=1,x_3(0)=-1\end{cases}$$

。

第7章

矩阵的广义逆

在实际问题中，我们常常要求解线性方程组 $\boldsymbol{Ax}=\boldsymbol{b}$。如果矩阵 $\boldsymbol{A}$ 是方阵且非奇异，即 $\boldsymbol{A}$ 的逆矩阵$\boldsymbol{A}^{-1}$存在，则该方程组有唯一解 $\boldsymbol{x}=\boldsymbol{A}^{-1}\boldsymbol{b}$。但是，当 $\boldsymbol{A}$ 是奇异的方阵或为长方阵时，如何利用类似逆矩阵的概念求出方程组形式为 $\boldsymbol{x}=\boldsymbol{Gb}$ 的解呢？在 1920 年，E. H. Moore 首先提出了广义逆矩阵的概念。但在其后的 30 年中，由于不知其用途，广义逆理论的研究几乎没有太多进展。直到 1955 年，R. Penrose 以更明确的形式给出了与 E. H. Moore 的广义逆矩阵等价的定义后，广义逆矩阵的研究才进入了一个新阶段。由于矩阵的广义逆在数据分析、多元分析、信号处理、系统理论、现代控制理论、网络理论等许多领域均有着重要的应用，本章引入矩阵的广义逆的概念，并以此研究线性方程组 $\boldsymbol{Ax}=\boldsymbol{b}$ 解的情况。本章着重介绍两类矩阵的广义逆：矩阵的{1}逆与加号逆。

7.1 矩阵的广义逆与{1}逆

7.1.1 矩阵的广义逆

定义 7.1 设矩阵 $\boldsymbol{A}\in\mathbf{C}^{m\times n}$，若矩阵 $\boldsymbol{G}\in\mathbf{C}^{n\times m}$ 满足如下 Penrose 方程：

(1) $\boldsymbol{AGA}=\boldsymbol{A}$

(2) $\boldsymbol{GAG}=\boldsymbol{G}$

(3) $(\boldsymbol{GA})^{\mathrm{H}}=\boldsymbol{GA}$

(4) $(\boldsymbol{AG})^{\mathrm{H}}=\boldsymbol{AG}$

的全部或一部分，则称 $\boldsymbol{G}$ 是 $\boldsymbol{A}$ 的广义逆矩阵。

按照定义 7.1，广义逆矩阵可以分别满足 4 个 Penrose 方程中的任何一个或多个。因此共有 15 类广义逆矩阵。显然若 $\boldsymbol{A}$ 为可逆的方阵，则$\boldsymbol{A}^{-1}$满足上述 4 个 Penrose 方程。

一般地，如果 $\boldsymbol{G}$ 是满足第 i 个 Penrose 方程的广义逆矩阵，就记为$\boldsymbol{A}^{(i)}$；如果 $\boldsymbol{G}$ 是满足第 i,j 个 Penrose 方程的广义逆矩阵，就记为$\boldsymbol{A}^{(i,j)}$；如果 $\boldsymbol{G}$ 是满足第 i,j,k 个 Penrose 方程的广义逆矩阵，就记为$\boldsymbol{A}^{(i,j,k)}$；如果 $\boldsymbol{G}$ 是满足 4 个 Penrose 方程的广义逆矩阵，就记为$\boldsymbol{A}^{(1,2,3,4)}$或$\boldsymbol{A}^{+}$。在后面的学习中，我们会看到任何矩阵都存在广义逆，且除了$\boldsymbol{A}^{+}$是唯一确定的，其余各类广义逆矩阵都不是唯一确定的。为了表示清楚，我们用

$$\boldsymbol{A}\{i\},\quad \boldsymbol{A}\{i,j\},\quad \boldsymbol{A}\{i,j,k\}$$

分别表示 $\boldsymbol{A}$ 的所有满足第 i 个 Penrose 方程，满足第 i,j 个 Penrose 方程，满足第 i,j,k 个 Penrose 方程的全体。只满足第一个 Penrose 方程的所有广义逆称为矩阵 $\boldsymbol{A}$ 的$\{1\}$逆，满足 4 个 Penrose 方程的广义逆称为矩阵 $\boldsymbol{A}$ 的加号逆，记为$\boldsymbol{A}^{+}$。

7.1.2 矩阵的{1}逆

定理 7.1 设矩阵 $\boldsymbol{A}\in\mathbf{C}_r^{m\times n}(r>0)$，且有矩阵 $\boldsymbol{S}\in\mathbf{C}_m^{m\times m}$ 和 n 阶置换矩阵 $\boldsymbol{P}$ 使得

$$\boldsymbol{SAP}=\begin{bmatrix}\boldsymbol{I}_r & \boldsymbol{K}\\ \boldsymbol{O} & \boldsymbol{O}\end{bmatrix}\quad(\boldsymbol{K}\in\mathbf{C}^{r\times(n-r)}),$$

则对任意矩阵 $\boldsymbol{L}\in\mathbf{C}^{(n-r)\times(m-r)}$，$n\times m$ 矩阵

$$\boldsymbol{G}=\boldsymbol{P}\begin{bmatrix}\boldsymbol{I}_r & \boldsymbol{O}\\ \boldsymbol{O} & \boldsymbol{L}\end{bmatrix}\boldsymbol{S}\tag{7.1}$$

是 $\boldsymbol{A}$ 的$\{1\}$逆；当 $\boldsymbol{L}=\boldsymbol{O}$ 时，$\boldsymbol{G}$ 是 $\boldsymbol{A}$ 的$\{1,2\}$逆。

证 直接应用广义逆矩阵的定义即可。 证毕。

注意：定理 7.1 只给出了 $\boldsymbol{A}\{1\}$的一个子集。

例 7.1 已知矩阵 $\boldsymbol{A}=\begin{bmatrix}2 & 4 & 1 & 1\\ 1 & 2 & -1 & 2\\ -1 & -2 & -2 & 1\end{bmatrix}$，求$\boldsymbol{A}^{(1)}$和$\boldsymbol{A}^{(1,2)}$。

解 因为

$$(\boldsymbol{A},\boldsymbol{I}_3)=\begin{bmatrix}2 & 4 & 1 & 1 & 1 & 0 & 0\\ 1 & 2 & -1 & 2 & 0 & 1 & 0\\ -1 & -2 & -2 & 1 & 0 & 0 & 1\end{bmatrix}\to\begin{bmatrix}1 & 2 & 0 & 1 & \frac{1}{3} & \frac{1}{3} & 0\\ 0 & 0 & 1 & -1 & \frac{1}{3} & -\frac{2}{3} & 0\\ 0 & 0 & 0 & 0 & 1 & -1 & 1\end{bmatrix},$$

所以 $\boldsymbol{A}$ 的 Hermite 标准形 $\boldsymbol{H}$ 和所用的变换矩阵 $\boldsymbol{S}$ 为

$$\boldsymbol{H}=\begin{bmatrix}1 & 2 & 0 & 1\\ 0 & 0 & 1 & -1\\ 0 & 0 & 0 & 0\end{bmatrix},\boldsymbol{S}=\begin{bmatrix}\frac{1}{3} & \frac{1}{3} & 0\\ \frac{1}{3} & -\frac{2}{3} & 0\\ 1 & -1 & 1\end{bmatrix},$$

取 4 阶置换矩阵 $\boldsymbol{P}=(\boldsymbol{e}_1,\boldsymbol{e}_3,\boldsymbol{e}_2,\boldsymbol{e}_4)$，则

$$SAP=\begin{bmatrix} I_2 & K \\ O & O \end{bmatrix}=\begin{bmatrix} 1 & 0 & 2 & 1 \\ 0 & 1 & 0 & -1 \\ 0 & 0 & 0 & 0 \end{bmatrix},$$

从而由式(7.1),得

$$A^{(1)}=P\begin{bmatrix} 1 & 0 & 0 \\ 0 & 1 & 0 \\ 0 & 0 & \alpha \\ 0 & 0 & \beta \end{bmatrix}S=\begin{bmatrix} \frac{1}{3} & \frac{1}{3} & 0 \\ \alpha & -\alpha & \alpha \\ \frac{1}{3} & -\frac{2}{3} & 0 \\ \beta & -\beta & \beta \end{bmatrix} \quad (\alpha,\beta\in \mathbf{C}),$$

$$A^{(1,2)}=\begin{bmatrix} \frac{1}{3} & \frac{1}{3} & 0 \\ 0 & 0 & 0 \\ \frac{1}{3} & -\frac{2}{3} & 0 \\ 0 & 0 & 0 \end{bmatrix}。$$

定理 7.2 设矩阵 $A\in \mathbf{C}_r^{m\times n}$,且矩阵 $S\in \mathbf{C}_m^{m\times m}$,矩阵 $T\in \mathbf{C}_n^{n\times n}$,使得

$$SAT=\begin{bmatrix} I_r & O \\ O & O \end{bmatrix},$$

则

$$A\{1\}=\left\{T\begin{bmatrix} I_r & L_{12} \\ L_{21} & L_{22} \end{bmatrix}S, \text{式中}, L_{12}, L_{21}, L_{22}\text{为适当阶数的任意矩阵}\right\}。$$

证 令

$$G=T\begin{bmatrix} I_r & L_{12} \\ L_{21} & L_{22} \end{bmatrix}S,$$

直接验证 $AGA=A$ 即可。另一方面,若 G 为 A 的一个$\{1\}$逆,不妨设

$$G=T\begin{bmatrix} L_{11} & L_{12} \\ L_{21} & L_{22} \end{bmatrix}S,$$

代入 $AGA=A$,比较等式两边矩阵的对应元素,可知$L_{11}=I_r$,L_{12},L_{21},L_{22}任意。 证毕。

推论 设矩阵 $A\in \mathbf{C}^{m\times n}$,则 A 有唯一$\{1\}$逆的充分必要条件为 $m=n$,且 $\operatorname{rank}A=n$,即 A 可逆。这个唯一的$\{1\}$逆就是A^{-1}。

定理 7.3 设矩阵 $A\in \mathbf{C}^{m\times n}$,$A^{(1)}\in A\{1\}$,则

(1) $(A^{(1)})^{\mathrm{H}}\in A^{\mathrm{H}}\{1\}$,$(A^{(1)})^{\mathrm{T}}\in A^{\mathrm{T}}\{1\}$;

(2) $\lambda^{+}A^{(1)}\in(\lambda A)\{1\}$,其中 $\lambda\in \mathbf{C}$,$\lambda^{+}=\begin{cases} \lambda^{-1}, \lambda\neq 0 \\ 0, \lambda=0 \end{cases}$;

(3) 当 $S\in \mathbf{C}_m^{m\times m}$ 和 $T\in \mathbf{C}_n^{n\times n}$ 时,$T^{-1}A^{(1)}S^{-1}\in(SAT)\{1\}$;

(4)$\mathrm{rank}\boldsymbol{A}^{(1)}\geqslant\mathrm{rank}\boldsymbol{A}$;

(5)$\mathrm{rank}(\boldsymbol{A}\boldsymbol{A}^{(1)})=\mathrm{rank}(\boldsymbol{A}^{(1)}\boldsymbol{A})=\mathrm{rank}\boldsymbol{A}$;

(6)$\boldsymbol{A}\boldsymbol{A}^{(1)}=\boldsymbol{I}_m$ 的充分必要条件是 $\mathrm{rank}\boldsymbol{A}=m$;

(7)$\boldsymbol{A}^{(1)}\boldsymbol{A}=\boldsymbol{I}_n$ 的充分必要条件是 $\mathrm{rank}\boldsymbol{A}=n$。

证 (1)~(3)验证{1}逆的定义即可。

(4)$\mathrm{rank}\boldsymbol{A}=\mathrm{rank}(\boldsymbol{A}\boldsymbol{A}^{(1)}\boldsymbol{A})\leqslant\mathrm{rank}\boldsymbol{A}^{(1)}$。

(5)与(4)的证明类似。

(6)如果 $\boldsymbol{A}\boldsymbol{A}^{(1)}=\boldsymbol{I}_m$,则由(5)可知,$m=\mathrm{rank}\boldsymbol{I}_m=\mathrm{rank}(\boldsymbol{A}\boldsymbol{A}^{(1)})=\mathrm{rank}\boldsymbol{A}$;反过来,如果 $\mathrm{rank}\boldsymbol{A}=m$,则由(5)得 $\mathrm{rank}(\boldsymbol{A}\boldsymbol{A}^{(1)})=\mathrm{rank}\boldsymbol{A}=m$,而且 $\boldsymbol{A}\boldsymbol{A}^{(1)}$ 是 m 阶可逆矩阵,又$(\boldsymbol{A}\boldsymbol{A}^{(1)})^2=\boldsymbol{A}\boldsymbol{A}^{(1)}$,两边同乘$(\boldsymbol{A}\boldsymbol{A}^{(1)})^{-1}$即得 $\boldsymbol{A}\boldsymbol{A}^{(1)}=\boldsymbol{I}_m$。

(7)同理可证。 证毕。

7.1.3 矩阵的{1}逆在线性方程组中的应用

定理 7.4 设矩阵 $\boldsymbol{A}\in\mathbf{C}^{m\times n}$,$\boldsymbol{B}\in\mathbf{C}^{p\times q}$,$\boldsymbol{D}\in\mathbf{C}^{m\times q}$,则矩阵方程 $\boldsymbol{A}\boldsymbol{X}\boldsymbol{B}=\boldsymbol{D}$ 有解的充分必要条件是

$$\boldsymbol{A}\boldsymbol{A}^{(1)}\boldsymbol{D}\boldsymbol{B}^{(1)}\boldsymbol{B}=\boldsymbol{D}, \tag{7.2}$$

当矩阵方程有解时,其通解为

$$\boldsymbol{X}=\boldsymbol{A}^{(1)}\boldsymbol{D}\boldsymbol{B}^{(1)}+\boldsymbol{Y}-\boldsymbol{A}^{(1)}\boldsymbol{A}\boldsymbol{Y}\boldsymbol{B}\boldsymbol{B}^{(1)}\quad(\boldsymbol{Y}\in\mathbf{C}^{n\times p}\text{任意})。\tag{7.3}$$

证 如果式(7.2)成立,则$\boldsymbol{A}^{(1)}\boldsymbol{D}\boldsymbol{B}^{(1)}$就是方程 $\boldsymbol{A}\boldsymbol{X}\boldsymbol{B}=\boldsymbol{D}$ 的一个解。反之,如果 $\boldsymbol{A}\boldsymbol{X}\boldsymbol{B}=\boldsymbol{D}$ 有解,则

$$\boldsymbol{D}=\boldsymbol{A}\boldsymbol{X}\boldsymbol{B}=\boldsymbol{A}\boldsymbol{A}^{(1)}\boldsymbol{A}\boldsymbol{X}\boldsymbol{B}\boldsymbol{B}^{(1)}\boldsymbol{B}=\boldsymbol{A}\boldsymbol{A}^{(1)}\boldsymbol{D}\boldsymbol{B}^{(1)}\boldsymbol{B},$$

将式(7.3)代入矩阵方程 $\boldsymbol{A}\boldsymbol{X}\boldsymbol{B}=\boldsymbol{D}$ 的左边,并利用式(7.2)及{1}逆的定义,可知式(7.3)是矩阵方程 $\boldsymbol{A}\boldsymbol{X}\boldsymbol{B}=\boldsymbol{D}$ 的解。反过来,设$\boldsymbol{X}_0$ 是 $\boldsymbol{A}\boldsymbol{X}\boldsymbol{B}=\boldsymbol{D}$ 的任意解,则有

$$\boldsymbol{X}_0=\boldsymbol{A}^{(1)}\boldsymbol{D}\boldsymbol{B}^{(1)}+\boldsymbol{X}_0-\boldsymbol{A}^{(1)}\boldsymbol{D}\boldsymbol{B}^{(1)}=\boldsymbol{A}^{(1)}\boldsymbol{D}\boldsymbol{B}^{(1)}+\boldsymbol{X}_0-\boldsymbol{A}^{(1)}\boldsymbol{A}\boldsymbol{X}_0\boldsymbol{B}\boldsymbol{B}^{(1)},$$

它相当于在式(7.3)中取 $\boldsymbol{Y}=\boldsymbol{X}_0$,故式(7.3)给出了 $\boldsymbol{A}\boldsymbol{X}\boldsymbol{B}=\boldsymbol{D}$ 的通解。 证毕。

推论 1 设矩阵 $\boldsymbol{A}\in\mathbf{C}^{m\times n}$,$\boldsymbol{A}^{(1)}\in\boldsymbol{A}\{1\}$,则有

$$\boldsymbol{A}\{1\}=\{\boldsymbol{A}^{(1)}+\boldsymbol{Z}-\boldsymbol{A}^{(1)}\boldsymbol{A}\boldsymbol{Z}\boldsymbol{A}\boldsymbol{A}^{(1)}\mid\boldsymbol{Z}\in\mathbf{C}^{n\times m}\text{任意}\}。$$

证 由定理 7.4 可知,$\boldsymbol{A}\boldsymbol{X}\boldsymbol{A}=\boldsymbol{A}$ 的通解为

$$\boldsymbol{X}=\boldsymbol{A}^{(1)}\boldsymbol{A}\boldsymbol{A}^{(1)}+\boldsymbol{Y}-\boldsymbol{A}^{(1)}\boldsymbol{A}\boldsymbol{Y}\boldsymbol{A}\boldsymbol{A}^{(1)}\quad(\boldsymbol{Y}\in\mathbf{C}^{n\times m}\text{任意}),$$

令 $\boldsymbol{Y}=\boldsymbol{A}^{(1)}+\boldsymbol{Z}$,代入上式得

$$\boldsymbol{X}=\boldsymbol{A}^{(1)}\boldsymbol{A}\boldsymbol{A}^{(1)}+\boldsymbol{A}^{(1)}+\boldsymbol{Z}-\boldsymbol{A}^{(1)}\boldsymbol{A}(\boldsymbol{A}^{(1)}+\boldsymbol{Z})\boldsymbol{A}\boldsymbol{A}^{(1)}=\boldsymbol{A}^{(1)}+\boldsymbol{Z}-\boldsymbol{A}^{(1)}\boldsymbol{A}\boldsymbol{Z}\boldsymbol{A}\boldsymbol{A}^{(1)}。$$

证毕。

推论 2 设矩阵 $\boldsymbol{A}\in\mathbf{C}^{m\times n}$,$\boldsymbol{b}\in\mathbf{C}^m$,则线性方程组 $\boldsymbol{A}\boldsymbol{x}=\boldsymbol{b}$ 有解的充分必要条件是

$$\boldsymbol{A}\boldsymbol{A}^{(1)}\boldsymbol{b}=\boldsymbol{b},$$

如果 $\boldsymbol{A}\boldsymbol{x}=\boldsymbol{b}$ 有解,则其通解为

$$\boldsymbol{x}=\boldsymbol{A}^{(1)}\boldsymbol{b}+(\boldsymbol{I}-\boldsymbol{A}^{(1)}\boldsymbol{A})\boldsymbol{y}\quad(\boldsymbol{y}\in\mathbf{C}^n\text{ 任意})。$$

例 7.2　用广义逆矩阵求解线性方程组：

$$\begin{cases}2x_1+4x_2+x_3+x_4=5\\x_1+2x_2-x_3+2x_4=1\\-x_1-2x_2-2x_3+x_4=-4\end{cases}。$$

解　令

$$\boldsymbol{A}=\begin{bmatrix}2&4&1&1\\1&2&-1&2\\-1&-2&-2&1\end{bmatrix},\boldsymbol{b}=\begin{bmatrix}5\\1\\-4\end{bmatrix},$$

例 7.1 已求得 $\boldsymbol{A}$ 的{1}逆(取 $\alpha=\beta=0$)为

$$\boldsymbol{A}^{(1)}=\begin{bmatrix}\frac{1}{3}&\frac{1}{3}&0\\0&0&0\\\frac{1}{3}&-\frac{2}{3}&0\\0&0&0\end{bmatrix},$$

容易验证

$$\boldsymbol{AA}^{(1)}\boldsymbol{b}=(5,1,-4)^{\mathrm{T}}=\boldsymbol{b},$$

所以线性方程组有解，且通解为

$$\boldsymbol{x}=\boldsymbol{A}^{(1)}\boldsymbol{b}+(\boldsymbol{I}-\boldsymbol{A}^{(1)}\boldsymbol{A})\boldsymbol{y}=\begin{bmatrix}2\\0\\1\\0\end{bmatrix}+\begin{bmatrix}0&-2&0&-1\\0&1&0&0\\0&0&0&1\\0&0&0&1\end{bmatrix}\begin{bmatrix}y_1\\y_2\\y_3\\y_4\end{bmatrix}\quad(y_1,y_2,y_3,y_4\in\mathbf{C}\text{ 任意})。$$

推论 2 表明，利用某个{1}逆可解决线性方程组的求解问题。反之，利用线性方程组的解也可以给出{1}逆。

7.2　矩阵的加号逆

同时满足定义 7.1 的 4 个 Penrose 方程的广义逆矩阵称为加号逆，也称为 Moore－Penrose 逆，记为$\boldsymbol{A}^{+}$。

7.2.1　加号逆的计算

定理 7.5　设矩阵 $\boldsymbol{A}\in\mathbf{C}^{m\times n}$，则 $\boldsymbol{A}$ 的加号逆存在且唯一。

证　设 rank$\boldsymbol{A}=r$。若 $r=0$，则 $\boldsymbol{A}$ 是 $m\times n$ 阶零矩阵。可以验证 $n\times m$ 阶零矩阵满足定义

7.1 的 4 个 Penrose 方程。若 $r>0$，由定理 4.16，存在 m 阶酉矩阵 $\boldsymbol{U}$ 和 n 阶酉矩阵 $\boldsymbol{V}$，使得

$$\boldsymbol{A}=\boldsymbol{U}\begin{bmatrix}\boldsymbol{\Sigma} & \boldsymbol{O}\\ \boldsymbol{O} & \boldsymbol{O}\end{bmatrix}\boldsymbol{V}^{\mathrm{H}},$$

式中，$\boldsymbol{\Sigma}=\operatorname{diag}(\sigma_1,\sigma_2,\cdots,\sigma_r)$，$\sigma_i(i=1,2,\cdots,r)$是矩阵 $\boldsymbol{A}$ 的正奇异值。记

$$\boldsymbol{G}=\boldsymbol{V}\begin{bmatrix}\boldsymbol{\Sigma}^{-1} & \boldsymbol{O}\\ \boldsymbol{O} & \boldsymbol{O}\end{bmatrix}\boldsymbol{U}^{\mathrm{H}},$$

则易验证 $\boldsymbol{G}$ 满足 4 个 Penrose 方程，故 $\boldsymbol{A}$ 的加号逆存在。

再验证唯一性。设 $\boldsymbol{X},\boldsymbol{Y}$ 满足 4 个 Penrose 方程，则

$$\begin{aligned}\boldsymbol{X}&=\boldsymbol{XAX}=\boldsymbol{X}(\boldsymbol{AX})^{\mathrm{H}}=\boldsymbol{X}[(\boldsymbol{AYA})\boldsymbol{X}]^{\mathrm{H}}=\boldsymbol{X}(\boldsymbol{AX})^{\mathrm{H}}(\boldsymbol{AY})^{\mathrm{H}}\\&=\boldsymbol{XAXAY}=\boldsymbol{XAY}=\boldsymbol{XA}(\boldsymbol{YAY})=(\boldsymbol{XA})^{\mathrm{H}}(\boldsymbol{YA})^{\mathrm{H}}\boldsymbol{Y}\\&=(\boldsymbol{YAXA})^{\mathrm{H}}\boldsymbol{Y}=(\boldsymbol{YA})^{\mathrm{H}}\boldsymbol{Y}=\boldsymbol{YAY}=\boldsymbol{Y},\end{aligned}$$

从而，$\boldsymbol{A}$ 的加号逆是唯一的。 证毕。

定理 7.5 给出了利用奇异值分解计算加号逆的方法。由于计算奇异值分解比较烦琐，因此，下面定理给出了利用满秩分解计算加号逆的方法。

定理 7.6 设矩阵 $\boldsymbol{A}\in\mathbf{C}_r^{m\times n}(r>0)$，且 $\boldsymbol{A}$ 的满秩分解为 $\boldsymbol{A}=\boldsymbol{FG}$，则

$$\boldsymbol{A}^{+}=\boldsymbol{G}^{\mathrm{H}}(\boldsymbol{GG}^{\mathrm{H}})^{-1}(\boldsymbol{F}^{\mathrm{H}}\boldsymbol{F})^{-1}\boldsymbol{F}^{\mathrm{H}},$$

证 由定理 3.20 知，$\operatorname{rank}(\boldsymbol{GG}^{\mathrm{H}})=\operatorname{rank}\boldsymbol{G}=r$，$\operatorname{rank}(\boldsymbol{F}^{\mathrm{H}}\boldsymbol{F})=\operatorname{rank}\boldsymbol{F}=r$，从而 $\boldsymbol{GG}^{\mathrm{H}}$ 与 $\boldsymbol{F}^{\mathrm{H}}\boldsymbol{F}$ 都是 r 阶可逆矩阵，记

$$\boldsymbol{X}=\boldsymbol{G}^{\mathrm{H}}(\boldsymbol{GG}^{\mathrm{H}})^{-1}(\boldsymbol{F}^{\mathrm{H}}\boldsymbol{F})^{-1}\boldsymbol{F}^{\mathrm{H}},$$

容易验证 $\boldsymbol{X}$ 满足 4 个 Penrose 方程，故 $\boldsymbol{X}=\boldsymbol{A}^{+}$。 证毕。

推论 设矩阵 $\boldsymbol{A}\in\mathbf{C}^{m\times n}$，则当 $\operatorname{rank}\boldsymbol{A}=m$ 时，有

$$\boldsymbol{A}^{+}=\boldsymbol{A}^{\mathrm{H}}(\boldsymbol{AA}^{\mathrm{H}})^{-1},$$

而当 $\operatorname{rank}\boldsymbol{A}=n$ 时，有

$$\boldsymbol{A}^{+}=(\boldsymbol{A}^{\mathrm{H}}\boldsymbol{A})^{-1}\boldsymbol{A}^{\mathrm{H}}。$$

例 7.3 求矩阵 $\boldsymbol{A}=\begin{bmatrix}2 & 0 & 1 & 4\\ 0 & 1 & 0 & 2\\ 2 & -1 & 1 & 2\end{bmatrix}$ 的加号逆。

解

$$\boldsymbol{A}=\boldsymbol{FG}=\begin{bmatrix}2 & 0\\ 0 & 1\\ 2 & -1\end{bmatrix}\begin{bmatrix}1 & 0 & \frac{1}{2} & 2\\ 0 & 1 & 0 & 2\end{bmatrix},$$

于是

$$\boldsymbol{A}^{+}=\boldsymbol{G}^{\mathrm{T}}(\boldsymbol{GG}^{\mathrm{T}})^{-1}(\boldsymbol{F}^{\mathrm{T}}\boldsymbol{F})^{-1}\boldsymbol{F}^{\mathrm{T}}=\frac{1}{123}\begin{bmatrix}4 & -22 & 26\\ 5 & 34 & -29\\ 2 & -11 & 13\\ 18 & 24 & -6\end{bmatrix}。$$

7.2.2 加号逆的性质

由于加号逆是特殊的{1}逆，因此，加号逆的性质与{1}逆的性质比较相似。

定理 7.7 设矩阵 $\boldsymbol{A}\in\mathbf{C}^{m\times n}$，则

(1) $(\boldsymbol{A}^{+})^{+}=\boldsymbol{A}$；

(2) $(\boldsymbol{A}^{+})^{\mathrm{H}}=(\boldsymbol{A}^{\mathrm{H}})^{+}$，$(\boldsymbol{A}^{+})^{\mathrm{T}}=(\boldsymbol{A}^{\mathrm{T}})^{+}$；

(3) $(\lambda\boldsymbol{A})^{+}=\lambda^{+}\boldsymbol{A}^{+}$，其中 $\lambda\in\mathbf{C}$，且 $\lambda^{+}=\begin{cases}\lambda^{-1},\lambda\neq 0\\ 0,\lambda=0\end{cases}$；

(4) $\mathrm{rank}\boldsymbol{A}^{+}=\mathrm{rank}\boldsymbol{A}$；

(5) $\mathrm{rank}(\boldsymbol{A}\boldsymbol{A}^{+})=\mathrm{rank}(\boldsymbol{A}^{+}\boldsymbol{A})=\mathrm{rank}\boldsymbol{A}$；

(6) $\boldsymbol{A}^{+}=(\boldsymbol{A}^{\mathrm{H}}\boldsymbol{A})^{+}\boldsymbol{A}^{\mathrm{H}}=\boldsymbol{A}^{\mathrm{H}}(\boldsymbol{A}\boldsymbol{A}^{\mathrm{H}})^{+}$；

(7) $(\boldsymbol{A}^{\mathrm{H}}\boldsymbol{A})^{+}=\boldsymbol{A}^{+}(\boldsymbol{A}^{\mathrm{H}})^{+}$，$(\boldsymbol{A}\boldsymbol{A}^{\mathrm{H}})^{+}=(\boldsymbol{A}^{\mathrm{H}})^{+}\boldsymbol{A}^{+}$；

(8) 当 $\boldsymbol{U}$ 和 $\boldsymbol{V}$ 分别是 m 阶与 n 阶酉矩阵时，有 $(\boldsymbol{UAV})^{+}=\boldsymbol{V}^{\mathrm{H}}\boldsymbol{A}^{+}\boldsymbol{U}^{\mathrm{H}}$；

(9) $\boldsymbol{A}\boldsymbol{A}^{+}=\boldsymbol{I}_m$ 的充分必要条件是 $\mathrm{rank}\boldsymbol{A}=m$；

(10) $\boldsymbol{A}^{+}\boldsymbol{A}=\boldsymbol{I}_n$ 的充分必要条件是 $\mathrm{rank}\boldsymbol{A}=n$。

7.2.3 加号逆在线性方程组中的应用

在实际问题中，当线性方程组 $\boldsymbol{Ax}=\boldsymbol{b}$ 有解时，常需求出线性方程组 $\boldsymbol{Ax}=\boldsymbol{b}$ 的无穷多个解中 2-范数最小的解，即

$$\|\boldsymbol{x}_0\|_2=\min_{\boldsymbol{Ax}=\boldsymbol{b}}\|\boldsymbol{x}\|_2,$$

称 $\boldsymbol{x}_0$ 为线性方程组 $\boldsymbol{Ax}=\boldsymbol{b}$ 的极小范数解。

定理 7.8 设矩阵 $\boldsymbol{A}\in\mathbf{C}^{m\times m}$，$\boldsymbol{b}\in\mathbf{C}^{m}$，则线性方程组 $\boldsymbol{Ax}=\boldsymbol{b}$ 有解的充分必要条件是

$$\boldsymbol{A}\boldsymbol{A}^{+}\boldsymbol{b}=\boldsymbol{b},$$

且通解为

$$\boldsymbol{x}=\boldsymbol{A}^{+}\boldsymbol{b}+(\boldsymbol{I}-\boldsymbol{A}^{+}\boldsymbol{A})\boldsymbol{y}\quad(\boldsymbol{y}\in\mathbf{C}^{n}\text{ 任意}),\tag{7.4}$$

它的唯一极小范数解为 $\boldsymbol{x}_0=\boldsymbol{A}^{+}\boldsymbol{b}$。由式(7.4)可知，如果线性方程组 $\boldsymbol{Ax}=\boldsymbol{b}$ 有解，则当且仅当 $\boldsymbol{A}\boldsymbol{A}^{+}=\boldsymbol{I}$，即 $\mathrm{rank}\boldsymbol{A}=n$ 时，解唯一。

证 有解条件由定理 7.4 的推论 2 可得，因此我们只需证明极小范数解部分。对于式(7.4)给出的 $\boldsymbol{Ax}=\boldsymbol{b}$ 的通解，有

$$\begin{aligned}\|\boldsymbol{x}\|_2^2&=\boldsymbol{x}^{\mathrm{H}}\boldsymbol{x}=[\boldsymbol{A}^{+}\boldsymbol{b}+(\boldsymbol{I}-\boldsymbol{A}^{+}\boldsymbol{A})\boldsymbol{y}]^{\mathrm{H}}[\boldsymbol{A}^{+}\boldsymbol{b}+(\boldsymbol{I}-\boldsymbol{A}^{+}\boldsymbol{A})\boldsymbol{y}]\\&=\|\boldsymbol{A}^{+}\boldsymbol{b}\|_2^2+\|(\boldsymbol{I}-\boldsymbol{A}^{+}\boldsymbol{A})\boldsymbol{y}\|_2^2+\boldsymbol{b}^{\mathrm{H}}(\boldsymbol{A}^{+})^{\mathrm{H}}(\boldsymbol{I}-\boldsymbol{A}^{+}\boldsymbol{A})\boldsymbol{y}+\boldsymbol{y}^{\mathrm{H}}(\boldsymbol{I}-\boldsymbol{A}^{+}\boldsymbol{A})^{\mathrm{H}}\boldsymbol{A}^{+}\boldsymbol{b}\\&=\|\boldsymbol{A}^{+}\boldsymbol{b}\|_2^2+\|(\boldsymbol{I}-\boldsymbol{A}^{+}\boldsymbol{A})\boldsymbol{y}\|_2^2+\boldsymbol{b}^{\mathrm{H}}[(\boldsymbol{I}-\boldsymbol{A}^{+}\boldsymbol{A})\boldsymbol{A}^{+}]^{\mathrm{H}}\boldsymbol{y}+\boldsymbol{y}^{\mathrm{H}}(\boldsymbol{I}-\boldsymbol{A}^{+}\boldsymbol{A})\boldsymbol{A}^{+}\boldsymbol{b}\\&=\|\boldsymbol{A}^{+}\boldsymbol{b}\|_2^2+\|(\boldsymbol{I}-\boldsymbol{A}^{+}\boldsymbol{A})\boldsymbol{y}\|_2^2,\end{aligned}$$

可见，$\|\boldsymbol{x}\|_2\geqslant\|\boldsymbol{A}^{+}\boldsymbol{b}\|_2$，即 $\boldsymbol{A}^{+}\boldsymbol{b}$ 是极小范数解。

再证唯一性。设 $\boldsymbol{x}_0$ 是 $\boldsymbol{Ax}=\boldsymbol{b}$ 的极小范数解，则 $\|\boldsymbol{x}_0\|_2=\|\boldsymbol{A}^{+}\boldsymbol{b}\|_2$，且存在 $\boldsymbol{y}_0\in\mathbf{C}^{n}$，使得

$$x_0=A^+b+(I-A^+A)y_0,$$

与前面推导过程类似，有

$$\|x_0\|_2^2=\|A^+b\|_2^2+\|(I-A^+A)y_0\|_2^2,$$

从而 $\|(I-A^+A)y_0\|_2=0$，即 $(I-A^+A)y_0=\mathbf{0}$，从而 $x_0=A^+b$。 证毕。

当线性方程组无解时，往往希望求出它的最小二乘解。利用加号逆可以解决这一问题。这里只介绍主要结论，不予证明。

定理 7.9 设矩阵 $A\in \mathbf{C}^{m\times m}$，$b\in \mathbf{C}^m$，矛盾方程组 $Ax=b$ 的全部最小二乘解为

$$z=A^+b+(I-A^+A)y \quad (y\in \mathbf{C}^n \text{ 任意}),$$

唯一极小范数最小二乘解为 $x_0=A^+b$。

推论 1 设矩阵 $A\in \mathbf{C}^{m\times m}$，$b\in \mathbf{C}^m$，则 $z\in \mathbf{C}^n$ 矛盾方程组 $Ax=b$ 的最小二乘解的充分必要条件是，z 是方程组 $Ax=AA^+b$ 的解。

推论 2 设矩阵 $A\in \mathbf{C}^{m\times m}$，$b\in \mathbf{C}^m$，则 $z\in \mathbf{C}^n$ 矛盾方程组 $Ax=b$ 的最小二乘解的充分必要条件是，z 是方程组 $A^HAx=A^Hb$ 的解。

例 7.4 设 $A=\begin{bmatrix}1 & 2 & -1 & 1\\ 0 & -1 & 2 & 1\\ 1 & 1 & 1 & 2\end{bmatrix}$，$b=\begin{bmatrix}3\\2\\5\end{bmatrix}$，求 $Ax=b$ 的极小范数解。

解 由于 $A^+=\dfrac{1}{33}\begin{bmatrix}6 & 3 & 0\\ 9 & -1 & 0\\ 0 & 11 & 0\\ 9 & 10 & 0\end{bmatrix}$，因此 $Ax=b$ 的极小范数解是

$$x=A^+b=\frac{1}{33}\begin{bmatrix}6 & 3 & 0\\ 9 & -1 & 0\\ 0 & 11 & 0\\ 9 & 10 & 0\end{bmatrix}\begin{bmatrix}3\\2\\5\end{bmatrix}=\frac{1}{33}\begin{bmatrix}24\\25\\22\\47\end{bmatrix}。$$

习题 7

1. 求下列矩阵的{1}逆：

(1) $A=\begin{bmatrix}1 & 0 & 3\\ 2 & 3 & 0\\ 1 & 1 & 1\end{bmatrix}$； (2) $A=\begin{bmatrix}2 & 3 & 1 & -1\\ 5 & 8 & 0 & 1\\ 1 & 2 & -2 & 3\end{bmatrix}$。

2. 证明：

(1) 设 $\boldsymbol{A}\in\mathbf{C}_m^{m\times n}$，证明 $\boldsymbol{A}^+=\boldsymbol{A}^{\mathrm{H}}(\boldsymbol{A}\boldsymbol{A}^{\mathrm{H}})^{-1}$；

(2) 设 $\boldsymbol{A}\in\mathbf{C}_m^{m\times n}$，证明 $\boldsymbol{A}^+=(\boldsymbol{A}^{\mathrm{H}}\boldsymbol{A})^{-1}\boldsymbol{A}^{\mathrm{H}}$。

3. 求 $\boldsymbol{A}=\begin{bmatrix}1\\2\\3\end{bmatrix}$ 的加号逆。

4. 证明定理 7.7。

5. 用 $\boldsymbol{A}^+$ 讨论下列线性方程组解的情况。若有解，则求通解；若无解，则求极小范数最小二乘解。

(1) $\begin{bmatrix}0&0&2\\1&1&0\\0&0&1\\1&1&1\end{bmatrix}\boldsymbol{x}=\begin{bmatrix}1\\1\\1\\1\end{bmatrix}$；　(2) $\begin{bmatrix}1&0&-1&1\\0&2&2&2\\-1&4&5&3\end{bmatrix}\boldsymbol{x}=\begin{bmatrix}4\\-2\\-2\end{bmatrix}$。

第 8 章

数学实验

数学实验 1

1. 向量在基下的坐标

例 1 在 $\mathbf{R}^3$ 中求向量 $\boldsymbol{\eta}=(3,7,1)^{\mathrm{T}}$ 在基 $\boldsymbol{\alpha}_1=(1,3,5)^{\mathrm{T}}$，$\boldsymbol{\alpha}_2=(6,3,2)^{\mathrm{T}}$，$\boldsymbol{\alpha}_3=(3,1,0)^{\mathrm{T}}$ 下的坐标。

解 在 MATLAB 的命令窗口中输入以下内容：

```
>> u=[1,6,3;3,3,1;5,2,0]        %输入矩阵 u
u=
    1  6  3
    3  3  1
    5  2  0
>> v=[3;7;1]                    %输入矩阵 v
v=
    3
    7
    1
>> inv(sym(u)) * v              % inv(sym(u))为求 u 的逆矩阵,sym(u)为符号运算
ans=
    33
   -82
   154
```

所以 $\boldsymbol{\eta}$ 在基 $\boldsymbol{\alpha}_1,\boldsymbol{\alpha}_2,\boldsymbol{\alpha}_3$ 下的坐标为(33,−82,154)。

2. 基变换

例 2　已知 $\mathbf{R}^3$ 的两组基 $\boldsymbol{u},\boldsymbol{v}$ 如下：

$$\boldsymbol{u}:\boldsymbol{\alpha}_1=(1,0,0)^{\mathrm{T}},\ \boldsymbol{\alpha}_2=(1,1,0)^{\mathrm{T}},\ \boldsymbol{\alpha}_3=(1,1,1)^{\mathrm{T}},$$
$$\boldsymbol{v}:\boldsymbol{\beta}_1=(1,1,0)^{\mathrm{T}},\ \boldsymbol{\beta}_2=(0,1,1)^{\mathrm{T}},\ \boldsymbol{\beta}_3=(1,0,1)^{\mathrm{T}},$$

求从基向量 $\boldsymbol{u}$ 到基向量 $\boldsymbol{v}$ 的过渡矩阵。

解　在 MATLAB 的命令窗口中输入以下内容：

```
>> u=[1,1,1;0,1,1;0,0,1]
u=
    1  1  1
    0  1  1
    0  0  1
>> v=[1,0,1;1,1,0;0,1,1]
v=
    1  0  1
    1  1  0
    0  1  1
>>inv(u) * v                                %求解矩阵方程,其中 inv(u)为求 u 的逆矩阵
   ans=
     0  -1   1
     1   0  -1
     0   1   1
```

所以从基向量 $\boldsymbol{u}$ 到基向量 $\boldsymbol{v}$ 的过渡矩阵为 $\boldsymbol{P}=\begin{bmatrix}0 & -1 & 1\\ 1 & 0 & -1\\ 0 & 1 & 1\end{bmatrix}$。

练习题 1

设 $\mathbf{R}^4$ 的两组基如下：

$$\boldsymbol{u}:\boldsymbol{\alpha}_1=(1,0,2,1)^{\mathrm{T}},\boldsymbol{\alpha}_2=(0,1,0,1)^{\mathrm{T}},\boldsymbol{\alpha}_3=(0,0,1,1)^{\mathrm{T}},\boldsymbol{\alpha}_4=(0,0,0,1)^{\mathrm{T}}$$
$$\boldsymbol{v}:\boldsymbol{\beta}_1=(1,0,0,0)^{\mathrm{T}},\boldsymbol{\beta}_2=(1,1,3,0)^{\mathrm{T}},\boldsymbol{\beta}_3=(1,0,1,0)^{\mathrm{T}},\boldsymbol{\beta}_4=(1,0,0,1)^{\mathrm{T}}$$

且线性变换 T 为 $T(\boldsymbol{\beta}_1)=(1,1,0,0)^{\mathrm{T}}$, $T(\boldsymbol{\beta}_2)=(1,1,1,0)^{\mathrm{T}}$, $T(\boldsymbol{\beta}_3)=(1,1,1,1)^{\mathrm{T}}$, $T(\boldsymbol{\beta}_4)=(1,0,1,1)^{\mathrm{T}}$，求 T 在基 $\boldsymbol{u}$ 下的矩阵。

数学实验 2

本实验求标准正交基。

MATLAB 中并不采用 Schmidt 算法将向量组正交化(因为该算法对误差的积累比较敏感)，而用更好的算法编写了正交分解子程序 qr. m，将矩阵 $\boldsymbol{v}$ 分解为 $\boldsymbol{Q}$ 和 $\boldsymbol{R}$ 两个矩阵的乘积。调用方法为

```
[Q,R]=qr(v)
```

它满足

$$\boldsymbol{QR}=\boldsymbol{v}$$

设 $\boldsymbol{v}$ 是 $m\times n$ 矩阵，当 $m=n$ 时，输出的变元 $\boldsymbol{R}$ 是 n 阶可逆的上三角矩阵，$\boldsymbol{Q}$ 是 n 阶正交矩阵，其列向量组就是待求的规范正交向量组。当 $n<m$ 时，输出的变元 $\boldsymbol{R}$ 是一个 $m\times n$ 行阶梯矩阵，而 $\boldsymbol{Q}$ 是 m 阶正交矩阵，在 $\boldsymbol{Q}$ 中取前 n 列，就是待求的规范正交向量组，即

```
e=Q(:,[1:n])
```

例 1 设向量组 $\boldsymbol{\alpha}_1=(7,-4,-2,9)^T$，$\boldsymbol{\alpha}_2=(-4,5,-1,-7)^T$，$\boldsymbol{\alpha}_3=(9,4,4,-7)^T$，求其规范化正交基向量 $\boldsymbol{e}_1,\boldsymbol{e}_2,\cdots,\boldsymbol{e}_n$。

解 设计程序如下：

```
>> v=[7,-4,9;-4,5,4;-2,-1,4;9,-7,-7]
v=
     7   -4    9
    -4    5    4
    -2   -1    4
     9   -7   -7
>>[Q,R]=qr(v)                              % QR分解
Q=
   -0.5715   -0.3164   -0.7473   -0.1217
    0.3266   -0.6096   -0.1080    0.7142
    0.1633    0.7144   -0.5022    0.4591
   -0.7348    0.1339    0.4216    0.5141
R=
   -12.2474    8.8998     1.9596
          0   -3.4341    -3.3662
          0         0   -12.1173
          0         0          0
>> e=Q(:,[1:3])                            %取前3列
e=
   -0.5715   -0.3164   -0.7473
    0.3266   -0.6096   -0.1080
    0.1633    0.7144   -0.5022
   -0.7348    0.1339    0.4216
>> e' * e                                  %检验是否为规范化正交基向量
ans=
    1.0000    0.0000   -0.0000
    0.0000    1.0000   -0.0000
   -0.0000   -0.0000    1.0000
```

所以规范化正交基向量是 $\boldsymbol{Q}$ 的前 3 列：

$\boldsymbol{e}_1=(-0.5715,0.3266,0.1633,-0.7348)^T$，

$\boldsymbol{e}_2=(-0.3164,-0.6096,0.7144,0.1339)^T$，

$\boldsymbol{e}_3=(-0.7473,-0.1080,-0.5022,0.4216)^T$，

这证明 $\boldsymbol{e}$ 确实为规范化正交基向量。

练习题 2

已知 $\boldsymbol{\alpha}_1=(0,2,1,0)^T$，$\boldsymbol{\alpha}_2=(1,-1,0,0)^T$，$\boldsymbol{\alpha}_3=(1,2,0,-1)^T$，$\boldsymbol{\alpha}_4=(1,0,0,1)^T$ 是欧氏

空间 $\mathbf{R}^4$ 的一组基，试将其规范正交化。

数学实验 3

1. λ-矩阵的 Smith 标准形

例 1　把 λ-矩阵

$$A(\lambda)=\begin{bmatrix}1-\lambda & \lambda^2 & \lambda\\ \lambda & \lambda & -\lambda\\ 1+\lambda^2 & \lambda^2 & -\lambda^2\end{bmatrix}$$

化为 Smith 标准形。

解　在 MATLAB 的命令窗口中输入以下内容：

```
>> syms x
>> A=[1-x,x^2,x;x,x,-x;1+x^2,x^2,-x^2]   %输入矩阵
A=
[  1-x,   x^2,      x]
[    x,     x,     -x]
[x^2+1,   x^2,   -x^2]
>> S=smithForm(A)                         %矩阵的 Smith 标准形
S=
[1,  0,      0]
[0,  x,      0]
[0,  0,  x^2+x]
```

所以 λ-矩阵 $A(\lambda)$ 的 Smith 标准形为 $S(\lambda)=\begin{bmatrix}1 & 0 & 0\\ 0 & \lambda & 0\\ 0 & 0 & \lambda(\lambda+1)\end{bmatrix}$。

2. 特征多项式

MATLAB 提供了求取矩阵特征多项式系数的函数 poly()，该函数的调用格式为：

```
C=poly(A)
```

该函数返回一个行向量，其中的各个分量为矩阵 A 的降幂排列的特征多项式系数。

例 2　设

$$A=\begin{bmatrix}3 & 1 & -3\\ -7 & -2 & 9\\ -2 & -1 & 4\end{bmatrix},$$

求矩阵 A 的特征多项式。

解　可以通过函数 poly()直接求出该矩阵的特征多项式。

```
syms x;
A=sym([3,1,-3;-7,-2,9;-2,-1,4]);
polyA=charpoly(A,x);
eigenA=solve(polyA)
```

```
eigenA=
  1
  2
  2
```

即 $\boldsymbol{A}$ 的特征多项式为 $f(\lambda)=|\lambda\boldsymbol{E}-\boldsymbol{A}|=(\lambda-1)(\lambda-2)^2$。

3. 矩阵的特征值与特征向量

由 MATLAB 提供的函数 eig()可以容易地求出矩阵的特征值与特征向量。该函数的调用格式为：

```
d=eig(A)            %只求解特征值
[V,D]=eig(A)        %求解特征值和特征向量
```

其中，$\boldsymbol{D}$ 为一个对角矩阵，其对角线上的元素为矩阵 $\boldsymbol{A}$ 的特征值，而矩阵 $\boldsymbol{V}$ 的列为该特征值对应的特征向量，满足 $\boldsymbol{AV}=\boldsymbol{VD}$，且每个特征向量各元素的平方和均为 1。即使 $\boldsymbol{A}$ 为复数矩阵，也照样可以由 eig()得出其特征值与特征向量。

例 3 设

$$\boldsymbol{A}=\begin{bmatrix}1 & 2 & 0\\ 2 & 5 & -1\\ 4 & 10 & -1\end{bmatrix},$$

求 $\boldsymbol{A}$ 的特征值与特征向量。

解 可以调用 eig()直接获得矩阵 $\boldsymbol{A}$ 的特征值。

```
>>A=[1,2,0;2,5,-1;4,10,-1];eig(A)
```

运行结果为

```
ans=
    3.7321
    0.2679
    1.0000
```

符号运算工具箱中也提供了 eig()，理论上可以求解任意高阶矩阵的精确特征根。对于给定的矩阵 $\boldsymbol{A}$，可以由下面的语句求出特征根的精确解：

```
>> eig(sym(A))
```

运行结果为

```
ans=
            1
  2-3^(1/2)
  3^(1/2)+2
```

对于上面同样的矩阵 $\boldsymbol{A}$，可以通过下面的语句同时求出矩阵的特征值和特征向量：

```
>>[V,D]=eig(A)
```

运行结果为

```
V=
   -0.2440   -0.9107   0.4472
   -0.3333    0.3333   0.0000
   -0.9107   -0.2440   0.8944
D=
   3.7321         0         0
        0    0.2679         0
        0         0    1.0000
```

同样，用符号运算工具箱中的 eig()也可以求解出特征值和特征向量矩阵的解析解：

```
>>[V,D]=eig(sym(A))
```

运行结果为

```
V=
[1/2,          3^(1/2)+2,        2-3^(1/2)]
[  0,   -3^(1/2)/2-1/2,   3^(1/2)/2-1/2]
[  1,                  1,                1]
D=
[1,          0,          0]
[0,  2-3^(1/2),          0]
[0,          0,  3^(1/2)+2]
```

会发现：两种方法解出的对应于特征值的特征向量是不同的。其实，特征向量本来不是唯一的，若两者相互可以线性表示，则都是正确的，也是等价的。

4. 矩阵的 Jordan 标准形

使用符号运算工具箱中的 jordan()来分解出矩阵的 Jordan 标准形，并求出非奇异的广义特征向量矩阵。该函数的调用格式为：

```
J=jordan(A)            %只返回 Jordan 矩阵
[P,J]=jordan(A)        %返回 Jordan 矩阵和广义特征向量矩阵
```

有了广义特征向量矩阵 $\boldsymbol{P}$，则矩阵的 Jordan 标准形可以由 $\boldsymbol{J}=\boldsymbol{P}^{-1}\boldsymbol{A}\boldsymbol{P}$ 变换出来。

例 4　求例 2 中矩阵 $\boldsymbol{A}$ 的 Jordan 标准形。

解　符号矩阵的 Jordan 分解可以用 jordan()直接进行分解，得出所需的矩阵。

```
>> A=[3,1,-3;-7,-2,9;-2,-1,4]
 A=
     3    1   -3
    -7   -2    9
    -2   -1    4
>> J=jordan(A)
 J=
    1  0  0
    0  2  1
    0  0  2
>>[P,J]=jordan(A)
 P=
    0    1    1
    3   -4   -3
    1   -1   -1
 J=
```

```
    1  0  0
    0  2  1
    0  0  2
```

例 5 求例 3 中矩阵 $\boldsymbol{A}$ 的 Jordan 标准形。

解 用 jordan()直接进行分解。

```
>> A=[1,2,0;2,5,-1;4,10,-1]
A=
    1   2   0
    2   5  -1
    4  10  -1
>>[P,J]=jordan(A)
P=
    0.5000    3.7321   0.2679
         0   -1.3660   0.3660
    1.0000    1.0000   1.0000
J=
    1.0000         0        0
         0    0.2679        0
         0         0   3.7321
```

可知矩阵 $\boldsymbol{A}$ 能对角化。存在可逆矩阵 $\boldsymbol{P}=\begin{bmatrix}0.5000 & 3.7321 & 0.2679\\ 0 & -1.3660 & 0.3660\\ 1 & 1 & 1\end{bmatrix}$，

使$\boldsymbol{P}^{-1}\boldsymbol{AP}=\boldsymbol{\Lambda}=\begin{bmatrix}1 & 0 & 0\\ 0 & 0.2679 & 0\\ 0 & 0 & 3.7321\end{bmatrix}$为对角矩阵。

练习题 3

1. 将 λ-矩阵

$$\boldsymbol{A}(\lambda)=\begin{bmatrix}\lambda^2+\lambda & 0 & 0\\ 0 & \lambda & 0\\ 0 & 0 & (\lambda+1)^2\end{bmatrix}$$

化为 Smith 标准形。

2. 设

$$\boldsymbol{A}=\begin{bmatrix}2 & -1 & -1\\ 2 & -1 & -2\\ -1 & 1 & 2\end{bmatrix},$$

求 $\boldsymbol{A}$ 的 Jordan 标准形 $\boldsymbol{J}$，并求相似变换矩阵 $\boldsymbol{P}$，使得$\boldsymbol{P}^{-1}\boldsymbol{AP}=\boldsymbol{J}$。

3. 设

$$A=\begin{bmatrix}3 & 1 & -3\\ -7 & -2 & 9\\ -2 & -1 & 4\end{bmatrix},$$

求 A 的最小多项式。

数学实验 4

1. 矩阵的满秩分解

例 1　设

$$A=\begin{bmatrix}1 & -1 & 2 & 3\\ -1 & 0 & -1 & 0\\ 3 & 2 & -1 & -6\\ 0 & -1 & 1 & 3\\ 2 & 2 & -2 & -6\end{bmatrix}$$

将 A 进行满秩分解。

解

```
>> A=[1,-1,2,3;-1,0,-1,0;3,2,-1,-6;0,-1,1,3;2,2,-2,-6]; %输入矩阵 A
>> B=rref(A)                        %将矩阵 A 化为行最简形矩阵 B
 B=
    1  0  0   0
    0  1  0  -3
    0  0  1   0
    0  0  0   0
    0  0  0   0
>> C=A(:,[1:3])                     %取矩阵 A 的前三列
 C=
     1  -1   2
    -1   0  -1
     3   2  -1
     0  -1   1
     2   2  -2
>> D=B([1:3],:)                     %取矩阵 B 的前三行
 D=
    1  0  0   0
    0  1  0  -3
    0  0  1   0
>> C*D                              %验证 A=C*D
 ans=
```

```
  1  -1   2   3
 -1   0  -1   0
  3   2  -1  -6
  0  -1   1   3
  2   2  -2  -6
```

2. 奇异值分解

MATLAB 提供了直接求取矩阵奇异值分解的函数 svd()，其调用格式为：

```
S=svd(A)              %只计算矩阵的奇异值
[V,S1,U]=svd(A)       %矩阵奇异值与变换矩阵
```

其中，$\boldsymbol{A}$ 为原始矩阵，返回的 $\boldsymbol{S}_1$ 为对角矩阵，而 $\boldsymbol{V}$ 和 $\boldsymbol{U}$ 均为正交变换矩阵，并满足 $\boldsymbol{A}=\boldsymbol{V}\boldsymbol{S}_1\boldsymbol{U}^{\mathrm{T}}$。

例 2 设矩阵

$$\boldsymbol{A}=\begin{bmatrix}1 & 0 & 0\\ 0 & \frac{1}{2} & -\frac{1}{2}\\ 0 & -\frac{1}{2} & \frac{1}{2}\end{bmatrix}$$

求 $\boldsymbol{A}$ 的奇异值分解。

解

```
>> A=[1,0,0;0,1/2,-1/2;0,-1/2,1/2]
A=
    1.0000         0         0
         0    0.5000   -0.5000
         0   -0.5000    0.5000
>> sym(A)
ans=
    [1,      0,      0]
    [0,    1/2,   -1/2]
    [0,   -1/2,    1/2]
>> svd(A)                          %矩阵的奇异值
ans=
    1
    1
    0
>>[V,S1,U]=svd(A)                  %奇异值分解
V=
          0    1.0000         0
    -0.7071         0    0.7071
     0.7071         0    0.7071
S1=
```

```
    1  0  0
    0  1  0
    0  0  0
U=
         0   1.0000        0
   -0.7071        0   0.7071
    0.7071        0   0.7071
>>V=sym(V)
V=
   [           0,  1,           0]
   [-2^(1/2)/2,  0,  2^(1/2)/2]
   [ 2^(1/2)/2,  0,  2^(1/2)/2]
>>U=sym(U)
U=
   [           0,  1,           0]
   [-2^(1/2)/2,  0,  2^(1/2)/2]
   [ 2^(1/2)/2,  0,  2^(1/2)/2]
>> sym(V * S1 * U')                 %检验A=VS1U^T
ans=
   [1,     0,      0]
   [0,   1/2,   -1/2]
   [0,  -1/2,    1/2]
```

数学实验 5

本实验求向量或矩阵的范数。

在 MATLAB 中，求解向量和矩阵范数的语句如下：

```
n=norm(A)          %计算向量或矩阵的 2-范数
n=norm(A,p)        %计算向量或矩阵的 p-范数
```

在 n=norm(A,p)中，p 可以选择任何大于 1 的实数。如果需要求解的是无穷阶范数，则可以将 p 设置为 inf。如果需要求解的是 F-范数，则可以将 p 设置为 'fro'。

例 1　已知向量 $\boldsymbol{v}=(1+\mathrm{i},2-3\mathrm{i},4+\mathrm{i})$，求 $\|\boldsymbol{v}\|_1$，$\|\boldsymbol{v}\|_2$，$\|\boldsymbol{v}\|_\infty$。

解

```
>> v=[1+i,2-3i,4+i]                  %输入向量
v=
   1.0000+1.0000i   2.0000-3.0000i   4.0000+1.0000i
>> norm(v,1)                         %1-范数
ans=
   9.1429
>> norm(v,2)                         %2-范数
ans=
```

```
    5.6569
>> norm(v,inf)                          %∞-范数
ans=
    4.1231
```

若想得到解析解，可输入下面语句：

```
>> norm(sym(v),1)                       %1-范数解析解
```

运行结果为：

```
ans=
2^(1/2)+13^(1/2)+17^(1/2)
```

例 2 设

$$A=\begin{bmatrix}1 & -4 & -1 & -4\\ 2 & 0 & 5 & -4\\ -1 & 1 & -2 & 3\\ -1 & 4 & -1 & 5\end{bmatrix},$$

求 $\|A\|_F$、$\|A\|_1$ 和 $\|A\|_\infty$。

解

```
>> A=[1,-4,-1,-4;2,0,5,-4;-1,1,-2,3;-1,4,-1,5];   %输入矩阵
>> norm(A,'fro')                                  %F-范数
ans=
    11.7047
>> norm(A,1)                                      %1-范数
ans=
    16
>> norm(A,inf)                                    %∞-范数
ans=
    11
```

练习题 5

若 $A=\begin{bmatrix}1 & -1 & 2 & 4\\ -1 & 1 & 0 & 1\\ -1 & -2 & 1 & -1\\ 1 & -1 & -1 & 1\end{bmatrix}$，$X=\begin{bmatrix}1\\2\\3\\4\end{bmatrix}$，求 $\|A\|_\infty$ 和 $\|AX\|_1$。

数学实验 6

1. 函数矩阵的微分和积分

例 1 设矩阵序列

$$A_m=\begin{bmatrix}\frac{1}{3^m}+1 & \frac{1}{m}\\ 1 & \frac{m^2+1}{m^2}\end{bmatrix},$$

求A_m 的极限。

解

```
>> syms m
>> A=[1/3^m+1,1/m;1,1+1/m^2];          %输入矩阵
>> limit(A,m,inf)                       %求矩阵极限
ans=
[1,0]
[1,1]
```

例 2　设 $A(x)=\begin{bmatrix}1 & x^2\\ x & 0\end{bmatrix}$，计算$\frac{dA}{dx}$，$\frac{d^2A}{dx^2}$，$\frac{d}{dx}\det A(x)$，$\det\frac{dA(x)}{dx}$，$\frac{d}{dt}A^{-1}(t)$。

解

```
>> syms x
>> A=[1,x^2;x,0];                       %输入矩阵
>> diff(A)                              %计算dA/dx
ans=
[0,2*x]
[1,   0]
>> diff(A,x,2)                          %计算d^2A/dx^2
ans=
[0,2]
[0,0]
>> diff(det(A))                         %计算d/dx detA(x)
ans=
-3*x^2
>> det(diff(A))                         %计算 det dA(x)/dx
ans=
-2*x
>> diff(inv(A))                         %计算d/dt A^(-1)(t)
ans=
[        0,   -1/x^2]
[-2/x^3,     3/x^4]
```

例 3　设矩阵 $A(t)=\begin{bmatrix}\cos t & t^2\\ 2^t & \ln(2+t)\end{bmatrix}$，在 MATLAB 中，求 $\int A(t)dt$ 和$\int_0^1 A(t)dt$，

$\frac{\mathrm{d}}{\mathrm{d}t}\int_0^t \boldsymbol{A}(t)\,\mathrm{d}t$。

解

```
>> syms t
>> A=[cos(t),t^2;2^t,log(2+t)];                 %输入矩阵
>> int(A)                                        %计算 ∫A(t)dt

ans=
    [     sin(t),                     t^3/3]
    [2^t/log(2),   (log(t+2)-1) * (t+2)]

>> int(A,0,1)                                    %计算 ∫_0^1 A(t)dt

ans=
    [   sin(1),              1/3]
    [1/log(2),   log(27/4)-1]

>> diff(int(A,0,t))                              %计算 d/dt ∫_0^t A(t)dt

ans=
    [cos(t),           t^2]
    [    2^t,   log(t+2)]
```

2. **矩阵级数**

例 4 设方阵序列

$$\boldsymbol{A}_m=\begin{bmatrix}\dfrac{1}{2^m} & \dfrac{1}{3^m}\\ \dfrac{(-1)^m}{m+1} & \dfrac{1}{(m+1)^2}\end{bmatrix},$$

求方阵级数 $\sum_{m=0}^{\infty}\boldsymbol{A}_m$ 。

解

```
>> syms m
>> A=[1/2^m,1/3^m;(-1)^m/(m+1),1/(m+1)^2];
>> symsum(A,m,0,inf)
ans=
    [       2,       3/2]
    [log(2),   pi^2/6]
```

3. **矩阵函数**

求解矩阵函数可以使用 funm()，其调用格式为：

```
funm(A,'函数名')            %数值解
funm(sym(A),'函数名')       %解析解
```

其中，函数名应该由单引号括起来。

例 5 设

$$A=\begin{bmatrix}0 & 0 & -2\\ 0 & 1 & 0\\ 1 & 0 & 3\end{bmatrix},$$

求矩阵函数 e^{A}、e^{At}、$\sin\boldsymbol{A}$ 和 $\sin(\boldsymbol{A}t)$。

解

```
>> A=[0,0,-2;0,1,0;1,0,3];                          %输入矩阵
>> funm(sym(A),'exp')                               %计算 e^A
ans=
[2*exp(1)-exp(2),       0,   2*exp(1)-2*exp(2)]
[              0,  exp(1),                   0]
[  exp(2)-exp(1),       0,     2*exp(2)-exp(1)]
>> funm(A*t,'exp')                                  %计算 e^(At)
ans=
[2*exp(t)-exp(2*t),       0,   2*exp(t)-2*exp(2*t)]
[                0,  exp(t),                     0]
[  exp(2*t)-exp(t),       0,     2*exp(2*t)-exp(t)]
>> funm(sym(A),'sin')                               %计算 sin A
ans=
[2*sin(1)-sin(2),       0,   2*sin(1)-2*sin(2)]
[              0,  sin(1),                   0]
[  sin(2)-sin(1),       0,     2*sin(2)-sin(1)]
>> funm(A*t,'sin')                                  %计算 sin(At)
ans=
[2*sin(t)-sin(2*t),       0,   2*sin(t)-2*sin(2*t)]
[                0,  sin(t)                      0]
[  sin(2*t)-sin(t),       0,     2*sin(2*t)-sin(t)]
```

另外,MATLAB 还提供了对矩阵进行指数运算的现成函数 expm(),可以通过该函数直接计算 e^{A} 和 e^{At},过程如下:

```
>> expm(sym(A))                                     %计算 e^A
ans=
[2*exp(1)-exp(2),       0,   2*exp(1)-2*exp(2)]
[              0,  exp(1),                   0]
[  exp(2)-exp(1),       0,     2*exp(2)-exp(1)]
>> expm(A*t)                                        %计算 e^(At)
ans=
[2*exp(t)-exp(2*t),       0,   2*exp(t)-2*exp(2*t)]
[                0,  exp(t),                     0]
[  exp(2*t)-exp(t),       0,     2*exp(2*t)-exp(t)]
```

下面演示基于 Jordan 矩阵变换的 e^{At} 矩阵处理方法。

```
>>[V,J]=jordan(A)                    %矩阵的 Jordan 标准形
 V=
    -1  0  -2
     0  1   0
     1  0   1
 J=
     2  0  0
     0  1  0
     0  0  1
```

可以得出 Jordan 标准形 $\boldsymbol{J}$ 和特征向量矩阵 $\mathbf{V}$。由 Jordan 标准形可以写出 e^{Jt} 的表达式如下：

```
>> J1=[exp(2*t),0,0;0,exp(t),0;0,0,exp(t)]
J1=
   [exp(2*t),       0,       0]
   [       0,  exp(t),       0]
   [       0,       0,  exp(t)]
>> V*J1*inv(V)
ans=
   [2*exp(t)-exp(2*t),       0,  2*exp(t)-2*exp(2*t)]
   [                 0,  exp(t),                    0]
   [  exp(2*t)-exp(t),       0,    2*exp(2*t)-exp(t)]
```

其结果与直接求解的结果是完全一致的。

4. 常系数线性微分方程组

在 MATLAB 中，由函数 dsolve()解决常微分方程(组)的求解问题，其调用格式如下：

```
r=dsolve('eq1,eq2,…','cond1,cond2,…','v')
```

其中，'eq1,eq2,…' 为微分方程或微分方程组，'cond1,cond2,…' 为初始条件或边界条件，'v' 是独立变量，默认的独立变量是 't'。

函数 dsolve()用来解符号常微分方程、方程组，如果没有初始条件，则求出通解，如果有初始条件，则求出特解。

例 6 求矩阵微分方程组 $\frac{d\boldsymbol{X}}{dt}=\boldsymbol{AX}+\boldsymbol{B}$ 的通解，其中 $\boldsymbol{A}=\begin{bmatrix}-7 & -7 & 5\\ -8 & -8 & -5\\ 0 & -5 & 0\end{bmatrix}$，$\boldsymbol{B}=(-1,1,1)^{\mathrm{T}}$；并求满足初始条件 $\boldsymbol{X}(0)=(3,-2,1)^{\mathrm{T}}$ 的特解。

解

```
>> syms x(t)y(t)z(t)
>> A=[-7-7 5;-8-8-5;0-5 0];                 %输入系数矩阵 A
>> B=[-1;1 ;1];                             %输入常数列矩阵 B
>> X=[x;y ;z];
>> eqn=diff(X)==A*X+B                       %建立微分方程组
eqn(t)=
  diff(x(t),t)==5*z(t)-7*y(t)-7*x(t)-1
```

```
        diff(y(t),t)==1-8*y(t)-5*z(t)-8*x(t)
                     diff(z(t),t)==1-5*y(t)
>>[xSol(t) ySol(t) zSol(t)]=dsolve(eqn)                    %求通解
xSol(t)=
C2*exp(5*t)-exp(-5*t)*(C1+exp(5*t)/5)+2*C3*exp(-15*t)
ySol(t)=
exp(-5*t)*(C1+exp(5*t)/5)-C2*exp(5*t)+3*C3*exp(-15*t)
zSol(t)=
exp(-5*t)*(C1+exp(5*t)/5)+C2*exp(5*t)+C3*exp(-15*t)
>> C=X(0)==[3;-2;1];                                       %输入初始条件
>>[xSol(t) ySol(t) zSol(t)]=dsolve(eqn,C)                  %求特解
xSol(t)=
(17*exp(5*t))/10+(2*exp(-15*t))/5-exp(-5*t)*(exp(5*t)/5-11/10)
ySol(t)=
(3*exp(-15*t))/5-(17*exp(5*t))/10+exp(-5*t)*(exp(5*t)/5-11/10)
zSol(t)=
(17*exp(5*t))/10+exp(-15*t)/5+exp(-5*t)*(exp(5*t)/5-11/10)
```

练习题 6

1. 设函数矩阵

$$\boldsymbol{A}(t)=\begin{bmatrix}\sin t & \cos t & t\\ \dfrac{\sin t}{t} & e^t & t^2\\ 1 & 0 & t^3\end{bmatrix}$$

求：

(1) $\lim\limits_{t\to 0}\boldsymbol{A}(t)$；

(2) $\dfrac{d}{dt}\boldsymbol{A}(t)$，$\dfrac{d^2}{dt^2}\boldsymbol{A}(t)$，$\dfrac{d}{dt}\det \boldsymbol{A}(t)$。

2. 设函数矩阵

$$\boldsymbol{A}(t)=\begin{bmatrix}\sin t & -\cos t\\ \cos t & \sin t\end{bmatrix}$$

求 $\int_0^t \boldsymbol{A}(t)dt$，$\dfrac{d}{dt}\int_0^{t^2}\boldsymbol{A}(t)dt$ 。

3. 设矩阵

$$\boldsymbol{A}=\begin{bmatrix}0 & 1\\ 0 & -2\end{bmatrix},$$

求 $e^{\boldsymbol{A}}$，$e^{\boldsymbol{A}t}$，$\cos\boldsymbol{A}$，$\cos(\boldsymbol{A}t)$。

4. 求微分方程组

$$\begin{cases}\dfrac{dx_1}{dt}=x_2+x_3\\ \dfrac{dx_2}{dt}=x_1+x_2-x_3\\ \dfrac{dx_3}{dt}=x_2+x_3\end{cases}$$

的通解。

5. 求微分方程组

$$\frac{d\boldsymbol{X}}{dt}=\boldsymbol{AX}+\boldsymbol{B}u(t)$$

满足初始条件 $\boldsymbol{X}(0)=\boldsymbol{X}_0$ 的解。式中，

$$\boldsymbol{X}=\begin{bmatrix}x_1(t)\\x_2(t)\\x_3(t)\end{bmatrix},\boldsymbol{A}=\begin{bmatrix}-6&1&0\\-11&0&1\\-6&0&0\end{bmatrix},\boldsymbol{B}=\begin{bmatrix}2\\6\\2\end{bmatrix},$$

$$u(t)=[1],\boldsymbol{X}_0=\begin{bmatrix}1\\0\\-1\end{bmatrix}。$$

数学实验 7

1. 广义逆矩阵

例 1 设

$$\boldsymbol{A}=\begin{bmatrix}2&0&1&4\\0&1&0&2\\2&-1&1&2\end{bmatrix}$$

求广义逆矩阵$\boldsymbol{A}^+$。

解

```
>> A=[2,0,1,4;0,1,0,2;2,-1,1,2];
>> pinv(sym(A))                          %矩阵的广义逆矩阵
ans=
[4/123,  -22/123,    26/123]
[5/123,    34/123,  -29/123]
[2/123,  -11/123,    13/123]
[ 6/41,       8/41,    -2/41]
>> norm(A*iA*A-A)                        %测试关系式AA+A=A
ans=
0
```

```
>> norm(iA * A * iA-iA)                %测试关系式A+AA+=A+
ans=
0
>> norm(iA * A-A' * iA')               %测试关系式(A+A)T=A+A
ans=
0
>> norm(A * iA-iA' * A')               %测试关系式(AA+)T=AA+
ans=
0
```

2. 广义逆矩阵求解线性方程组

例 2　求不相容方程组

$$\begin{bmatrix}1 & 2\\2 & 1\\1 & 1\end{bmatrix}\begin{bmatrix}x_1\\x_2\end{bmatrix}=\begin{bmatrix}1\\0\\0\end{bmatrix}$$

的最小二乘解。

解

```
>> A=[1,2;2,1;1,1];
>> B=[1;0;0];
>> pinv(sym(A)) * B
ans=
-4/11
  7/11
```

练习题 7

1. 设

$$\boldsymbol{A}=\begin{bmatrix}1 & 0 & 0\\0 & 1 & -1\\1 & 0 & 0\\2 & 1 & -1\end{bmatrix}$$

求广义逆矩阵$\boldsymbol{A}^+$。

2. 已知

$$\boldsymbol{A}=\begin{bmatrix}1 & 0 & 3\\2 & 3 & 0\\1 & 1 & 1\end{bmatrix},\boldsymbol{b}=\begin{bmatrix}3\\0\\1\end{bmatrix}$$

求线性方程组 $\boldsymbol{Ax}=\boldsymbol{b}$ 的最小范数解。

附录A

各章习题参考答案

习题 1

1. 基$\boldsymbol{A}_1=\begin{bmatrix}1&0\\0&0\end{bmatrix}$，$\boldsymbol{A}_2=\begin{bmatrix}0&0\\0&1\end{bmatrix}$，$\boldsymbol{A}_3=\begin{bmatrix}0&1\\1&0\end{bmatrix}$，维数为 3。

2. (1)否。因为两个 m 次多项式相加不一定是 m 次多项式，所以加法运算不封闭。

(2)否。因为 $b_1\neq 0$ 时，$1\circ(a_1,b_1)=(a_1,0)\neq(a_1,b_1)$。

(3)否。取 $\boldsymbol{\alpha}=(a,b,c)\in V$，$\boldsymbol{\beta}=(-a,-b,c)\in V$，而 $\boldsymbol{\alpha}+\boldsymbol{\beta}=(0,0,2c)\notin V$，加法运算不封闭。

3. 零元素$(0,0)$，负元素$(-a_1,a_1^2-a_2)$。

4. (1)线性无关。

(2)因为 $1-2\cos^2 x+\cos 2x=0$，所以 $1,\cos^2 x,\cos 2x$ 线性相关。

5. $\boldsymbol{\alpha}=(\boldsymbol{\alpha}_1,\boldsymbol{\alpha}_2,\boldsymbol{\alpha}_3)\begin{bmatrix}x_1\\x_2\\x_3\end{bmatrix}$，坐标为$(33,-82,154)^{\mathrm{T}}$。

6. $(\boldsymbol{\beta}_1,\boldsymbol{\beta}_2,\boldsymbol{\beta}_3,\boldsymbol{\beta}_4)=(\boldsymbol{\alpha}_1,\boldsymbol{\alpha}_2,\boldsymbol{\alpha}_3,\boldsymbol{\alpha}_4)\boldsymbol{P}$，过渡矩阵 $\boldsymbol{P}=\begin{bmatrix}2&0&-2&1\\1&1&1&3\\0&2&2&1\\1&2&1&2\end{bmatrix}$。

$$\boldsymbol{\eta}=(\boldsymbol{\beta}_1,\boldsymbol{\beta}_2,\boldsymbol{\beta}_3,\boldsymbol{\beta}_4)\begin{bmatrix}x_1\\x_2\\x_3\\x_4\end{bmatrix}$$，坐标为$(3,-1,2,-1)^{\mathrm{T}}$。

7. (1)取简单基 $1,x,x^2,x^3$，$f(x)=5x^3+3x^2+x+2=(1,x,x^2,x^3)\begin{bmatrix}2\\1\\3\\5\end{bmatrix}$，

又 $f(x)=(1,x-1,x^2-2x+1,x^3-3x^2+3x-1)\boldsymbol{x}=(1,x,x^2,x^3)\begin{bmatrix}1&-1&1&-1\\0&1&-2&3\\0&0&1&-3\\0&0&0&1\end{bmatrix}\boldsymbol{x}$，

得 $\boldsymbol{x}=(11,22,18,5)^{\mathrm{T}}$。

(2) $(1,x+1,x^2+2x+1,x^3+3x^2+3x+1)=(1,x-1,x^2-2x+1,x^3-3x^2+3x-1)\boldsymbol{P}$，

即
$$(1,x,x^2,x^3)\begin{bmatrix}1&1&1&1\\0&1&2&3\\0&0&1&3\\0&0&0&1\end{bmatrix}=(1,x,x^2,x^3)\begin{bmatrix}1&-1&1&-1\\0&1&-2&3\\0&0&1&-3\\0&0&0&1\end{bmatrix}\boldsymbol{P},$$

式中，$\boldsymbol{P}=\begin{bmatrix}1&2&4&8\\0&1&4&12\\0&0&1&6\\0&0&0&1\end{bmatrix}$。

(3) $\boldsymbol{y}=\boldsymbol{P}^{-1}\boldsymbol{x}=(-1,10,-12,5)^{\mathrm{T}}$。

8. (1) $\begin{cases}\boldsymbol{\beta}_1=4\boldsymbol{\alpha}_1+8\boldsymbol{\alpha}_2+\boldsymbol{\alpha}_3-2\boldsymbol{\alpha}_4\\\boldsymbol{\beta}_2=-2\boldsymbol{\alpha}_1-4\boldsymbol{\alpha}_2+\boldsymbol{\alpha}_4\\\boldsymbol{\beta}_3=\boldsymbol{\alpha}_1+2\boldsymbol{\alpha}_2\\\boldsymbol{\beta}_4=\boldsymbol{\alpha}_2+2\boldsymbol{\alpha}_3\end{cases}$，过渡矩阵 $\boldsymbol{P}=\begin{bmatrix}4&-2&1&0\\8&-4&2&1\\1&0&0&2\\-2&1&0&0\end{bmatrix}$。

(2) $\boldsymbol{\alpha}$ 在基 $\boldsymbol{\beta}_1,\boldsymbol{\beta}_2,\boldsymbol{\beta}_3,\boldsymbol{\beta}_4$ 下的坐标 $\boldsymbol{y}=(2,-1,1,1)^{\mathrm{T}}$，$\boldsymbol{\alpha}$ 在基 $\boldsymbol{\alpha}_1,\boldsymbol{\alpha}_2,\boldsymbol{\alpha}_3,\boldsymbol{\alpha}_4$ 下的坐标为 $\boldsymbol{P}\boldsymbol{y}=(11,23,4,-5)^{\mathrm{T}}$。

9. (1)是。基(1,0,0,1),(0,1,0,1),(0,0,1,1)，维数为 3。

(2)否。

(3)否。

(4)否。

(5)是。基 $\boldsymbol{F}_{ij}=\boldsymbol{E}_{ij}+\boldsymbol{E}_{ji}\,(i,j=1,2,\cdots,n;\,i<j)$，$\boldsymbol{F}_{ii}=\boldsymbol{E}_{ii}\,(i=1,2,\cdots,n)$，维数 $\dim W=\dfrac{n(n+1)}{2}$。

(6)是。基 $\boldsymbol{F}_{ij}=\boldsymbol{E}_{ij}-\boldsymbol{E}_{ji}\,(i,j=1,2,\cdots,n;\,i<j)$，维数 $\dim W=\dfrac{n(n-1)}{2}$。

10. $(\boldsymbol{\alpha}_1,\boldsymbol{\alpha}_2,\boldsymbol{\alpha}_3,\boldsymbol{\alpha}_4)=\begin{bmatrix}2&-1&4&1\\1&1&5&5\\3&-3&3&-3\\-1&1&-1&1\end{bmatrix}\to\begin{bmatrix}1&-1&1&-1\\0&1&2&3\\0&0&0&0\\0&0&0&0\end{bmatrix}$,

可知$\boldsymbol{\alpha}_1,\boldsymbol{\alpha}_2$ 线性无关，$\boldsymbol{\alpha}_1,\boldsymbol{\alpha}_2$ 为 $\mathrm{span}(\boldsymbol{\alpha}_1,\boldsymbol{\alpha}_2,\boldsymbol{\alpha}_3,\boldsymbol{\alpha}_4)$的基，$\dim[\mathrm{span}(\boldsymbol{\alpha}_1,\boldsymbol{\alpha}_2,\boldsymbol{\alpha}_3,\boldsymbol{\alpha}_4)]=2$。

11. $W_1+W_2=\mathrm{span}(\boldsymbol{\alpha}_1,\boldsymbol{\alpha}_2,\boldsymbol{\beta}_1,\boldsymbol{\beta}_2)$，$\boldsymbol{\alpha}_1,\boldsymbol{\alpha}_2,\boldsymbol{\beta}_1,\boldsymbol{\beta}_2$ 的一个极大无关组为 $\boldsymbol{\alpha}_1,\boldsymbol{\alpha}_2,\boldsymbol{\beta}_2$，$\dim(W_1+W_2)=3$，又根据 $\dim W_1+\dim W_2=\dim(W_1+W_2)+\dim(W_1\cap W_2)$知 $\dim(W_1\cap W_2)=1$。

12. 在基$\boldsymbol{\alpha}_1,\boldsymbol{\alpha}_2,\boldsymbol{\alpha}_3$下，$\boldsymbol{\beta}_1,\boldsymbol{\beta}_2,\boldsymbol{\beta}_3$ 的坐标依次为$(1,-2,3)^{\mathrm{T}}$，$(2,3,2)^{\mathrm{T}}$，$(4,13,0)^{\mathrm{T}}$，该列向量组的一个极大无关组为$(1,-2,3)^{\mathrm{T}}$，$(2,3,2)^{\mathrm{T}}$，因此 $\boldsymbol{\beta}_1,\boldsymbol{\beta}_2,\boldsymbol{\beta}_3$ 的一个极大无关组为 $\boldsymbol{\beta}_1$，$\boldsymbol{\beta}_2$，即 $\mathrm{span}(\boldsymbol{\beta}_1,\boldsymbol{\beta}_2,\boldsymbol{\beta}_3)$的一个基为 $\boldsymbol{\beta}_1,\boldsymbol{\beta}_2$，维数为 2。

13. 容易验证，W_1 和 W_2 都是$\mathbf{R}^{n\times n}$的子空间。对任意 $\boldsymbol{C}\in\mathbf{R}^{n\times n}$，有

$$\boldsymbol{C}=\frac{1}{2}(\boldsymbol{C}+\boldsymbol{C}^{\mathrm{T}})+\frac{1}{2}(\boldsymbol{C}-\boldsymbol{C}^{\mathrm{T}}),$$

且$\frac{1}{2}(\boldsymbol{C}+\boldsymbol{C}^{\mathrm{T}})\in W_1$，$\frac{1}{2}(\boldsymbol{C}-\boldsymbol{C}^{\mathrm{T}})\in W_2$，所以 $\mathbf{R}^{n\times n}=W_1+W_2$；又 $W_1\cap W_2=\{\boldsymbol{O}\}$，故$\mathbf{R}^{n\times n}=W_1\oplus W_2$。

14. (1)当$\boldsymbol{\alpha}_0=\mathbf{0}$时，$T$ 是线性变换；当$\boldsymbol{\alpha}_0\neq\mathbf{0}$时，$T$ 不是线性变换。

(2)否。

(3)是。

(4)是。对任意 $f(x),g(x)\in\mathbf{R}[x]$，$k\in\mathbf{R}$，有

$$T(f(x)+g(x))=f(x+1)+g(x+1)=T(f(x))+T(g(x));$$

$$T(kf(x))=kf(x+1)=kT(f(x))。$$

15. $T(\boldsymbol{\alpha}_1)=(2,0,0)^{\mathrm{T}}$，$T(\boldsymbol{\alpha}_2)=(-1,1,1)^{\mathrm{T}}$，$T(\boldsymbol{\alpha}_3)=(0,-1,1)^{\mathrm{T}}$，

$$T(\boldsymbol{\alpha}_1,\boldsymbol{\alpha}_2,\boldsymbol{\alpha}_3)=(\boldsymbol{\alpha}_1,\boldsymbol{\alpha}_2,\boldsymbol{\alpha}_3)\boldsymbol{A}$$

T 在基$\boldsymbol{\alpha}_1,\boldsymbol{\alpha}_2,\boldsymbol{\alpha}_3$ 下的矩阵 $\boldsymbol{A}=\begin{bmatrix}2&-1&0\\0&1&-1\\0&1&1\end{bmatrix}$；

类似可求 T 在基$\boldsymbol{\beta}_1,\boldsymbol{\beta}_2,\boldsymbol{\beta}_3$ 下的矩阵 $\boldsymbol{B}=\begin{bmatrix}1&-1&0\\0&1&-1\\1&1&2\end{bmatrix}$。

16. $T(1)=1-x^3$，$T(x)=-1+x$，$T(x^2)=-x+x^2$，$T(x^3)=-x^2+x^3$，

$$T(1,x,x^2,x^3)=(1,x,x^2,x^3)\boldsymbol{A},$$

即$(1-x^3,-1+x,-x+x^2,-x^2+x^3)=(1,x,x^2,x^3)\boldsymbol{A}$，得 $\boldsymbol{A}=\begin{bmatrix}1&-1&0&0\\0&1&-1&0\\0&0&1&-1\\-1&0&0&1\end{bmatrix}$。

17. (1) $(\boldsymbol{\beta}_1,\boldsymbol{\beta}_2,\boldsymbol{\beta}_3)=(\boldsymbol{\alpha}_1,\boldsymbol{\alpha}_2,\boldsymbol{\alpha}_3)\boldsymbol{P},\boldsymbol{P}=\frac{1}{2}\begin{bmatrix}-4 & -3 & 3\\ 2 & 3 & 3\\ 2 & 1 & -5\end{bmatrix}$。

(2) 设 $T(\boldsymbol{\alpha}_1,\boldsymbol{\alpha}_2,\boldsymbol{\alpha}_3)=(\boldsymbol{\alpha}_1,\boldsymbol{\alpha}_2,\boldsymbol{\alpha}_3)\boldsymbol{A}$，根据 $T(\boldsymbol{\alpha}_1,\boldsymbol{\alpha}_2,\boldsymbol{\alpha}_3)=(\boldsymbol{\beta}_1,\boldsymbol{\beta}_2,\boldsymbol{\beta}_3)$，得 $(\boldsymbol{\beta}_1,\boldsymbol{\beta}_2,\boldsymbol{\beta}_3)=(\boldsymbol{\alpha}_1,\boldsymbol{\alpha}_2,\boldsymbol{\alpha}_3)\boldsymbol{A}$，故 T 在基(Ⅰ)下的矩阵 $\boldsymbol{A}=\boldsymbol{P}$。

(3) $T(\boldsymbol{\beta}_1,\boldsymbol{\beta}_2,\boldsymbol{\beta}_3)=(\boldsymbol{\beta}_1,\boldsymbol{\beta}_2,\boldsymbol{\beta}_3)\boldsymbol{B}$，$T$ 在基(Ⅱ)下的矩阵 $\boldsymbol{B}=\boldsymbol{P}^{-1}\boldsymbol{A}\boldsymbol{P}=\boldsymbol{P}$。

18. 因为

$$D(f_1(x))=2x\mathrm{e}^x+x^2\mathrm{e}^x=f_1(x)+2f_2(x),$$
$$D(f_2(x))=\mathrm{e}^x+x\mathrm{e}^x=f_2(x)+f_3(x),$$
$$D(f_3(x))=\mathrm{e}^x=f_3(x),$$

故 D 在该基下的矩阵为 $\boldsymbol{A}=\begin{bmatrix}1 & 0 & 0\\ 2 & 1 & 0\\ 0 & 1 & 1\end{bmatrix}$。

习题 2

1. (1) 验证内积定义的 4 个条件。

(2) 由 $(\boldsymbol{e}_i,\boldsymbol{e}_j)=\boldsymbol{e}_i\boldsymbol{A}\,\boldsymbol{e}_j^{\mathrm{T}}=a_{ij}$ 知，$\mathbf{R}^n$ 中基 $\boldsymbol{e}_1,\boldsymbol{e}_2,\cdots,\boldsymbol{e}_n$ 的度量矩阵为 $\boldsymbol{A}$。

(3) $(\boldsymbol{x},\boldsymbol{y})=\sum\limits_{i,j=1}^{n}a_{ij}x_iy_j$，$|\boldsymbol{x}|^2=(\boldsymbol{x},\boldsymbol{x})=\sum\limits_{i,j=1}^{n}a_{ij}x_ix_j$，$|\boldsymbol{y}|^2=(\boldsymbol{y},\boldsymbol{y})=\sum\limits_{i,j=1}^{n}a_{ij}y_iy_j$，由 $|(\boldsymbol{x},\boldsymbol{y})|\leqslant|\boldsymbol{x}||\boldsymbol{y}|$ 得

$$\left|\sum_{i,j=1}^{n}a_{ij}x_iy_j\right|\leqslant\sqrt{\sum_{i,j=1}^{n}a_{ij}x_ix_j}\sqrt{\sum_{i,j=1}^{n}a_{ij}y_iy_j}。$$

2. 验证 $(\boldsymbol{\alpha},\boldsymbol{\beta})=(\boldsymbol{\beta},\boldsymbol{\alpha})$；$(\boldsymbol{\alpha}+\boldsymbol{\beta},\boldsymbol{\gamma})=(\boldsymbol{\alpha},\boldsymbol{\gamma})+(\boldsymbol{\beta},\boldsymbol{\gamma})$；$(k\boldsymbol{\alpha},\boldsymbol{\beta})=k(\boldsymbol{\alpha},\boldsymbol{\beta})$；$(\boldsymbol{\alpha},\boldsymbol{\alpha})\geqslant0$，当且仅当 $\boldsymbol{\alpha}=\boldsymbol{\theta}$ 时等号成立。因此 $(\boldsymbol{\alpha},\boldsymbol{\beta})$ 是 V 的内积，且在该内积下 V 构成欧氏空间。

3. 可验证 $(\boldsymbol{\varepsilon}_1,\boldsymbol{\varepsilon}_2)=(\boldsymbol{\varepsilon}_1,\boldsymbol{\varepsilon}_3)=(\boldsymbol{\varepsilon}_2,\boldsymbol{\varepsilon}_3)=0,(\boldsymbol{\varepsilon}_1,\boldsymbol{\varepsilon}_1)=(\boldsymbol{\varepsilon}_2,\boldsymbol{\varepsilon}_2)=(\boldsymbol{\varepsilon}_3,\boldsymbol{\varepsilon}_3)=1$。

4. 由 $\boldsymbol{\alpha}_1,\boldsymbol{\alpha}_2,\boldsymbol{\alpha}_3$ 为标准正交基，知

$$(\boldsymbol{\alpha}_1,\boldsymbol{\alpha}_2)=(\boldsymbol{\alpha}_1,\boldsymbol{\alpha}_3)=(\boldsymbol{\alpha}_2,\boldsymbol{\alpha}_3)=0,(\boldsymbol{\alpha}_1,\boldsymbol{\alpha}_1)=(\boldsymbol{\alpha}_2,\boldsymbol{\alpha}_2)=(\boldsymbol{\alpha}_3,\boldsymbol{\alpha}_3)=1,$$

从而 $(\boldsymbol{\beta}_1,\boldsymbol{\beta}_2)=(\boldsymbol{\beta}_1,\boldsymbol{\beta}_3)=(\boldsymbol{\beta}_2,\boldsymbol{\beta}_3)=0,(\boldsymbol{\beta}_1,\boldsymbol{\beta}_1)=(\boldsymbol{\beta}_2,\boldsymbol{\beta}_2)=(\boldsymbol{\beta}_3,\boldsymbol{\beta}_3)=1$。

5. 设向量 $\boldsymbol{\alpha}=(x_1,x_2,x_3,x_4)^{\mathrm{T}}$ 与 $(1,1,0,0)^{\mathrm{T}},(1,1,-1,-1)^{\mathrm{T}},(1,-1,1,-1)^{\mathrm{T}}$ 都正交，则有

$$\begin{cases}x_1+x_2=0\\ x_1+x_2-x_3-x_4=0,\\ x_1-x_2+x_3-x_4=0\end{cases}$$

解得一个非零解 $\boldsymbol{\alpha}=(1,-1,-1,1)^{\mathrm{T}}$，单位化得 $\boldsymbol{\varepsilon}=\left(\frac{1}{2},-\frac{1}{2},-\frac{1}{2},\frac{1}{2}\right)^{\mathrm{T}}$ 或 $\left(-\frac{1}{2},\frac{1}{2},\frac{1}{2},-\frac{1}{2}\right)^{\mathrm{T}}$。

6. 由 Schmidt 正交化方法得 $\mathbf{R}^{2\times2}$ 的正交基为

$$B_1=\begin{bmatrix}0&1\\1&1\end{bmatrix},B_2=\begin{bmatrix}1&-\frac{2}{3}\\\frac{1}{3}&\frac{1}{3}\end{bmatrix},B_3=\begin{bmatrix}\frac{3}{5}&\frac{3}{5}\\-\frac{4}{5}&\frac{1}{5}\end{bmatrix},B_4=\begin{bmatrix}\frac{3}{7}&\frac{3}{7}\\\frac{3}{7}&-\frac{6}{7}\end{bmatrix}。$$

7. 根据所给内积定义，可知$\begin{bmatrix}1&0\\0&1\end{bmatrix}$，$\begin{bmatrix}0&1\\1&0\end{bmatrix}$是 W 的一个正交基，单位化得$\frac{1}{\sqrt{2}}\begin{bmatrix}1&0\\0&1\end{bmatrix}$，$\frac{1}{\sqrt{2}}\begin{bmatrix}0&1\\1&0\end{bmatrix}$是 W 的一个标准正交基。

8. (1) T 在标准正交基$\boldsymbol{\varepsilon}_1,\boldsymbol{\varepsilon}_2,\boldsymbol{\varepsilon}_3,\boldsymbol{\varepsilon}_4$ 下的矩阵为 $\boldsymbol{A}=\begin{bmatrix}1&1&0&-1\\1&1&-1&0\\0&-1&1&1\\-1&0&1&1\end{bmatrix}$，$\boldsymbol{A}$ 是实对称矩阵，所以 T 是对称变换。

(2) 可求得正交矩阵 $\boldsymbol{Q}=\begin{bmatrix}\frac{1}{\sqrt{2}}&0&-\frac{1}{2}&\frac{1}{2}\\0&\frac{1}{\sqrt{2}}&-\frac{1}{2}&-\frac{1}{2}\\\frac{1}{\sqrt{2}}&0&\frac{1}{2}&-\frac{1}{2}\\0&\frac{1}{\sqrt{2}}&\frac{1}{2}&\frac{1}{2}\end{bmatrix}$，使$\boldsymbol{Q}^{-1}\boldsymbol{A}\boldsymbol{Q}=\begin{bmatrix}1&0&0&0\\0&1&0&0\\0&0&3&0\\0&0&0&-1\end{bmatrix}=\boldsymbol{\Lambda}$，

由$(\boldsymbol{\eta}_1,\boldsymbol{\eta}_2,\boldsymbol{\eta}_3,\boldsymbol{\eta}_4)=(\boldsymbol{\varepsilon}_1,\boldsymbol{\varepsilon}_2,\boldsymbol{\varepsilon}_3,\boldsymbol{\varepsilon}_4)\boldsymbol{Q}$，求得标准正交基

$$\boldsymbol{\eta}_1=\frac{1}{\sqrt{2}}(\boldsymbol{\varepsilon}_1+\boldsymbol{\varepsilon}_3),\boldsymbol{\eta}_2=\frac{1}{\sqrt{2}}(\boldsymbol{\varepsilon}_2+\boldsymbol{\varepsilon}_4),$$

$$\boldsymbol{\eta}_3=\frac{1}{2}(-\boldsymbol{\varepsilon}_1-\boldsymbol{\varepsilon}_2+\boldsymbol{\varepsilon}_3+\boldsymbol{\varepsilon}_4),\boldsymbol{\eta}_4=\frac{1}{2}(\boldsymbol{\varepsilon}_1-\boldsymbol{\varepsilon}_2-\boldsymbol{\varepsilon}_3+\boldsymbol{\varepsilon}_4),$$

T 在该基下的矩阵为对角矩阵 $\boldsymbol{\Lambda}$。

9. 设 V 的标准正交基$\boldsymbol{\varepsilon}_1,\boldsymbol{\varepsilon}_2,\cdots,\boldsymbol{\varepsilon}_n$，$T$ 在该基下的矩阵为 $\boldsymbol{A}=(a_{ij})_{n\times n}$，则有

$$T(\boldsymbol{\varepsilon}_i)=a_{1i}\boldsymbol{\varepsilon}_1+a_{2i}\boldsymbol{\varepsilon}_2+\cdots+a_{ni}\boldsymbol{\varepsilon}_n,(T(\boldsymbol{\varepsilon}_i),\boldsymbol{\varepsilon}_j)=a_{ji},$$

$$T(\boldsymbol{\varepsilon}_j)=a_{1j}\boldsymbol{\varepsilon}_1+a_{2j}\boldsymbol{\varepsilon}_2+\cdots+a_{nj}\boldsymbol{\varepsilon}_n,(\boldsymbol{\varepsilon}_i,T(\boldsymbol{\varepsilon}_j))=a_{ij},$$

（必要性）若 T 为反对称变换，则$(T(\boldsymbol{\varepsilon}_i),\boldsymbol{\varepsilon}_j)=-(\boldsymbol{\varepsilon}_i,T(\boldsymbol{\varepsilon}_j))$，即 $a_{ji}=-a_{ij}$，也就是 $\boldsymbol{A}^{\mathrm{T}}=-\boldsymbol{A}$。

（充分性）设$\boldsymbol{A}^{\mathrm{T}}=-\boldsymbol{A}$，对任意 $\boldsymbol{\alpha},\boldsymbol{\beta}\in V$，有

$$\boldsymbol{\alpha}=(\boldsymbol{\varepsilon}_1,\boldsymbol{\varepsilon}_2,\cdots,\boldsymbol{\varepsilon}_n)\begin{bmatrix}x_1\\x_2\\\vdots\\x_n\end{bmatrix},T(\boldsymbol{\alpha})=(\boldsymbol{\varepsilon}_1,\boldsymbol{\varepsilon}_2,\cdots,\boldsymbol{\varepsilon}_n)\boldsymbol{A}\begin{bmatrix}x_1\\x_2\\\vdots\\x_n\end{bmatrix},$$

$$\boldsymbol{\beta}=(\boldsymbol{\varepsilon}_1,\boldsymbol{\varepsilon}_2,\cdots,\boldsymbol{\varepsilon}_n)\begin{bmatrix}y_1\\y_2\\\vdots\\y_n\end{bmatrix},T(\boldsymbol{\beta})=(\boldsymbol{\varepsilon}_1,\boldsymbol{\varepsilon}_2,\cdots,\boldsymbol{\varepsilon}_n)\boldsymbol{A}\begin{bmatrix}y_1\\y_2\\\vdots\\y_n\end{bmatrix},$$

由于在 V 的标准正交基下，两个向量的内积就等于它们的坐标向量的内积，所以

$$(T(\boldsymbol{\alpha}),\boldsymbol{\beta})=(x_1,x_2,\cdots,x_n)\boldsymbol{A}^{\mathrm{T}}\begin{bmatrix}y_1\\y_2\\\vdots\\y_n\end{bmatrix}=-(x_1,x_2,\cdots,x_n)\boldsymbol{A}\begin{bmatrix}y_1\\y_2\\\vdots\\y_n\end{bmatrix}=-(\boldsymbol{\alpha},T(\boldsymbol{\beta})),$$

即 T 为反对称变换。

习题 3

1. $$\begin{bmatrix}\lambda-3 & -1 & 1\\ 2 & \lambda & -2\\ 1 & 1 & \lambda-3\end{bmatrix}\xrightarrow[\substack{r_2+r_3\\ r_3-(\lambda-3)r_1}]{\substack{c_1-(\lambda-3)c_3\\ c_2+c_3}}\begin{bmatrix}0 & 0 & 1\\ 2(\lambda-2) & \lambda-2 & 0\\ -(\lambda-2)(\lambda-4) & \lambda-2 & 0\end{bmatrix}$$

$$\xrightarrow[c_3-c_2]{c_1-2c_2}\begin{bmatrix}0 & 0 & 1\\ 0 & \lambda-2 & 0\\ -(\lambda-2)^2 & 0 & 0\end{bmatrix}\xrightarrow[c_1\leftrightarrow c_3]{r_3\times(-1)}\begin{bmatrix}1 & 0 & 0\\ 0 & \lambda-2 & 0\\ 0 & 0 & (\lambda-2)^2\end{bmatrix}。$$

2. 由于 $\boldsymbol{A}(\lambda)$ 为 6×6 矩阵，且 $\operatorname{rank}[\boldsymbol{A}(\lambda)]=4$，将 $\boldsymbol{A}(\lambda)$ 化成 Smith 标准形，其对角元素为 $d_1(\lambda),d_2(\lambda),d_3(\lambda),d_4(\lambda),0,0$，而 $d_1(\lambda),d_2(\lambda),d_3(\lambda),d_4(\lambda)$ 为 $\boldsymbol{A}(\lambda)$ 的不变因子，根据不变因子的递推整除性，初等因子最高方幂应出现在 $d_4(\lambda)$ 中，故

$$d_4(\lambda)=\lambda^2(\lambda+1)^3(\lambda-1),$$

在其余的初等因子 $\lambda,\lambda^2,\lambda+1,\lambda-1$ 中，最高方幂应出现在 $d_3(\lambda)$ 中，故

$$d_3(\lambda)=\lambda^2(\lambda+1)(\lambda-1),$$

而后，其余高次因子应出现 $d_2(\lambda)$ 中，即

$$d_2(\lambda)=\lambda,d_1(\lambda)=1,$$

$\boldsymbol{A}(\lambda)$ 的行列式因子由

$$\frac{D_i(\lambda)}{D_{i-1}(\lambda)}=d_i(\lambda),d_1(\lambda)=D_1(\lambda)\quad(i=2,3,4)$$

得

$$D_1(\lambda)=1,D_2(\lambda)=\lambda,D_3(\lambda)=\lambda^3(\lambda+1)(\lambda-1),$$
$$D_4(\lambda)=\lambda^5(\lambda+1)^4(\lambda-1)^2,$$

$\boldsymbol{A}(\lambda)$ 的 Smith 标准形为

$$\boldsymbol{A}(\lambda)\sim\boldsymbol{S}(\lambda)=\begin{bmatrix}1 &&&&&\\ &\lambda&&&&\\ &&\lambda^2(\lambda+1)(\lambda-1)&&&\\ &&&\lambda^2(\lambda+1)^3(\lambda-1)&&\\ &&&&0&\\ &&&&&0\end{bmatrix}。$$

注：如果两个 λ-矩阵其初等因子组相同，但秩不同，它们就不能等价，即有不同的 Smith 标准形。若 $\boldsymbol{A}(\lambda)$ 的秩为 5，其 Smith 标准形为

$$S(\lambda)=\begin{bmatrix}1 & & & & & \\ & 1 & & & & \\ & & \lambda & & & \\ & & & \lambda^2(\lambda+1)(\lambda-1) & & \\ & & & & \lambda^2(\lambda+1)^3(\lambda-1) & \\ & & & & & 0\end{bmatrix}。$$

3. 利用行列式因子 $D_4(\lambda)=(\lambda+2)^4, D_3(\lambda)=D_2(\lambda)=D_1(\lambda)=1$，
所以 $\boldsymbol{A}(\lambda)$ 的不变因子为 $d_4(\lambda)=(\lambda+2)^4, d_3(\lambda)=d_2(\lambda)=d_1(\lambda)=1$，
其初等因子为 $(\lambda+2)^4$。

4. (1) $\boldsymbol{J}=\begin{bmatrix}-1 & 0 & 0\\ 0 & 0 & 1\\ 0 & 0 & 0\end{bmatrix}, \boldsymbol{P}=\begin{bmatrix}-1 & 1 & -1\\ -1 & -3 & -2\\ 1 & 4 & 2\end{bmatrix}$；

(2) $\boldsymbol{J}=\begin{bmatrix}1 & 0 & 0\\ 0 & 1 & 1\\ 0 & 0 & 1\end{bmatrix}, \boldsymbol{P}=\begin{bmatrix}-1 & 2 & -1\\ 1 & 1 & 0\\ 0 & 1 & 0\end{bmatrix}$。

5. $\begin{bmatrix}-3 & 66 & -52\\ 0 & 148 & -92\\ 0 & -92 & 56\end{bmatrix}$。

6. $\boldsymbol{A}$ 的最小多项式是 $(\lambda-1)^2$。

7. 由于 $\boldsymbol{A}$ 是实对称矩阵，它能对角化，因而它的最小多项式无重根。

由 Cayley-Hamilton 定理知 $\boldsymbol{A}$ 的特征多项式 $|\lambda\boldsymbol{I}-\boldsymbol{A}|=\lambda^{n-1}(\lambda-n)$ 是 $\boldsymbol{A}$ 的零化多项式，它能被 $\boldsymbol{A}$ 的最小多项式整除。注意到 $\boldsymbol{A}$ 的特征多项式与 $\boldsymbol{A}$ 的最小多项式有相同的零点，因此 $\boldsymbol{A}$ 的最小多项式是 $\lambda(\lambda-n)$。

8. $\boldsymbol{A}$ 是正规矩阵。特征值为 10,1,1，将 $\lambda=10$ 对应的一个特征向量单位化，将 $\lambda=1$ 对应的两个无关特征向量单位正交化，得到

$$\boldsymbol{Q}=\begin{bmatrix}-\frac{1}{3} & -\frac{2}{\sqrt{5}} & \frac{2}{3\sqrt{5}}\\ -\frac{2}{3} & \frac{1}{\sqrt{5}} & \frac{4}{3\sqrt{5}}\\ \frac{2}{3} & 0 & \frac{5}{3\sqrt{5}}\end{bmatrix}, \boldsymbol{Q}^{-1}\boldsymbol{A}\boldsymbol{Q}=\begin{bmatrix}10 & & \\ & 1 & \\ & & 1\end{bmatrix}。$$

9. 提示：与由定理 3.18 的证明相仿。

10. 提示：$\boldsymbol{A}$ 是 Hermite 正定矩阵，则 $\boldsymbol{A}$ 酉相似于对角矩阵，且对角元素为正，

$$\boldsymbol{A}=\boldsymbol{Q}\boldsymbol{\Lambda}\boldsymbol{Q}^{\mathrm{H}}=\boldsymbol{Q}\sqrt{\boldsymbol{\Lambda}}\boldsymbol{Q}^{\mathrm{H}}\boldsymbol{Q}\sqrt{\boldsymbol{\Lambda}}\boldsymbol{Q}^{\mathrm{H}}=\boldsymbol{B}^2,$$

式中，$\boldsymbol{B}=\boldsymbol{Q}\sqrt{\boldsymbol{\Lambda}}\boldsymbol{Q}^{\mathrm{H}}$ 也是 Hermite 正定矩阵。

反过来，如果 $\boldsymbol{A}=\boldsymbol{B}^2$，则对任意 $\boldsymbol{x}\neq\boldsymbol{0}$，由 $\boldsymbol{B}$ 是 Hermite 正定矩阵知 $\boldsymbol{B}\boldsymbol{x}\neq\boldsymbol{0}$，于是 $\boldsymbol{x}^{\mathrm{H}}\boldsymbol{A}\boldsymbol{x}=\boldsymbol{x}^{\mathrm{H}}\boldsymbol{B}^2\boldsymbol{x}=(\boldsymbol{B}\boldsymbol{x})^{\mathrm{H}}\boldsymbol{B}\boldsymbol{x}>\boldsymbol{0}$，故 $\boldsymbol{A}$ 是 Hermite 正定矩阵。

习题 4

1. $A=\begin{bmatrix}1&0&0\\2&1&0\\2&2&1\end{bmatrix}\begin{bmatrix}1&3&0\\0&-3&0\\0&0&-6\end{bmatrix}=\begin{bmatrix}1&0&0\\2&-3&0\\2&-6&-6\end{bmatrix}\begin{bmatrix}1&3&0\\0&1&0\\0&0&1\end{bmatrix}$。

2. $A=\begin{bmatrix}-\frac{1}{\sqrt{2}}&\frac{i}{\sqrt{6}}&\frac{1}{\sqrt{3}}\\-\frac{i}{\sqrt{2}}&\frac{1}{\sqrt{6}}&-\frac{i}{\sqrt{3}}\\0&\frac{2i}{\sqrt{6}}&-\frac{1}{\sqrt{3}}\end{bmatrix}\begin{bmatrix}\sqrt{2}&-\frac{i}{\sqrt{2}}&\frac{1}{\sqrt{2}}\\0&\frac{3}{\sqrt{6}}&\frac{i}{\sqrt{6}}\\0&0&\frac{2}{\sqrt{3}}\end{bmatrix}$。

3. $A=FG=\begin{bmatrix}1&2\\0&2\\1&0\end{bmatrix}\begin{bmatrix}1&0&2&1\\0&1&\frac{1}{2}&-\frac{1}{2}\end{bmatrix}$。

4. $A^HA=\begin{bmatrix}2&0&1\\1&2&0\end{bmatrix}\begin{bmatrix}2&1\\0&2\\1&0\end{bmatrix}=\begin{bmatrix}5&2\\2&5\end{bmatrix}$，$\det(\lambda I-A^HA)=(\lambda-3)(\lambda-7)$，

A^HA 特征值 $\lambda_1=3$，$\lambda_2=7$，对应的特征向量 $e_1=\left(\frac{1}{\sqrt{2}},-\frac{1}{\sqrt{2}}\right)^T$，$e_2=\left(\frac{1}{\sqrt{2}},\frac{1}{\sqrt{2}}\right)^T$，

可得 $\sigma_1=\sqrt{\lambda_1}=\sqrt{3}$，$\sigma_2=\sqrt{\lambda_2}=\sqrt{7}$，$\Sigma=\begin{bmatrix}\sqrt{3}&\\&\sqrt{7}\end{bmatrix}$，

故正交矩阵 $V=\begin{bmatrix}\frac{1}{\sqrt{2}}&\frac{1}{\sqrt{2}}\\-\frac{1}{\sqrt{2}}&\frac{1}{\sqrt{2}}\end{bmatrix}$，使

$$V^T A^TAV=\begin{bmatrix}3&\\&7\end{bmatrix}=\begin{bmatrix}\sqrt{3}&\\&\sqrt{7}\end{bmatrix}\begin{bmatrix}\sqrt{3}&\\&\sqrt{7}\end{bmatrix}=\Sigma^2,$$

计算

$$U_1=AV\Sigma^{-1}=\frac{1}{\sqrt{2}}\begin{bmatrix}\frac{1}{\sqrt{3}}&\frac{3}{\sqrt{7}}\\-\frac{2}{\sqrt{3}}&\frac{2}{\sqrt{7}}\\\frac{1}{\sqrt{3}}&\frac{1}{\sqrt{7}}\end{bmatrix},$$

取
$$U_2=\begin{bmatrix}\frac{2}{\sqrt{21}}\\-\frac{1}{\sqrt{21}}\\-\frac{4}{\sqrt{21}}\end{bmatrix},$$
构造正交矩阵
$$U=(U_1,U_2)=\begin{bmatrix}\frac{1}{\sqrt{6}}&\frac{3}{\sqrt{14}}&\frac{2}{\sqrt{21}}\\-\frac{2}{\sqrt{6}}&\frac{2}{\sqrt{14}}&-\frac{1}{\sqrt{21}}\\\frac{1}{\sqrt{6}}&\frac{1}{\sqrt{14}}&-\frac{4}{\sqrt{21}}\end{bmatrix},$$
则 A 的奇异值分解为 $A=U\begin{bmatrix}\boldsymbol{\Sigma}\\O\end{bmatrix}V^{\mathrm{T}}=\begin{bmatrix}\frac{1}{\sqrt{6}}&\frac{3}{\sqrt{14}}&\frac{2}{\sqrt{21}}\\-\frac{2}{\sqrt{6}}&\frac{2}{\sqrt{14}}&-\frac{1}{\sqrt{21}}\\\frac{1}{\sqrt{6}}&\frac{1}{\sqrt{14}}&-\frac{4}{\sqrt{21}}\end{bmatrix}\begin{bmatrix}\sqrt{3}&0\\0&\sqrt{7}\\0&0\end{bmatrix}\begin{bmatrix}\frac{1}{\sqrt{2}}&-\frac{1}{\sqrt{2}}\\\frac{1}{\sqrt{2}}&\frac{1}{\sqrt{2}}\end{bmatrix}$。

5. 把 A 的奇异矩阵分解式改写为
$$A=U\begin{bmatrix}\boldsymbol{\Sigma}&O\\O&O\end{bmatrix}V^{\mathrm{H}}=U\begin{bmatrix}\boldsymbol{\Sigma}&O\\O&O\end{bmatrix}U^{\mathrm{H}}UV^{\mathrm{H}}=UV^{\mathrm{H}}V\begin{bmatrix}\boldsymbol{\Sigma}&O\\O&O\end{bmatrix}V^{\mathrm{H}},$$
记
$$B=U\begin{bmatrix}\boldsymbol{\Sigma}&O\\O&O\end{bmatrix}U^{\mathrm{H}},C=V\begin{bmatrix}\boldsymbol{\Sigma}&O\\O&O\end{bmatrix}V^{\mathrm{H}},Q=UV^{\mathrm{H}},$$
则有
$$A=BQ=QC,$$
容易证 B 和 C 是 Hermite 半正定矩阵，Q 是酉矩阵。

6. 提示：$AA^{\mathrm{H}}=U\begin{bmatrix}\boldsymbol{\Sigma}^2&O\\O&O\end{bmatrix}U^{\mathrm{H}},A^{\mathrm{H}}A=V\begin{bmatrix}\boldsymbol{\Sigma}^2&O\\O&O\end{bmatrix}V^{\mathrm{H}}$。

习题 5

1. 提示：验证三条公理。
2. 提示：在证明三角不等式时，利用 A 酉相似于对角矩阵

$$\|x\|_A=\sqrt{x^H Ax}=\sqrt{x^H Q\Lambda Q^H x}=\sqrt{x^H Q\sqrt{\Lambda}\sqrt{\Lambda}Q^H x}=\sqrt{x^H B^H Bx}=\|Bx\|_2,$$

转化为 2-范数的三角不等式来证明。

3. 提示：验证 4 条公理。

4. $\|Ax\|_1=\sum_{i=1}^{m}\left|\sum_{k=1}^{n}a_{ik}\xi_k\right|\leqslant\sum_{i=1}^{m}\sum_{k=1}^{n}|a_{ik}||\xi_k|\leqslant\max_{i,k}|a_{ik}|\sum_{i=1}^{m}\sum_{k=1}^{n}|\xi_k|$

$$\leqslant\max\{m,n\}\cdot\max_{i,k}|a_{ik}|\sum_{k=1}^{n}|\xi_k|=\|A\|_{m_\infty}\|x\|_1;$$

$$\|Ax\|_2=\sqrt{\sum_{i=1}^{m}\left|\sum_{k=1}^{n}a_{ik}\xi_k\right|^2}\leqslant\sqrt{\sum_{i=1}^{m}\left(\sum_{k=1}^{n}|a_{ik}||\xi_k|\right)^2}\leqslant\sqrt{\sum_{i=1}^{m}\left(\sum_{k=1}^{n}|a_{ik}|^2\sum_{k=1}^{n}|\xi_k|^2\right)}$$

$$\leqslant\sqrt{n}\max_{i,k}|a_{ik}|\sqrt{\sum_{i=1}^{m}\sum_{k=1}^{n}|\xi_k|^2}\leqslant\max\{m,n\}\cdot\max_{i,k}|a_{ik}|\sqrt{\sum_{k=1}^{n}|\xi_k|^2}$$

$$=\|A\|_{m_\infty}\|x\|_2。$$

5. 提示：$A^HA=AA^H$ 有相同的非零特征值，并利用矩阵谱范数的定义。

6. 提示：利用特征值性质，谱半径定义以及矩阵谱范数的定义。

7. 提示：利用范数定义即可，$\|A\|_\infty=8$，$\|Ax\|_1=32$。

8. $\|A\|_F=\sqrt{66}$，$\|A\|_1=7+\sqrt{2}$，$\|A\|_\infty=9$。

9. 可求得 $\|A\|_1=\|A\|_\infty=0.4$，$\|A\|_{m_1}=1$，$\|A\|_{m_\infty}=0.6$，$\|A\|_F=\sqrt{0.18}\approx 0.4243$，于是 $\rho(A)\leqslant 0.4$。

10. 如果 $I-P$ 不可逆，则齐次线性方程组 $(I-P)x=0$ 有非零解 $x^{(0)}$，即有 $(I-P)x^{(0)}=0$，也即 $x^{(0)}=Px^{(0)}$。设 $\|\cdot\|_v$ 是 C^n 中与矩阵范数 $\|\cdot\|$ 相容的向量范数，则

$$\|x^{(0)}\|_v=\|Px^{(0)}\|_v\leqslant\|P\|\|x^{(0)}\|_v,$$

即有 $\|P\|\geqslant 1$。这与假设条件矛盾，故 $I-P$ 可逆。

习题 6

1. $\frac{d}{dt}(A(t))=\begin{bmatrix}-\sin t & -\cos t\\ \cos t & -\sin t\end{bmatrix}$，$\frac{d}{dt}(\det A(t))=0$，$\det\left(\frac{d}{dt}A(t)\right)=1$，

$$\frac{d}{dt}(A^{-1}(t))=\frac{d}{dt}\begin{bmatrix}\cos t & \sin t\\ -\sin t & \cos t\end{bmatrix}=\begin{bmatrix}-\sin t & \cos t\\ -\cos t & -\sin t\end{bmatrix}。$$

2. $$\int_0^1 A(x)dx=\begin{bmatrix}\frac{1}{2}(e^2-1) & 1 & \frac{1}{3}\\ 1-e^{-1} & e^2-1 & 0\\ \frac{3}{2} & 0 & 0\end{bmatrix},$$

$$\int_0^t A(\tau)d\tau=\begin{bmatrix}\frac{e^{2t}-1}{2} & e^t(t-1)+1 & \frac{t^3}{3}\\ 1-e^{-t} & e^{2t}-1 & 0\\ \frac{3}{2}t^2 & 0 & 0\end{bmatrix}。$$

3. 当 $m=2$ 时，取 $\boldsymbol{A}(t)=\begin{bmatrix} t^2 & t \\ 0 & t \end{bmatrix}$，则 $2\boldsymbol{A}(t)\frac{\mathrm{d}}{\mathrm{d}t}(\boldsymbol{A}(t))\neq\frac{\mathrm{d}}{\mathrm{d}t}\boldsymbol{A}^2(t)$。

当 $\frac{\mathrm{d}}{\mathrm{d}t}(\boldsymbol{A}(t))\boldsymbol{A}(t)=\boldsymbol{A}(t)\frac{\mathrm{d}}{\mathrm{d}t}(\boldsymbol{A}(t))$ 时，有

$$\begin{aligned}
\frac{\mathrm{d}}{\mathrm{d}t}(\boldsymbol{A}(t))^m &= \frac{\mathrm{d}}{\mathrm{d}t}(\boldsymbol{A}(t)\boldsymbol{A}(t)\cdots\boldsymbol{A}(t)) \\
&= \frac{\mathrm{d}}{\mathrm{d}t}(\boldsymbol{A}(t))(\boldsymbol{A}(t))^{m-1}+\boldsymbol{A}(t)\frac{\mathrm{d}}{\mathrm{d}t}(\boldsymbol{A}(t))(\boldsymbol{A}(t))^{m-2}+\cdots+(\boldsymbol{A}(t))^{m-1}\frac{\mathrm{d}}{\mathrm{d}t}(\boldsymbol{A}(t)) \\
&= (\boldsymbol{A}(t))^{m-1}\frac{\mathrm{d}}{\mathrm{d}t}(\boldsymbol{A}(t))+(\boldsymbol{A}(t))^{m-1}\frac{\mathrm{d}}{\mathrm{d}t}(\boldsymbol{A}(t))+\cdots+(\boldsymbol{A}(t))^{m-1}\frac{\mathrm{d}}{\mathrm{d}t}(\boldsymbol{A}(t)) \\
&= m\,(\boldsymbol{A}(t))^{m-1}\frac{\mathrm{d}}{\mathrm{d}t}(\boldsymbol{A}(t))。
\end{aligned}$$

4. $\boldsymbol{F}(x)=\boldsymbol{Ax}=\begin{bmatrix} \sum_{k=1}^{n} a_{1k}\xi_k \\ \vdots \\ \sum_{k=1}^{n} a_{mk}\xi_k \end{bmatrix}$，$\frac{\partial \boldsymbol{F}}{\partial \xi_i}=\begin{bmatrix} a_{1i} \\ \vdots \\ a_{mi} \end{bmatrix}$ $(i=1,2,\cdots,n)$，故

$$\frac{\mathrm{d}\boldsymbol{F}}{\mathrm{d}\boldsymbol{x}^{\mathrm{T}}}=\left(\frac{\partial \boldsymbol{F}}{\partial \xi_1},\frac{\partial \boldsymbol{F}}{\partial \xi_2},\cdots,\frac{\partial \boldsymbol{F}}{\partial \xi_n}\right)=\begin{bmatrix} a_{11} & \cdots & a_{1n} \\ \vdots & \ddots & \vdots \\ a_{m1} & \cdots & a_{mn} \end{bmatrix}=\boldsymbol{A}。$$

5. (1) $\|\boldsymbol{A}\|_1=0.9<1$，故 $\boldsymbol{A}$ 是收敛矩阵；

(2) $\boldsymbol{A}$ 的特征值 $\lambda_1=\frac{5}{6}$，$\lambda_2=-\frac{1}{2}$，$\rho(\boldsymbol{A})=\frac{5}{6}<1$，故 $\boldsymbol{A}$ 是收敛矩阵。

6. $\boldsymbol{A}$ 的特征值 $\lambda_1=2a$，$\lambda_2=\lambda_3=-a$，$\rho(\boldsymbol{A})=2|a|$，而 $\boldsymbol{A}$ 为收敛矩阵的充分必要条件是 $\rho(\boldsymbol{A})<1$，即 $|a|<\frac{1}{2}$。

7. $\boldsymbol{S}=\lim\limits_{N\to+\infty}\boldsymbol{S}^{(N)}=\begin{bmatrix} 2 & \frac{3}{2} \\ 1 & 0 \end{bmatrix}$，$\sum\limits_{k=0}^{+\infty}\boldsymbol{A}^{(k)}$ 收敛，其和为 $\boldsymbol{S}$。

8. 令 $\boldsymbol{A}=\begin{bmatrix} 0.1 & 0.7 \\ 0.3 & 0.6 \end{bmatrix}$，由于 $\|\boldsymbol{A}\|_\infty=0.9<1$，所以 $\sum\limits_{k=0}^{+\infty}\boldsymbol{A}^k$ 收敛，且其和为

$$(\boldsymbol{I}-\boldsymbol{A})^{-1}=\begin{bmatrix} 0.9 & -0.7 \\ -0.3 & 0.4 \end{bmatrix}^{-1}=\frac{2}{3}\begin{bmatrix} 4 & 7 \\ 3 & 9 \end{bmatrix}。$$

9. 记 $\boldsymbol{S}^{(N)}=\sum\limits_{k=0}^{N}\boldsymbol{A}^{(k)}$，由 $\sum\limits_{k=0}^{+\infty}\boldsymbol{A}^{(k)}$ 收敛知 $\lim\limits_{N\to+\infty}\boldsymbol{S}^{(N)}=\boldsymbol{S}$，从而

$$\lim_{N\to+\infty}\boldsymbol{A}^{(N)}=\lim_{N\to+\infty}(\boldsymbol{S}^{(N)}-\boldsymbol{S}^{(N-1)})=\boldsymbol{S}-\boldsymbol{S}=\boldsymbol{O}。$$

取 $\boldsymbol{A}^{(k)}=\begin{bmatrix} \frac{1}{k+1} & 0 \\ 0 & 2^{-k} \end{bmatrix}$，则 $\lim\limits_{k\to+\infty}\boldsymbol{A}^{(k)}=\boldsymbol{O}$，但由 $\sum\limits_{k=0}^{+\infty}\frac{1}{k+1}$ 发散知 $\sum\limits_{k=0}^{+\infty}\boldsymbol{A}^{(k)}$ 发散。

10. $\det(\lambda \boldsymbol{I}-\boldsymbol{A})=\lambda^2+a^2$，由 Cayley-Hamilton 定理得$\boldsymbol{A}^2+a^2\boldsymbol{I}=\boldsymbol{O}$，于是

$$\boldsymbol{A}^2=-a^2\boldsymbol{I},\boldsymbol{A}^3=-a^3\boldsymbol{H},\boldsymbol{A}^4=a^4\boldsymbol{I},\boldsymbol{A}^5=a^5\boldsymbol{H},\boldsymbol{A}^6=-a^6\boldsymbol{I},\cdots,$$

式中，$\boldsymbol{H}=\begin{bmatrix}0 & -1\\ 1 & 0\end{bmatrix}$，从而

$$\begin{aligned}
e^{\boldsymbol{A}} &= \sum_{k=0}^{+\infty}\frac{\boldsymbol{A}^k}{k!}=\left(1-\frac{a^2}{2!}+\frac{a^4}{4!}-\frac{a^6}{6!}+\cdots\right)\boldsymbol{I}+\left(a-\frac{a^3}{3!}+\frac{a^5}{5!}-\cdots\right)\boldsymbol{H}\\
&=(\cos a)\boldsymbol{I}+(\sin a)\boldsymbol{H}=\begin{bmatrix}\cos a & -\sin a\\ \sin a & \cos a\end{bmatrix},\\
\sin\boldsymbol{A} &= \sum_{k=0}^{+\infty}(-1)^k\frac{\boldsymbol{A}^{2k+1}}{(2k+1)!}=\left(a+\frac{a^3}{3!}+\frac{a^5}{5!}+\frac{a^7}{7!}+\cdots\right)\boldsymbol{H}\\
&=-\mathrm{i}\left(\mathrm{i}a-\frac{(\mathrm{i}a)^3}{3!}+\frac{(\mathrm{i}a)^5}{5!}-\cdots\right)\boldsymbol{H}=-\mathrm{i}(\sin \mathrm{i}a)\boldsymbol{H}=\begin{bmatrix}0 & \mathrm{i}\sin \mathrm{i}a\\ -\mathrm{i}\sin \mathrm{i}a & 0\end{bmatrix}。
\end{aligned}$$

11. 可求得

$$\boldsymbol{P}=\begin{bmatrix}1 & -1 & 1\\ -3 & 1 & 0\\ 3 & 1 & 0\end{bmatrix},\boldsymbol{P}^{-1}=\frac{1}{6}\begin{bmatrix}0 & -1 & 1\\ 0 & 3 & 3\\ 6 & 4 & 2\end{bmatrix},\boldsymbol{P}^{-1}\boldsymbol{A}\boldsymbol{P}=\begin{bmatrix}-1 & & \\ & 1 & \\ & & 2\end{bmatrix},$$

于是

$$e^{\boldsymbol{A}t}=\boldsymbol{P}\cdot\mathrm{diag}(e^{-t},e^t,e^{2t})\cdot\boldsymbol{P}^{-1}=\frac{1}{6}\begin{bmatrix}6e^{2t} & 4e^{2t}-3e^t-e^{-t} & 2e^{2t}-3e^t+e^{-t}\\ 0 & 3e^t+3e^{-t} & 3e^t-3e^{-t}\\ 0 & 3e^t-3e^{-t} & 3e^t+3e^{-t}\end{bmatrix},$$

$$\sin\boldsymbol{A}=\boldsymbol{P}\cdot\mathrm{diag}(\sin(-1),\sin1,\sin2)\cdot\boldsymbol{P}^{-1}=\frac{1}{6}\begin{bmatrix}6\sin2 & 4\sin2-2\sin1 & 2\sin2-4\sin1\\ 0 & 0 & 6\sin1\\ 0 & 6\sin1 & 0\end{bmatrix}。$$

12. $\det(\lambda\boldsymbol{I}-\boldsymbol{A})=\lambda(\lambda-1)^2$，设 $r(\lambda)=b_0+b_1\lambda+b_2\lambda^2$，

求解
$$\begin{cases}r(0)=b_0=1\\ r(1)=b_0+b_1+b_2=e^t,\\ r'(1)=b_1+2b_2=te^t\end{cases}$$

得
$$\begin{cases}b_0=1\\ b_1=-te^t+2e^t-2,\\ b_2=te^t-e^t+1\end{cases}$$

故

$$e^{\boldsymbol{A}t}=b_0\boldsymbol{I}+b_1\boldsymbol{A}+b_2\boldsymbol{A}^2=\begin{bmatrix}b_0+b_1+b_2 & b_1+b_2 & b_2\\ 0 & b_0 & b_1+b_2\\ 0 & 0 & b_0+b_1+b_2\end{bmatrix}=\begin{bmatrix}e^t & e^t-1 & te^t-e^t+1\\ 0 & 1 & e^t-1\\ 0 & 0 & e^t\end{bmatrix}。$$

又求解
$$\begin{cases}r(0)=b_0=1\\ r(1)=b_0+b_1+b_2=\cos t,\\ r'(1)=b_1+2b_2=-t\sin t\end{cases}$$

得
$$\begin{cases} b_0=1 \\ b_1=t\sin t+2\cos t-2 \\ b_2=-t\sin t-\cos t+1 \end{cases},$$
故
$$\cos(\boldsymbol{A}t)=b_0\boldsymbol{I}+b_1\boldsymbol{A}+b_2\boldsymbol{A}^2=\begin{bmatrix} \cos t & \cos t-1 & -t\sin t-\cos t+1 \\ 0 & 1 & \cos t-1 \\ 0 & 0 & \cos t \end{bmatrix}。$$

13. $f(\boldsymbol{A}^{\mathrm{T}})=\sum\limits_{k=0}^{+\infty}a_k\,(\boldsymbol{A}^{\mathrm{T}})^k=\sum\limits_{k=0}^{+\infty}a_k\,(\boldsymbol{A}^k)^{\mathrm{T}}=(\sum\limits_{k=0}^{+\infty}a_k\boldsymbol{A}^k)^{\mathrm{T}}=(f(\boldsymbol{A}))^{\mathrm{T}}$。

14. (1)注意$\boldsymbol{A}^{\mathrm{T}}$是一个Jordan矩阵，利用第13题的结论和Jordan矩阵求矩阵函数的方法得

$$\mathrm{e}^{\boldsymbol{A}t}=\begin{bmatrix} \mathrm{e}^t & 0 & 0 & 0 \\ t\mathrm{e}^t & \mathrm{e}^t & 0 & 0 \\ \frac{t^2}{2}\mathrm{e}^t & t\mathrm{e}^t & \mathrm{e}^t & 0 \\ \frac{t^3}{6}\mathrm{e}^t & \frac{t^2}{2}\mathrm{e}^t & t\mathrm{e}^t & \mathrm{e}^t \end{bmatrix},\ \sin(\boldsymbol{A}t)=\begin{bmatrix} \sin t & 0 & 0 & 0 \\ t\cos t & \sin t & 0 & 0 \\ -\frac{t^2}{2}\sin t & t\cos t & \sin t & 0 \\ -\frac{t^3}{6}\cos t & -\frac{t^2}{2}\sin t & t\cos t & \sin t \end{bmatrix},$$

$$\cos(\boldsymbol{A}t)=\begin{bmatrix} \cos t & 0 & 0 & 0 \\ -t\sin t & \cos t & 0 & 0 \\ -\frac{t^2}{2}\cos t & -t\sin t & \cos t & 0 \\ \frac{t^3}{6}\sin t & -\frac{t^2}{2}\cos t & -t\sin t & \cos t \end{bmatrix};$$

(2) $$\mathrm{e}^{\boldsymbol{A}t}=\begin{bmatrix} \mathrm{e}^{-2t} & t\mathrm{e}^{-2t} & 0 & 0 \\ 0 & \mathrm{e}^{-2t} & 0 & 0 \\ 0 & 0 & 1 & 0 \\ 0 & 0 & t & 1 \end{bmatrix},\quad \sin(\boldsymbol{A}t)=\begin{bmatrix} -\sin 2t & t\cos 2t & 0 & 0 \\ 0 & -\sin 2t & 0 & 0 \\ 0 & 0 & 0 & 0 \\ 0 & 0 & t & 0 \end{bmatrix},$$

$$\cos(\boldsymbol{A}t)=\begin{bmatrix} \cos 2t & t\sin 2t & 0 & 0 \\ 0 & \cos 2t & 0 & 0 \\ 0 & 0 & 1 & 0 \\ 0 & 0 & 0 & 1 \end{bmatrix}。$$

15. $\boldsymbol{A}$的最小多项式$m_{\boldsymbol{A}}(\lambda)=(\lambda-1)^2$，设
$$r(\lambda)=b_1\lambda+b_0,$$
由
$$\begin{cases} r(1)=b_1+b_0=1^{100}+3\cdot 1^{23}+1^{20} \\ r'(1)=b_1=100\times 1^{99}+3\cdot 23\cdot 1^{22}+20\cdot 1^{19} \end{cases},$$
解得
$$\begin{cases} b_0=-184 \\ b_1=189 \end{cases},$$

即

$$A^{100}+3A^{23}+A^{20}=189A-184I=\begin{bmatrix}-184 & 189\\ -189 & 194\end{bmatrix}。$$

16. 由第 13 题的结论知$(e^{A})^{T}=e^{A^{T}}=e^{-A}$，于是有$e^{A}(e^{A})^{T}=e^{A}e^{A^{T}}=e^{A+A^{T}}=e^{O}=I$，故$e^{A}$是正交矩阵。

17. 由第 13 题的结论知$(e^{iA})^{H}=e^{(iA)^{H}}=e^{-iA}$，于是有$e^{iA}(e^{iA})^{H}=e^{iA}e^{-iA}=e^{O}=I$，故$e^{iA}$是酉矩阵。

18. 令$A=\begin{bmatrix}3 & 0 & 8\\ 3 & -1 & 6\\ -2 & 0 & -5\end{bmatrix}$，$x(0)=\begin{bmatrix}1\\1\\1\end{bmatrix}$，可求得$\det(\lambda I-A)=(\lambda+1)^3$，$A$的最小多项式为$m_A(\lambda)=(\lambda+1)^2$，设$r(\lambda)=b_0+b_1\lambda$，求解$\begin{cases}r(-1)=b_0-b_1=e^{-t}\\ r'(-1)=b_1=te^{-t}\end{cases}$，得$\begin{cases}b_0=(1+t)e^{-t}\\ b_1=te^{-t}\end{cases}$，于是

$$e^{At}=(1+t)e^{-t}I+te^{-t}A=e^{-t}\begin{bmatrix}1+4t & 0 & 8t\\ 3t & 1 & 6t\\ -2t & 0 & 1-4t\end{bmatrix},x(t)=e^{At}x(0)=e^{-t}\begin{bmatrix}1+12t\\ 1+9t\\ 1-6t\end{bmatrix}。$$

19. 令$A=\begin{bmatrix}-2 & 1 & 0\\ -4 & 2 & 0\\ 1 & 0 & 1\end{bmatrix}$，$b(t)=\begin{bmatrix}1\\2\\e^t-1\end{bmatrix}$，$x(0)=\begin{bmatrix}1\\1\\-1\end{bmatrix}$，可求得$\det(\lambda I-A)=\lambda^2(\lambda-1)$，

设$r(\lambda)=b_0+b_1\lambda+b_2\lambda^2$，求解$\begin{cases}r(0)=b_0=1\\ r'(0)=b_1=t\\ r(1)=b_0+b_1+b_2=e^t\end{cases}$，

得

$$\begin{cases}b_0=1\\ b_1=t\\ b_2=e^t-t-1\end{cases},$$

于是

$$e^{At}=b_0I+b_1A+b_2A^2=\begin{bmatrix}1-2t & t & 0\\ -4t & 1+2t & 0\\ 1+2t-e^t & e^t-t-1 & e^t\end{bmatrix},$$

故

$$x(t)=e^{At}\left\{x(0)+\int_0^t e^{-A\tau}b(\tau)d\tau\right\}=e^{At}\left\{x(0)+\int_0^t\begin{bmatrix}1\\2\\0\end{bmatrix}d\tau\right\}$$

$$=e^{At}\left\{\begin{bmatrix}1\\1\\-1\end{bmatrix}+\begin{bmatrix}t\\2t\\0\end{bmatrix}\right\}=\begin{bmatrix}1\\1\\(t-1)e^t\end{bmatrix}。$$

习题 7

1.(答案不唯一)

(1)$\boldsymbol{S}=\begin{bmatrix}1&0&0\\-1&0&1\\1&1&-3\end{bmatrix}$,$\boldsymbol{P}=\boldsymbol{I}_3$,$\boldsymbol{SAP}=\begin{bmatrix}1&0&3\\0&1&-2\\0&0&0\end{bmatrix}$,

$$\boldsymbol{A}^{(1)}=\boldsymbol{P}\begin{bmatrix}1&0&0\\0&1&0\\0&0&\alpha\end{bmatrix}\boldsymbol{S}=\begin{bmatrix}1&0&0\\-1&0&1\\\alpha&\alpha&-3\alpha\end{bmatrix}(\alpha\text{ 任意})。$$

(2)$\boldsymbol{S}=\begin{bmatrix}2&0&-3\\-1&0&2\\-2&1&-1\end{bmatrix}$,$\boldsymbol{P}=\boldsymbol{I}_4$,$\boldsymbol{SAP}=\begin{bmatrix}1&0&8&-11\\0&1&-5&7\\0&0&0&0\end{bmatrix}$,

$$\boldsymbol{A}^{(1)}=\boldsymbol{P}\begin{bmatrix}1&0&0\\0&1&0\\0&0&\alpha\\0&0&\beta\end{bmatrix}\boldsymbol{S}=\begin{bmatrix}2&0&-3\\-1&0&2\\-2\alpha&\alpha&-\alpha\\-2\beta&\beta&-\beta\end{bmatrix}(\alpha,\beta\text{ 任意})。$$

2. 提示:考察矩阵为行满秩或列满秩时的满秩分解形式(见定理 4.13)。

3. 该矩阵为列满秩的,利用第 2 题的结论,可知

$$\boldsymbol{A}^{+}=\frac{1}{14}(1,2,3)。$$

4. 提示:(1)~(3),(6)~(8)直接应用加号逆的定义即可;(4)仿照定理 7.3(4)的证明;加号逆是特殊的{1}逆,因此(5),(9),(10)显然成立。

5. 计算$\boldsymbol{A}^{+}$,将 $\boldsymbol{AA}^{+}\boldsymbol{b}$ 与 $\boldsymbol{b}$ 进行比较。

(1)$\boldsymbol{A}^{+}=\frac{1}{22}\begin{bmatrix}-2&6&-1&5\\-2&6&-1&5\\8&-2&4&2\end{bmatrix}$,$\boldsymbol{AA}^{+}\boldsymbol{b}\neq\boldsymbol{b}$,

因此方程组 $\boldsymbol{Ax}=\boldsymbol{b}$ 无解,且极小范数最小二乘解为$\boldsymbol{A}^{+}\boldsymbol{b}=\frac{2}{11}\begin{bmatrix}2\\2\\3\end{bmatrix}$;

(2)$\boldsymbol{A}^{+}=\frac{1}{18}\begin{bmatrix}5&2&-1\\1&1&1\\-4&-1&2\\6&3&0\end{bmatrix}$,$\boldsymbol{AA}^{+}\boldsymbol{b}\neq\boldsymbol{b}$,

因此方程组 $\boldsymbol{Ax}=\boldsymbol{b}$ 无解,且极小范数最小二乘解为$\boldsymbol{A}^{+}\boldsymbol{b}=\begin{bmatrix}1\\0\\-1\\1\end{bmatrix}$。

数学实验练习题参考答案

练习题 1

$$\begin{bmatrix} 1 & 0 & 0 & 0 \\ 0 & -1 & -1 & -1 \\ 1 & -1 & 2 & 1 \\ 1 & 0 & 1 & 1 \end{bmatrix}$$

练习题 2

$\boldsymbol{e}_1=(0,-0.8944,-0.4472,0)^{\mathrm{T}}$

$\boldsymbol{e}_2=(0.9129,-0.1826,0.3651,0)^{\mathrm{T}}$

$\boldsymbol{e}_3=(0.3162,0.3162,-0.6325,-0.6325)^{\mathrm{T}}$

$\boldsymbol{e}_4=(0.2582,0.2582,-0.5164,0.7746)^{\mathrm{T}}$

练习题 3

1\. $\boldsymbol{S}(\lambda)=\begin{bmatrix} 1 & 0 & 0 \\ 0 & \lambda(\lambda+1) & 0 \\ 0 & 0 & \lambda(\lambda+1)^2 \end{bmatrix}$

2\. $\boldsymbol{J}=\begin{bmatrix} 1 & 1 & 0 \\ 0 & 1 & 0 \\ 0 & 0 & 1 \end{bmatrix}$，$\boldsymbol{P}=\begin{bmatrix} 1 & 1 & 1 \\ 2 & 0 & 0 \\ -1 & 0 & 1 \end{bmatrix}$

3\. $m(\lambda)=(\lambda-1)(\lambda-2)^2$

练习题 5

$\|\boldsymbol{A}\|_\infty=8$，$\|\boldsymbol{AX}\|_1=32$

练习题 6

1\. (1) $\lim\limits_{t\to 0}\boldsymbol{A}(t)=\begin{bmatrix} 0 & 1 & 0 \\ 1 & 1 & 0 \\ 1 & 0 & 0 \end{bmatrix}$

(2) $\dfrac{\mathrm{d}}{\mathrm{d}t}\boldsymbol{A}(t)=\begin{bmatrix} \cos t & -\sin t & 1 \\ \dfrac{\cos t}{t}-\dfrac{\sin t}{t^2} & \mathrm{e}^t & 2t \\ 0 & 0 & 3t^2 \end{bmatrix}$

$$\frac{d^2}{dt^2}\boldsymbol{A}(t)=\begin{bmatrix} -\sin t & -\cos t & 0 \\ \frac{2\sin t}{t^3}-\frac{\sin t}{t}-\frac{2\cos t}{t^2} & e^t & 2 \\ 0 & 0 & 6t \end{bmatrix}$$

$$\frac{d}{dt}\det\boldsymbol{A}(t)=t^2\sin^2 t-t^2\sin t-t^2\cos^2 t-e^t+2t\cos t-te^t-2t\cos t\sin t+ t^3e^t\cos t+3t^2e^t\sin t+t^3e^t\sin t$$

2. $\int_0^t \boldsymbol{A}(t)dt=\begin{bmatrix} 1-\cos t & -\sin t \\ \sin t & 1-\cos t \end{bmatrix}$, $\frac{d}{dt}\int_0^{t^2}\boldsymbol{A}(t)dt=\begin{bmatrix} 2t\sin t^2 & -2t\cos t^2 \\ 2t\cos t^2 & 2t\sin t^2 \end{bmatrix}$

3. $e^{\boldsymbol{A}}=\begin{bmatrix} 1 & \frac{1}{2}-\frac{e^{-2}}{2} \\ 0 & e^{-2} \end{bmatrix}$, $e^{\boldsymbol{A}t}=\begin{bmatrix} 1 & \frac{1}{2}-\frac{e^{-2t}}{2} \\ 0 & e^{-2t} \end{bmatrix}$

$\cos\boldsymbol{A}=\begin{bmatrix} 1 & \frac{1}{2}-\frac{\cos 2}{2} \\ 0 & \cos 2 \end{bmatrix}$, $\cos(\boldsymbol{A}t)=\begin{bmatrix} 1 & \frac{1}{2}-\frac{\cos 2t}{2} \\ 0 & \cos 2t \end{bmatrix}$

4. $\begin{cases} x_1(t)=2C_2+C_1e^t-C_3(e^t-te^t) \\ x_2(t)=C_3e^t-C_2 \\ x_3(t)=C_2+C_1e^t-C_3(e^t-te^t) \end{cases}$

5. $\begin{cases} x_1(t)=e^{-t}-4e^{-2t}+\frac{11}{3}e^{-3t}+\frac{1}{3} \\ x_2(t)=5e^{-t}-16e^{-2t}+11e^{-3t} \\ x_3(t)=6e^{-t}-12e^{-2t}+\frac{22}{3}e^{-3t}-\frac{7}{3} \end{cases}$

练习题 7

1. $\boldsymbol{A}^+=\begin{bmatrix} \frac{1}{4} & -\frac{1}{4} & \frac{1}{4} & \frac{1}{4} \\ -\frac{1}{8} & \frac{3}{8} & -\frac{1}{8} & \frac{1}{8} \\ \frac{1}{8} & -\frac{3}{8} & \frac{1}{8} & -\frac{1}{8} \end{bmatrix}$

2. $\boldsymbol{x}=\begin{bmatrix} \frac{3}{14} \\ -\frac{2}{14} \\ \frac{13}{14} \end{bmatrix}$

附录 B

模拟试题及参考答案

试题 1

一、填空题(每题 3 分，共 15 分)

1. 设矩阵 $\boldsymbol{A}=\begin{bmatrix}-1 & 1 & 0\\ -4 & 3 & 0\\ -8 & 8 & -1\end{bmatrix}$，则 $\boldsymbol{A}$ 的 Jordan 标准形为________。

2. 设 $\boldsymbol{A}=\begin{bmatrix}1 & -2 & -2\\ 1 & 0 & -3\\ 1 & -1 & -2\end{bmatrix}$，则 $2\boldsymbol{A}^8-3\boldsymbol{A}^6+\boldsymbol{A}^4+2\boldsymbol{A}^2-4\boldsymbol{I}=$________。

3. $\boldsymbol{A}(t)=\begin{bmatrix}\cos t & -\sin t\\ \sin t & \cos t\end{bmatrix}$，则 $\det\left(\dfrac{\mathrm{d}}{\mathrm{d}t}\boldsymbol{A}(t)\right)=$________。

4. $\boldsymbol{A}=\begin{bmatrix}1+\mathrm{i} & 0 & -3\\ 5 & 4\mathrm{i} & 0\\ -2 & 3 & 1\end{bmatrix}$，则 $\|\boldsymbol{A}\|_1=$________。

5. 计算矩阵幂级数 $\sum\limits_{k=0}^{\infty}\begin{bmatrix}0.7 & 0.2\\ 0.6 & 0.1\end{bmatrix}^k=$________。

二、(本题 12 分)设 3 维线性空间 V 的两个基(Ⅰ)：$\boldsymbol{\alpha}_1,\boldsymbol{\alpha}_2,\boldsymbol{\alpha}_3$ 和(Ⅱ)：$\boldsymbol{\beta}_1,\boldsymbol{\beta}_2,\boldsymbol{\beta}_3$，满足 $\boldsymbol{\beta}_1=\boldsymbol{\alpha}_1-\boldsymbol{\alpha}_2$，$\boldsymbol{\beta}_2=2\boldsymbol{\alpha}_1+3\boldsymbol{\alpha}_2+2\boldsymbol{\alpha}_3$，$\boldsymbol{\beta}_3=\boldsymbol{\alpha}_1+3\boldsymbol{\alpha}_2+2\boldsymbol{\alpha}_3$，求：

(1)由基(Ⅰ)到基(Ⅱ)的过渡矩阵；

(2)元素 $\boldsymbol{\alpha}=2\boldsymbol{\alpha}_1-0_2+3\boldsymbol{\alpha}_3$ 在基(Ⅱ)下的坐标。

三、(本题 15 分)设向量空间 $\mathbf{R}^2$ 按照某种内积方式构成欧氏空间记为 V^2,已知 V^2 的两个基为

$$(\text{I})\boldsymbol{\alpha}_1=(1,1)^{\mathrm{T}},\boldsymbol{\alpha}_2=(1,-1)^{\mathrm{T}},(\text{II})\boldsymbol{\beta}_1=(0,2)^{\mathrm{T}},\boldsymbol{\beta}_2=(6,12)^{\mathrm{T}},$$

且 $\boldsymbol{\alpha}_i$ 与 $\boldsymbol{\beta}_j$ 的内积为 $(\boldsymbol{\alpha}_1,\boldsymbol{\beta}_1)=1,(\boldsymbol{\alpha}_1,\boldsymbol{\beta}_2)=15,(\boldsymbol{\alpha}_2,\boldsymbol{\beta}_1)=-1,(\boldsymbol{\alpha}_2,\boldsymbol{\beta}_2)=3$,求:

(1)基(Ⅰ)的度量矩阵 $\boldsymbol{A}$;

(2)基(Ⅱ)的度量矩阵 $\boldsymbol{B}$;

(3)求 V^2 的一个标准正交基。

四、(本题 10 分)求 $\boldsymbol{A}$ 的最小多项式,其中 $\boldsymbol{A}=\begin{bmatrix}3&-3&2\\-1&5&-2\\-1&3&0\end{bmatrix}$。

五、(本题 14 分)已知 $\boldsymbol{A}=\begin{bmatrix}1&0&0\\0&1&0\\1&-2&2\end{bmatrix}$,求 $\mathrm{e}^{\boldsymbol{A}t}$。

六、(本题 14 分)设线性方程组

$$\boldsymbol{Ax}=\boldsymbol{b},\boldsymbol{A}=\begin{bmatrix}1&1&0&1\\0&1&1&0\\1&2&1&1\end{bmatrix},\boldsymbol{b}=\begin{bmatrix}3\\0\\0\end{bmatrix},$$

求:(1)$\boldsymbol{A}$ 的满秩分解;

(2)$\boldsymbol{A}$ 的 Moore-Penrose 逆 $\boldsymbol{A}^+$;

(3)用广义逆矩阵 $\boldsymbol{A}^+$ 求方程组的最小二乘解和极小范数最小二乘解。

七、(本题 12 分)用 Householder 变换方法求矩阵 $\boldsymbol{A}=\begin{bmatrix}0&4&1\\1&1&1\\0&3&2\end{bmatrix}$ 的 QR 分解。

八、(本题 8 分)设 $\boldsymbol{A},\boldsymbol{B}$ 分别为 $n\times n,m\times n$ 常数矩阵,$\boldsymbol{X}$ 为 $n\times m$ 矩阵变量,证明:

$$\frac{\mathrm{d}}{\mathrm{d}\boldsymbol{X}}(\mathrm{tr}(\boldsymbol{X}^{\mathrm{T}}\boldsymbol{AX}))=(\boldsymbol{A}+\boldsymbol{A}^{\mathrm{T}})\boldsymbol{X}。$$

试题 1 参考答案

一、填空题

1. $\boldsymbol{J}=\begin{bmatrix}1&1&0\\0&1&0\\0&0&-1\end{bmatrix}$ 或 $\boldsymbol{J}=\begin{bmatrix}-1&0&0\\0&1&1\\0&0&1\end{bmatrix}$

2. $\begin{bmatrix}-28&0&40\\-10&-2&20\\-10&0&18\end{bmatrix}$

3. 1

4. $7+\sqrt{2}$

5. $\begin{bmatrix} 6 & \frac{4}{3} \\ 4 & 2 \end{bmatrix}$

二、(1)由基(Ⅰ)到(Ⅱ)的过渡矩阵为

$$(\boldsymbol{\beta}_1,\boldsymbol{\beta}_2,\boldsymbol{\beta}_3)=(\boldsymbol{\alpha}_1,\boldsymbol{\alpha}_2,\boldsymbol{\alpha}_3)\begin{bmatrix} 1 & 2 & 1 \\ -1 & 3 & 3 \\ 0 & 2 & 2 \end{bmatrix},$$

得 $\boldsymbol{P}=\begin{bmatrix} 1 & 2 & 1 \\ -1 & 3 & 3 \\ 0 & 2 & 2 \end{bmatrix},\boldsymbol{P}^{-1}=\begin{bmatrix} 0 & -1 & \frac{3}{2} \\ 1 & 1 & -2 \\ -1 & -1 & \frac{5}{2} \end{bmatrix}$。

(2)$\boldsymbol{\alpha}$ 在基(Ⅰ)下的坐标 $\boldsymbol{x}=(2,-1,3)^{\mathrm{T}}$，由坐标变换公式 $\boldsymbol{x}=\boldsymbol{P}\boldsymbol{y}$，计算 $\boldsymbol{\alpha}$ 在基(Ⅱ)下的坐标为 $\boldsymbol{y}=\boldsymbol{P}^{-1}\boldsymbol{x}=\left(\frac{11}{2},-5,\frac{13}{2}\right)^{\mathrm{T}}$。

三、(1)计算得 $\boldsymbol{\alpha}_1=-\frac{1}{2}\boldsymbol{\beta}_1+\frac{1}{6}\boldsymbol{\beta}_2,\boldsymbol{\alpha}_2=-\frac{3}{2}\boldsymbol{\beta}_1+\frac{1}{6}\boldsymbol{\beta}_2$，

利用内积计算得 $(\boldsymbol{\alpha}_1,\boldsymbol{\alpha}_1)=\left(\boldsymbol{\alpha}_1,-\frac{1}{2}\boldsymbol{\beta}_1+\frac{1}{6}\boldsymbol{\beta}_2\right)=2$，

$$(\boldsymbol{\alpha}_2,\boldsymbol{\alpha}_1)=\left(\boldsymbol{\alpha}_2,-\frac{1}{2}\boldsymbol{\beta}_1+\frac{1}{6}\boldsymbol{\beta}_2\right)=1,$$

$$(\boldsymbol{\alpha}_1,\boldsymbol{\alpha}_2)=\left(\boldsymbol{\alpha}_1,-\frac{3}{2}\boldsymbol{\beta}_1+\frac{1}{6}\boldsymbol{\beta}_2\right)=1,$$

$$(\boldsymbol{\alpha}_2,\boldsymbol{\alpha}_2)=\left(\boldsymbol{\alpha}_2,-\frac{3}{2}\boldsymbol{\beta}_1+\frac{1}{6}\boldsymbol{\beta}_2\right)=2,$$

$$\boldsymbol{A}=\begin{bmatrix} 2 & 1 \\ 1 & 2 \end{bmatrix}。$$

(2)由基(Ⅰ)到基(Ⅱ)的过渡矩阵为 $\boldsymbol{C}=\begin{bmatrix} 1 & 9 \\ -1 & -3 \end{bmatrix},\boldsymbol{B}=\boldsymbol{C}^{\mathrm{T}}\boldsymbol{A}\boldsymbol{C}=\begin{bmatrix} 2 & 12 \\ 12 & 126 \end{bmatrix}$。

(3)应用施密特(Schmidt)正交方法对基(Ⅰ)正交化得

$$\boldsymbol{x}_1=\boldsymbol{\alpha}_1=(1,1),$$

$$\boldsymbol{x}_2=\boldsymbol{\alpha}_1-\frac{(\boldsymbol{\alpha}_2,\boldsymbol{x}_1)}{(\boldsymbol{x}_1,\boldsymbol{x}_1)}\boldsymbol{x}_1=\boldsymbol{\alpha}_2-\frac{(\boldsymbol{\alpha}_2,\boldsymbol{\alpha}_1)}{(\boldsymbol{\alpha}_1,\boldsymbol{\alpha}_1)}\boldsymbol{\alpha}_1=\boldsymbol{\alpha}_2-\left(-\frac{1}{2}\boldsymbol{\alpha}_1\right)=\left(\frac{1}{2},-\frac{3}{2}\right),$$

单位化得 $\boldsymbol{y}_1=\frac{\boldsymbol{x}_1}{\|\boldsymbol{x}_1\|}=\left(\frac{1}{\sqrt{2}},\frac{1}{\sqrt{2}}\right),\boldsymbol{y}_2=\frac{\boldsymbol{x}_2}{\|\boldsymbol{x}_2\|}=\left(\frac{1}{\sqrt{6}},-\frac{3}{\sqrt{6}}\right)$ 为 V^2 的一个标准正交基。

四、$|\lambda\boldsymbol{I}-\boldsymbol{A}|=(\lambda-2)^2(\lambda-4)$，设 $\varphi(\lambda)=(\lambda-2)(\lambda-4)$，则 $\varphi(\boldsymbol{A})=(\boldsymbol{A}-2\boldsymbol{I})(\boldsymbol{A}-4\boldsymbol{I})$，即

$$\varphi(\boldsymbol{A})=\begin{bmatrix} 1 & -3 & 2 \\ -1 & 3 & -2 \\ -1 & 3 & -2 \end{bmatrix}\begin{bmatrix} -1 & -3 & 2 \\ -1 & 1 & -2 \\ -1 & 3 & -4 \end{bmatrix}=\begin{bmatrix} 0 & 0 & 0 \\ 0 & 0 & 0 \\ 0 & 0 & 0 \end{bmatrix},$$

故 $m_{\boldsymbol{A}}(\lambda)=(\lambda-2)(\lambda-4)$。

五、**解法一**:特征多项式法

特征多项式为 $\det(\lambda\boldsymbol{I}-\boldsymbol{A})=(\lambda-1)^2(\lambda-2)$,设 $r(\lambda)=b_2\lambda^2+b_1\lambda+b_0$,则由

$$\begin{cases}r(1)=b_2+b_1+b_0=\mathrm{e}^t\\ r'(1)=2b_2+b_1=t\mathrm{e}^t\\ r(2)=4b_2+2b_1+b_0=\mathrm{e}^{2t}\end{cases}$$

代入得
$$\begin{cases}b_0=\mathrm{e}^{2t}-2t\mathrm{e}^t\\ b_1=2\mathrm{e}^t-2\mathrm{e}^{2t}+3t\mathrm{e}^t,\\ b_2=\mathrm{e}^{2t}-t\mathrm{e}^t-\mathrm{e}^t\end{cases}$$

因此 $\mathrm{e}^{\boldsymbol{A}t}=b_2\boldsymbol{A}^2+b_1\boldsymbol{A}+b_0\boldsymbol{I}=\begin{bmatrix}\mathrm{e}^t & & \\ & \mathrm{e}^t & \\ \mathrm{e}^{2t}-\mathrm{e}^t & 2\mathrm{e}^t-2\mathrm{e}^{2t} & \mathrm{e}^{2t}\end{bmatrix}$。

解法二:最小多项式法

$$\lambda\boldsymbol{I}-\boldsymbol{A}=\begin{bmatrix}\lambda-1 & & \\ & \lambda-1 & \\ -1 & 2 & \lambda-2\end{bmatrix}\to\begin{bmatrix}-1 & 2 & \lambda-2\\ & \lambda-1 & \\ 0 & 2(\lambda-1) & (\lambda-1)(\lambda-2)\end{bmatrix}\to\begin{bmatrix}1 & & \\ & \lambda-1 & \\ 0 & 0 & (\lambda-1)(\lambda-2)\end{bmatrix},$$

所以初等因子为 $\lambda-1,\lambda-1,\lambda-2$,最小多项式为 $m_A(\lambda)=(\lambda-1)(\lambda-2)$。

设 $r(\lambda)=b_1\lambda+b_0$,则由 $\begin{cases}r(1)=b_1+b_0=\mathrm{e}^t\\ r(2)=2b_1+b_0=\mathrm{e}^{2t}\end{cases}$,代入得 $\begin{cases}b_0=2\mathrm{e}^t-\mathrm{e}^{2t}\\ b_1=\mathrm{e}^{2t}-\mathrm{e}^t\end{cases}$,

因此
$$\mathrm{e}^{\boldsymbol{A}t}=b_1\boldsymbol{A}+b_0\boldsymbol{I}=\begin{bmatrix}\mathrm{e}^t & & \\ & \mathrm{e}^t & \\ \mathrm{e}^{2t}-\mathrm{e}^t & 2\mathrm{e}^t-2\mathrm{e}^{2t} & \mathrm{e}^{2t}\end{bmatrix}。$$

解法三:Jordan 标准形法

$\lambda\boldsymbol{I}-\boldsymbol{A}$ 初等因子为 $\lambda-1,\lambda-1,\lambda-2$,矩阵 $\boldsymbol{A}$ 的 Jordan 标准形为 $\boldsymbol{J}=\begin{bmatrix}1 & & \\ & 1 & \\ & & 2\end{bmatrix}$,

设 $\boldsymbol{P}=(\boldsymbol{p}_1,\boldsymbol{p}_2,\boldsymbol{p}_3)$,$\boldsymbol{AP}=\boldsymbol{A}(\boldsymbol{p}_1,\boldsymbol{p}_2,\boldsymbol{p}_3)=(\boldsymbol{p}_1,\boldsymbol{p}_2,\boldsymbol{p}_3)\boldsymbol{J}$,得

$$\begin{cases}\boldsymbol{Ap}_1=\boldsymbol{p}_1\\ \boldsymbol{Ap}_2=\boldsymbol{p}_2\\ \boldsymbol{Ap}_3=2\,\boldsymbol{p}_3\end{cases},即\begin{cases}(\boldsymbol{I}-\boldsymbol{A})\boldsymbol{p}_1=\boldsymbol{0}\\ (\boldsymbol{I}-\boldsymbol{A})\boldsymbol{p}_2=\boldsymbol{0}\\ (2\boldsymbol{I}-\boldsymbol{A})\boldsymbol{p}_3=\boldsymbol{0}\end{cases},$$

解得 $\boldsymbol{p}_1=\begin{bmatrix}2\\1\\0\end{bmatrix}$,$\boldsymbol{p}_2=\begin{bmatrix}-1\\0\\1\end{bmatrix}$,$\boldsymbol{p}_3=\begin{bmatrix}0\\0\\1\end{bmatrix}$,于是 $\boldsymbol{P}=\begin{bmatrix}2 & -1 & 0\\ 1 & 0 & 0\\ 0 & 1 & 1\end{bmatrix}$,$\boldsymbol{P}^{-1}=\begin{bmatrix}0 & 1 & 0\\ -1 & 2 & 0\\ 1 & -2 & 1\end{bmatrix}$,

因此
$$\mathrm{e}^{\boldsymbol{A}t}=\boldsymbol{P}\begin{bmatrix}\mathrm{e}^t & & \\ & \mathrm{e}^t & \\ & & \mathrm{e}^{2t}\end{bmatrix}\boldsymbol{P}^{-1}=\begin{bmatrix}\mathrm{e}^t & & \\ & \mathrm{e}^t & \\ \mathrm{e}^{2t}-\mathrm{e}^t & 2\mathrm{e}^t-2\mathrm{e}^{2t} & \mathrm{e}^{2t}\end{bmatrix}。$$

六、(1)
$$\boldsymbol{A}\xrightarrow{r}\begin{bmatrix}1 & 0 & -1 & 1\\ 0 & 1 & 1 & 0\\ 0 & 0 & 0 & 0\end{bmatrix},$$

$$F=\begin{bmatrix}1&1\\0&1\\1&2\end{bmatrix},G=\begin{bmatrix}1&0&-1&1\\0&1&1&0\end{bmatrix},A=FG。$$

(2)
$$A^{+}=\frac{1}{15}\begin{bmatrix}5&-4&1\\0&3&3\\-5&7&2\\5&-4&1\end{bmatrix}。$$

(3)$A^{+}b=\begin{bmatrix}1\\0\\-1\\1\end{bmatrix},AA^{+}b=\begin{bmatrix}2\\-1\\1\end{bmatrix}\neq\begin{bmatrix}3\\0\\0\end{bmatrix}=b$，$Ax=b$ 是矛盾方程，

最小二乘解通式为

$$x=\begin{bmatrix}1\\0\\-1\\1\end{bmatrix}+\frac{1}{5}\begin{bmatrix}3&-1&1&-2\\-1&2&-2&1\\1&-2&2&1\\2&-1&1&3\end{bmatrix}y\,(y\in\mathbf{C}^4)$$

极小范数最小二乘解为

$$x_0=\begin{bmatrix}1\\0\\-1\\1\end{bmatrix}。$$

七、对 A 的第 1 列，构造 H_1 如下：

$$a_1=\begin{bmatrix}0\\1\\0\end{bmatrix},u_1=\frac{a_1-\|a_1\|_2e_1}{\|a_1-\|a_1\|_2e_1\|_2}=\frac{1}{\sqrt{2}}\begin{bmatrix}-1\\1\\0\end{bmatrix},$$

$$H_1=I-2u_1u_1^{\mathrm{T}}=\begin{bmatrix}0&1&0\\1&0&0\\0&0&1\end{bmatrix},H_1A=\begin{bmatrix}1&1&1\\0&4&1\\0&3&2\end{bmatrix},$$

对 $A_1=\begin{bmatrix}4&1\\3&2\end{bmatrix}$的第 1 列，构造 H_2 如下：

$$b_2=\begin{bmatrix}4\\3\end{bmatrix},\widetilde{u}_2=\frac{b_2-\|b_2\|_2\widetilde{e}_1}{\|b_2-\|b_2\|_2\widetilde{e}_1\|_2}=\frac{1}{\sqrt{10}}\begin{bmatrix}-1\\3\end{bmatrix},$$

$$\widetilde{H}_2=I-2\,\widetilde{u}_2\,\widetilde{u}_2^{\mathrm{T}}=\frac{1}{5}\begin{bmatrix}4&3\\3&-4\end{bmatrix},$$

$$H_2=\begin{bmatrix}1&\mathbf{0}^{\mathrm{T}}\\0&\widetilde{H}_2\end{bmatrix}=\begin{bmatrix}1&0&0\\0&\frac{4}{5}&\frac{3}{5}\\0&\frac{3}{5}&-\frac{4}{5}\end{bmatrix},H_2(H_1A)=\begin{bmatrix}1&1&1\\0&5&2\\0&0&-1\end{bmatrix}=R,$$

故 $\boldsymbol{A}$ 的 QR 分解为

$$\boldsymbol{A}=(\boldsymbol{H}_1\boldsymbol{H}_2)\boldsymbol{R}=\begin{bmatrix}0 & \frac{4}{5} & \frac{3}{5}\\ 1 & 0 & 0\\ 0 & \frac{3}{5} & -\frac{4}{5}\end{bmatrix}\begin{bmatrix}1 & 1 & 1\\ 0 & 5 & 2\\ 0 & 0 & -1\end{bmatrix}。$$

八、设 $\boldsymbol{A}=(a_{ij})_{n\times n}$，$\boldsymbol{X}=(\xi_{ij})_{n\times m}$，$f=\mathrm{tr}(\boldsymbol{X}^{\mathrm{T}}\boldsymbol{A}^{\mathrm{T}}\boldsymbol{X})$，则有

$$\boldsymbol{X}^{\mathrm{T}}=\begin{bmatrix}\xi_{11} & \cdots & \xi_{n1}\\ \vdots & \ddots & \vdots\\ \xi_{1m} & \cdots & \xi_{nm}\end{bmatrix},\quad \boldsymbol{AX}=\begin{bmatrix}\sum\limits_k a_{1k}\xi_{k1} & \cdots & \sum\limits_k a_{1k}\xi_{km}\\ \vdots & \ddots & \vdots\\ \sum\limits_k a_{nk}\xi_{k1} & \cdots & \sum\limits_k a_{nk}\xi_{km}\end{bmatrix},$$

$$f=\sum_l \xi_{l1}\sum_k a_{lk}\xi_{k1}+\cdots+\sum_l \xi_{lj}\sum_k a_{lk}\xi_{kj}+\cdots+\sum_l \xi_{lm}\sum_k a_{lk}\xi_{km},$$

$$\frac{\partial f}{\partial \xi_{ij}}=\frac{\partial}{\partial \xi_{ij}}\Big[\sum_l \xi_{lj}\sum_k a_{lj}\xi_{kj}\Big]=\sum_l\Big[\frac{\partial \xi_{lj}}{\partial \xi_{ij}}\cdot\Big(\sum_k a_{lk}\xi_{kj}\Big)+\xi_{lj}\cdot\frac{\partial}{\partial \xi_{ij}}\Big(\sum_k a_{lk}\xi_{kj}\Big)\Big]$$

$$=\sum_k a_{ik}\xi_{kj}+\sum_l a_{li}\xi_{lj},$$

$$\frac{\mathrm{d}f}{\mathrm{d}\boldsymbol{X}}=\left(\frac{\partial f}{\partial \xi_{ij}}\right)_{n\times m}=\boldsymbol{AX}+\boldsymbol{A}^{\mathrm{T}}\boldsymbol{X}=(\boldsymbol{A}+\boldsymbol{A}^{\mathrm{T}})\boldsymbol{X}。$$

证毕。

试题 2

一、填空题(每题 3 分，共 15 分)

1. 已知 $\mathbf{R}^3$ 的线性变换 T 在基 $\boldsymbol{\alpha}_1=(-1,1,1)^{\mathrm{T}}$，$\boldsymbol{\alpha}_2=(1,0,-1)^{\mathrm{T}}$，$\boldsymbol{\alpha}_3=(0,1,1)^{\mathrm{T}}$ 下的矩阵为 $\boldsymbol{A}=\begin{bmatrix}1 & 0 & 1\\ 1 & 1 & 0\\ -1 & 2 & 1\end{bmatrix}$，则 T 在基 $\boldsymbol{e}_1=(1,0,0)^{\mathrm{T}}$，$\boldsymbol{e}_2=(0,1,0)^{\mathrm{T}}$，$\boldsymbol{e}_3=(0,0,1)^{\mathrm{T}}$ 下的矩阵为________。

2. $\boldsymbol{A}(t)=\begin{bmatrix}\cos t & -\sin t\\ \sin t & \cos t\end{bmatrix}$，则 $\frac{\mathrm{d}}{\mathrm{d}t}(\boldsymbol{A}^{-1}(t))=$________。

3. 向量 $\boldsymbol{x}=(1+\mathrm{i},-2,4\mathrm{i},1,0)^{\mathrm{T}}$ 的 2-范数为________。

4. 设 $\boldsymbol{A}=\begin{bmatrix}1 & 0 & 2\\ 0 & -1 & 1\\ 0 & 1 & 0\end{bmatrix}$，则 $2\boldsymbol{A}^8-3\boldsymbol{A}^5+\boldsymbol{A}^4+\boldsymbol{A}^2-4\boldsymbol{I}=$________。

5. 计算矩阵幂级数 $\sum\limits_{k=0}^{\infty}\begin{bmatrix}0.1 & 0.7\\ 0.3 & 0.6\end{bmatrix}^k=$________。

二、(本题 12 分)设 4 维线性空间 V 的两个基(Ⅰ)：$\boldsymbol{\alpha}_1,\boldsymbol{\alpha}_2,\boldsymbol{\alpha}_3,\boldsymbol{\alpha}_4$ 和(Ⅱ)：$\boldsymbol{\beta}_1,\boldsymbol{\beta}_2,\boldsymbol{\beta}_3,\boldsymbol{\beta}_4$，满足 $\boldsymbol{\alpha}_1+2\boldsymbol{\alpha}_2=\boldsymbol{\beta}_3$，$\boldsymbol{\alpha}_2+2\boldsymbol{\alpha}_3=\boldsymbol{\beta}_4$，$\boldsymbol{\beta}_1+2\boldsymbol{\beta}_2=\boldsymbol{\alpha}_3$，$\boldsymbol{\beta}_2+2\boldsymbol{\beta}_3=\boldsymbol{\alpha}_4$，求

(1)由基(Ⅰ)到基(Ⅱ)的过渡矩阵；

(2)元素 $\boldsymbol{\alpha}=2\boldsymbol{\beta}_1-\boldsymbol{\beta}_2+\boldsymbol{\beta}_3+\boldsymbol{\beta}_4$ 在基(Ⅰ)下的坐标。

三、(本题 15 分)已知线性空间 $\mathbf{R}^{2\times 2}$ 的子空间为

$$V=\left\{\begin{bmatrix} x_1 & x_2 \\ x_3 & x_4 \end{bmatrix} \middle| x_3-x_4=0\right\},$$

$\mathbf{R}^{2\times 2}$ 中的内积为

$$(\boldsymbol{A},\boldsymbol{B})=\sum_{i=1}^{2}\sum_{j=1}^{2}a_{ij}b_{ij},\quad \boldsymbol{A}=\begin{bmatrix} a_{11} & a_{12} \\ a_{21} & a_{22} \end{bmatrix},\quad \boldsymbol{B}=\begin{bmatrix} b_{11} & b_{12} \\ b_{21} & b_{22} \end{bmatrix},$$

V 中的线性变换为

$$T(\boldsymbol{X})=\boldsymbol{X}\boldsymbol{B}_0,\quad \boldsymbol{B}_0=\begin{bmatrix} 1 & 2 \\ 2 & 1 \end{bmatrix},$$

(1)求 V 的一个标准正交基；

(2)验证 T 是 V 的对称变换；

(3)求 V 的一个标准正交基，使 T 在该基下的矩阵为对角矩阵。

四、(本题 12 分)求微分方程组

$$\begin{cases} \dfrac{\mathrm{d}x_1}{\mathrm{d}t}=3x_1+8x_3 \\ \dfrac{\mathrm{d}x_2}{\mathrm{d}t}=3x_1-x_2+6x_3 \\ \dfrac{\mathrm{d}x_3}{\mathrm{d}t}=-2x_1-5x_3 \end{cases}$$

满足初始条件 $x_1(0)=1, x_2(0)=1, x_3(0)=1$ 的解。

五、(本题 12 分)设方程组 $\boldsymbol{A}\boldsymbol{x}=\boldsymbol{b}$，其中

$$\boldsymbol{A}=\begin{bmatrix} 1 & 0 & -1 & 1 \\ 0 & 2 & 2 & 2 \\ -1 & 4 & 5 & 3 \end{bmatrix},\boldsymbol{b}=\begin{bmatrix} 4 \\ 1 \\ 2 \end{bmatrix},$$

求 $\boldsymbol{A}$ 的满秩分解，并求 $\boldsymbol{A}^+$，验证方程组无解并求极小范数最小二乘解。

六、(本题 12 分)求矩阵 $\boldsymbol{A}=\begin{bmatrix} -1 & \mathrm{i} & 0 \\ -\mathrm{i} & 0 & -\mathrm{i} \\ 0 & \mathrm{i} & -1 \end{bmatrix}$ 的 QR 分解。(用 Schmidt 正交化方法)

七、(本题 12 分)求矩阵 $\boldsymbol{A}=\begin{bmatrix} 1 & 0 \\ 0 & 1 \\ 1 & 1 \end{bmatrix}$ 的奇异值分解。

八、(本题 10 分)设 $\boldsymbol{A},\boldsymbol{B}$ 分别为 $n\times n, m\times n$ 常数矩阵，$\boldsymbol{X}$ 为 $n\times m$ 矩阵变量，证明：

$$\frac{\mathrm{d}}{\mathrm{d}\boldsymbol{X}}(\mathrm{tr}(\boldsymbol{B}\boldsymbol{X}))=\frac{\mathrm{d}}{\mathrm{d}\boldsymbol{X}}(\mathrm{tr}(\boldsymbol{X}^{\mathrm{T}}\boldsymbol{B}^{\mathrm{T}}))=\boldsymbol{B}^{\mathrm{T}}。$$

试题 2 参考答案

一、填空题

1. $\begin{bmatrix} -1 & 1 & -2 \\ 2 & 2 & 0 \\ 3 & 0 & 2 \end{bmatrix}$

2. $\begin{bmatrix} -\sin t & \cos t \\ -\cos t & -\sin t \end{bmatrix}$

3. $\sqrt{23}$

4. $\begin{bmatrix} -3 & 48 & -26 \\ 0 & 95 & -61 \\ 0 & -61 & 34 \end{bmatrix}$

5. $\frac{2}{3}\begin{bmatrix} 4 & 7 \\ 3 & 9 \end{bmatrix}$

二、(1)解出$\boldsymbol{\beta}_1,\boldsymbol{\beta}_2$可得

$$\boldsymbol{\beta}_1=4\boldsymbol{\alpha}_1+8\boldsymbol{\alpha}_2+\boldsymbol{\alpha}_3-2\boldsymbol{\alpha}_4,\quad \boldsymbol{\beta}_2=-2\boldsymbol{\alpha}_1-4\boldsymbol{\alpha}_2+\boldsymbol{\alpha}_4,$$
$$\boldsymbol{\beta}_3=\boldsymbol{\alpha}_1+2\boldsymbol{\alpha}_2,\quad \boldsymbol{\beta}_4=\boldsymbol{\alpha}_2+2\boldsymbol{\alpha}_3,$$

于是，由基(Ⅰ)到(Ⅱ)的过渡矩阵为

$$\boldsymbol{C}=\begin{bmatrix} 4 & -2 & 1 & 0 \\ 8 & -4 & 2 & 1 \\ 1 & 0 & 0 & 2 \\ -2 & 1 & 0 & 0 \end{bmatrix}。$$

(2)$\boldsymbol{\alpha}$在基(Ⅱ)下的坐标$\boldsymbol{y}=(2,-1,1,1)^{\mathrm{T}}$，由坐标变换公式计算$\boldsymbol{\alpha}$在基(Ⅰ)下的坐标为$\boldsymbol{C}\boldsymbol{y}=(11,23,4,-5)^{\mathrm{T}}$。

三、(1)对任意$\boldsymbol{X}\in\boldsymbol{V}$，有

$$\begin{bmatrix} x_1 & x_2 \\ x_3 & x_3 \end{bmatrix}=x_1\begin{bmatrix} 1 & 0 \\ 0 & 0 \end{bmatrix}+x_2\begin{bmatrix} 0 & 1 \\ 0 & 0 \end{bmatrix}+x_3\begin{bmatrix} 0 & 0 \\ 1 & 1 \end{bmatrix},$$

在定义的内积下$\begin{bmatrix} 1 & 0 \\ 0 & 0 \end{bmatrix},\begin{bmatrix} 0 & 1 \\ 0 & 0 \end{bmatrix},\begin{bmatrix} 0 & 0 \\ 1 & 1 \end{bmatrix}$两两正交，因此

$$\boldsymbol{X}_1=\begin{bmatrix} 1 & 0 \\ 0 & 0 \end{bmatrix},\boldsymbol{X}_2=\begin{bmatrix} 0 & 1 \\ 0 & 0 \end{bmatrix},\boldsymbol{X}_3=\frac{1}{\sqrt{2}}\begin{bmatrix} 0 & 0 \\ 1 & 1 \end{bmatrix}$$

是$\boldsymbol{V}$的一个标准正交基。

(2)

$$T(\boldsymbol{X}_1)=\begin{bmatrix} 1 & 2 \\ 0 & 0 \end{bmatrix}=\boldsymbol{X}_1+2\boldsymbol{X}_2+0\boldsymbol{X}_3,$$

$$T(\boldsymbol{X}_2)=\begin{bmatrix}2 & 1\\ 0 & 0\end{bmatrix}=2\boldsymbol{X}_1+\boldsymbol{X}_2+0\boldsymbol{X}_3,$$

$$T(\boldsymbol{X}_3)=\frac{1}{\sqrt{2}}\times\begin{bmatrix}0 & 0\\ 3 & 3\end{bmatrix}=0\boldsymbol{X}_1+0\boldsymbol{X}_2+3\boldsymbol{X}_3,$$

T 在基 $\boldsymbol{X}_1,\boldsymbol{X}_2,\boldsymbol{X}_3$ 下的矩阵为 $\boldsymbol{A}=\begin{bmatrix}1 & 2 & 0\\ 2 & 1 & 0\\ 0 & 0 & 3\end{bmatrix}$，由于 $\boldsymbol{A}$ 是对称矩阵，因此，T 是 $\boldsymbol{V}$ 的对称变换。

(3)

$$|\lambda\boldsymbol{I}-\boldsymbol{A}|=\begin{vmatrix}\lambda-1 & -2 & 0\\ -2 & \lambda-1 & 0\\ 0 & 0 & \lambda-3\end{vmatrix}=(\lambda-3)^2(\lambda+1),$$

$\boldsymbol{A}$ 的对应于特征值 $\lambda=3$ 的两两正交的单位特征向量是 $(0,0,1)^{\mathrm{T}}$，$\left(\frac{1}{\sqrt{2}},\frac{1}{\sqrt{2}},0\right)^{\mathrm{T}}$，$\boldsymbol{A}$ 的对应于特征值 $\lambda=-1$ 的单位特征向量是 $\left(\frac{1}{\sqrt{2}},-\frac{1}{\sqrt{2}},0\right)^{\mathrm{T}}$，因此，正交矩阵

$$\boldsymbol{P}=\begin{bmatrix}0 & \frac{1}{\sqrt{2}} & \frac{1}{\sqrt{2}}\\ 0 & \frac{1}{\sqrt{2}} & -\frac{1}{\sqrt{2}}\\ 1 & 0 & 0\end{bmatrix},$$

使得 $\boldsymbol{P}^{\mathrm{T}}\boldsymbol{A}\boldsymbol{P}=\mathrm{diag}(3,3,-1)$，令 $(\boldsymbol{Y}_1,\boldsymbol{Y}_2,\boldsymbol{Y}_3)=(\boldsymbol{X}_1,\boldsymbol{X}_2,\boldsymbol{X}_3)\boldsymbol{P}$，即

$$\boldsymbol{Y}_1=\frac{1}{\sqrt{2}}\times\begin{bmatrix}0 & 0\\ 1 & 1\end{bmatrix},\boldsymbol{Y}_2=\frac{1}{\sqrt{2}}\times\begin{bmatrix}1 & 1\\ 0 & 0\end{bmatrix},\boldsymbol{Y}_3=\frac{1}{\sqrt{2}}\begin{bmatrix}1 & -1\\ 0 & 0\end{bmatrix},$$

则 $\boldsymbol{Y}_1,\boldsymbol{Y}_2,\boldsymbol{Y}_3$ 也是 $\boldsymbol{V}$ 的一个标准正交基，T 在基 $\boldsymbol{Y}_1,\boldsymbol{Y}_2,\boldsymbol{Y}_3$ 下的矩阵为对角矩阵 $\mathrm{diag}(3,3,-1)$。

四、令

$$\boldsymbol{A}=\begin{bmatrix}3 & 0 & 8\\ 3 & -1 & 6\\ -2 & 0 & -5\end{bmatrix},\boldsymbol{x}(t)=\begin{bmatrix}x_1\\ x_2\\ x_3\end{bmatrix},\boldsymbol{x}(0)=\begin{bmatrix}1\\ 1\\ 1\end{bmatrix},$$

可求得 $\det(\lambda\boldsymbol{I}-\boldsymbol{A})=(\lambda+1)^3$，而 $\boldsymbol{A}$ 的最小多项式为 $m_{\boldsymbol{A}}(\lambda)=(\lambda+1)^2$，设 $g(\lambda)=c_0+c_1\lambda$，由

$$\begin{cases}g(-1)=c_0-c_1=\mathrm{e}^{-t}\\ g'(-1)=c_1=t\mathrm{e}^{-t}\end{cases},$$

解得 $c_0=(1+t)\mathrm{e}^{-t}$，$c_1=t\mathrm{e}^{-t}$，于是

$$\mathrm{e}^{\boldsymbol{A}t}=c_0\boldsymbol{I}+c_1\boldsymbol{A}=\mathrm{e}^{-t}\begin{bmatrix}1+4t & 0 & 8t\\ 3t & 1 & 6t\\ -2t & 0 & 1-4t\end{bmatrix},$$

故 $x(t)=e^{A}x(0)=e^{-t}\begin{bmatrix}1+12t\\9t+1\\1-6t\end{bmatrix}$。

五、$A=FG=\begin{bmatrix}1&0\\0&2\\-1&4\end{bmatrix}\begin{bmatrix}1&0&-1&1\\0&1&1&1\end{bmatrix}$，$A^{+}=\frac{1}{18}\begin{bmatrix}5&2&-1\\1&1&1\\-4&-1&2\\6&3&0\end{bmatrix}$，由于 $AA^{+}b\neq b$，所以方程组 $Ax=b$ 无解，且极小范数最小二乘解为 $x_0=A^{+}b=\frac{1}{18}(20,7,-13,27)^{\mathrm{T}}$。

六、

$$\alpha_1=(-1,-\mathrm{i},0)^{\mathrm{T}},\alpha_2=(\mathrm{i},0,\mathrm{i})^{\mathrm{T}},\alpha_3=(0,-\mathrm{i},-1)^{\mathrm{T}},$$

正交化得

$$p_1=\alpha_1=(-1,-\mathrm{i},0)^{\mathrm{T}},p_2=\alpha_2-\left(-\frac{\mathrm{i}}{2}\right)p_1=\left(\frac{\mathrm{i}}{2},\frac{1}{2},\mathrm{i}\right)^{\mathrm{T}}$$

$$p_3=\alpha_3-\left(-\frac{\mathrm{i}}{2}\right)p_1-\frac{\frac{\mathrm{i}}{2}}{\frac{3}{2}}p_2=\left(\frac{2}{3},-\frac{2\mathrm{i}}{3},-\frac{2}{3}\right)^{\mathrm{T}},$$

再单位化得

$$q_1=p_1=\left(-\frac{1}{\sqrt{2}},-\frac{\mathrm{i}}{\sqrt{2}},0\right)^{\mathrm{T}},q_2=\sqrt{\frac{2}{3}}p_2=\left(\frac{\mathrm{i}}{\sqrt{6}},\frac{1}{\sqrt{6}},\frac{2\mathrm{i}}{\sqrt{6}}\right)^{\mathrm{T}},$$

$$q_3=\frac{\sqrt{3}}{2}p_3=\left(\frac{1}{\sqrt{3}},-\frac{\mathrm{i}}{\sqrt{3}},-\frac{1}{\sqrt{3}}\right)^{\mathrm{T}},$$

于是

$$\alpha_1=p_1=\sqrt{2}q_1,\alpha_2=-\frac{\mathrm{i}}{2}p_1+p_2=-\frac{\mathrm{i}}{\sqrt{2}}q_1+\frac{3}{\sqrt{6}}q_2,$$

$$\alpha_3=\frac{1}{2}p_1+\frac{\mathrm{i}}{3}p_2+p_3=\frac{1}{\sqrt{2}}q_1+\frac{\mathrm{i}}{\sqrt{6}}q_2+\frac{2}{\sqrt{3}}q_3,$$

故 A 的 QR 分解为

$$A=\begin{bmatrix}-\frac{1}{\sqrt{2}}&\frac{\mathrm{i}}{\sqrt{6}}&\frac{1}{\sqrt{3}}\\-\frac{\mathrm{i}}{\sqrt{2}}&\frac{1}{\sqrt{6}}&\frac{-\mathrm{i}}{\sqrt{3}}\\0&\frac{2\mathrm{i}}{\sqrt{6}}&-\frac{1}{\sqrt{3}}\end{bmatrix}\begin{bmatrix}\sqrt{2}&-\frac{\mathrm{i}}{\sqrt{2}}&\frac{1}{\sqrt{2}}\\0&\frac{3}{\sqrt{6}}&\frac{\mathrm{i}}{\sqrt{6}}\\0&0&\frac{2}{\sqrt{3}}\end{bmatrix}。$$

七、$A^{\mathrm{T}}A=\begin{bmatrix}2&1\\1&2\end{bmatrix}$的特征值为 $\lambda_1=3,\lambda_2=1$，对应的特征向量依次为$(1,1)^{\mathrm{T}},(-1,1)^{\mathrm{T}}$。

于是可得 $\mathrm{rank}\boldsymbol{A}=2$，　$\boldsymbol{\Sigma}=\begin{bmatrix}\sqrt{3} & 0\\ 0 & 1\end{bmatrix}$，　$\boldsymbol{V}=\begin{bmatrix}\frac{1}{\sqrt{2}} & -\frac{1}{\sqrt{2}}\\ \frac{1}{\sqrt{2}} & \frac{1}{\sqrt{2}}\end{bmatrix}$，

此时 $\boldsymbol{V}_1=\boldsymbol{V}$，计算

$$\boldsymbol{U}_1=\boldsymbol{A}\boldsymbol{V}_1\boldsymbol{\Sigma}^{-1}=\begin{bmatrix}\frac{1}{\sqrt{6}} & -\frac{1}{\sqrt{2}}\\ \frac{1}{\sqrt{6}} & \frac{1}{\sqrt{2}}\\ \frac{2}{\sqrt{6}} & 0\end{bmatrix},$$

又取 $\boldsymbol{U}_2=\begin{bmatrix}-\frac{1}{\sqrt{3}}\\ -\frac{1}{\sqrt{3}}\\ \frac{1}{\sqrt{3}}\end{bmatrix}$，构造正交矩阵

$$\boldsymbol{U}=(\boldsymbol{U}_1,\boldsymbol{U}_2)=\begin{bmatrix}\frac{1}{\sqrt{6}} & -\frac{1}{\sqrt{2}} & -\frac{1}{\sqrt{3}}\\ \frac{1}{\sqrt{6}} & \frac{1}{\sqrt{2}} & -\frac{1}{\sqrt{3}}\\ \frac{2}{\sqrt{6}} & 0 & \frac{1}{\sqrt{3}}\end{bmatrix},$$

则 $\boldsymbol{A}$ 的奇异值分解为 $\begin{bmatrix}\frac{1}{\sqrt{6}} & -\frac{1}{\sqrt{2}} & -\frac{1}{\sqrt{3}}\\ \frac{1}{\sqrt{6}} & \frac{1}{\sqrt{2}} & -\frac{1}{\sqrt{3}}\\ \frac{2}{\sqrt{6}} & 0 & \frac{1}{\sqrt{3}}\end{bmatrix}\begin{bmatrix}\sqrt{3} & 0\\ 0 & 1\\ 0 & 0\end{bmatrix}\begin{bmatrix}\frac{1}{\sqrt{2}} & \frac{1}{\sqrt{2}}\\ -\frac{1}{\sqrt{2}} & \frac{1}{\sqrt{2}}\end{bmatrix}$。

八、设 $\boldsymbol{B}=(b_{ij})_{m\times n},\boldsymbol{X}=(\xi_{ij})_{n\times m}$，则有 $\boldsymbol{BX}=\left(\sum_{k=1}^{n}b_{ik}\xi_{kj}\right)_{m\times m}$，于是有

$$\mathrm{tr}(\boldsymbol{BX})=\sum_{k=1}^{n}b_{1k}\xi_{k1}+\cdots+\sum_{k=1}^{n}b_{jk}\xi_{kj}+\cdots+\sum_{k=1}^{n}b_{mk}\xi_{km},$$

$$\frac{\partial\mathrm{tr}(\boldsymbol{BX})}{\partial\xi_{ij}}=b_{ji}\quad(i=1,2,\cdots,n;j=1,2,\cdots m),$$

$$\frac{\mathrm{d}}{\mathrm{d}\boldsymbol{X}}(\mathrm{tr}(\boldsymbol{BX}))=\begin{bmatrix}b_{11} & \cdots & b_{m1}\\ \vdots & \ddots & \vdots\\ b_{1n} & \cdots & b_{mn}\end{bmatrix}=\boldsymbol{B}^{\mathrm{T}}。$$

注意到 $\boldsymbol{BX}$ 与 $(\boldsymbol{BX})^{\mathrm{T}}=\boldsymbol{X}^{\mathrm{T}}\boldsymbol{B}^{\mathrm{T}}$ 有相同的迹，所以

$$\frac{\mathrm{d}}{\mathrm{d}\boldsymbol{X}}(\mathrm{tr}(\boldsymbol{X}^{\mathrm{T}}\boldsymbol{B}^{\mathrm{T}}))=\frac{\mathrm{d}}{\mathrm{d}\boldsymbol{X}}(\mathrm{tr}(\boldsymbol{BX}))=\boldsymbol{B}^{\mathrm{T}}。$$

证毕。

试题 3

一、填空题(每题 3 分，共 15 分)

1. 设 $\boldsymbol{A}=\begin{bmatrix}2\sqrt{2} & 3+4\mathrm{i}\\ 6 & -10\end{bmatrix}$，则 $\|\boldsymbol{A}\|_{\mathrm{F}}=$________。

2. $\boldsymbol{x}=(x_1,x_2,\cdots,x_i,\cdots,x_n)^{\mathrm{T}}$，则 $\dfrac{\mathrm{d}\boldsymbol{x}^{\mathrm{T}}}{\mathrm{d}\boldsymbol{x}}$ 为________。

3. 矩阵 $\boldsymbol{A}=\begin{bmatrix}2 & 0 & 1\\ 1 & 2 & 2\\ 0 & 0 & 3\end{bmatrix}$ 的 Jordan 标准形为________。

4. 设 $\boldsymbol{A}=\begin{bmatrix}1 & 0 & 1\\ 0 & -1 & 1\end{bmatrix}$，则 $\boldsymbol{A}$ 的奇异值为________。

5. 设 $\boldsymbol{A}=\begin{bmatrix}0 & 1 & 1\\ -1 & 0 & 1\\ -1 & -1 & 0\end{bmatrix}$，则 $\rho(\boldsymbol{A})=$________。

二、(本题 12 分)设 $\mathbf{R}^{2\times 2}$ 的两个子空间为 $V_1=\left\{\boldsymbol{A}\,\middle|\,\boldsymbol{A}=\begin{bmatrix}x_1 & x_2\\ x_3 & x_4\end{bmatrix},x_1-x_2+x_3-x_4=0\right\}$，$V_2=\mathrm{span}(\boldsymbol{B}_1,\boldsymbol{B}_2)$，$\boldsymbol{B}_1=\begin{bmatrix}1 & 0\\ 2 & 3\end{bmatrix}$，$\boldsymbol{B}_2=\begin{bmatrix}1 & -1\\ 0 & 1\end{bmatrix}$，

(1)将 V_1+V_2 表示为生成子空间；

(2)求 V_1+V_2 的基与维数。

三、(本题 14 分)设欧氏空间 $P[t]_2$ 中的内积为 $(f,g)=\int_{-1}^{1}f(t)g(t)\mathrm{d}t$，

(1)求基 $1,t,t^2$ 的度量矩阵；

(2)采用矩阵乘法形式计算 $f(t)=1-t+t^2$ 与 $g(t)=1-4t-5t^2$ 的内积。

四、(本题 12 分)利用 $\boldsymbol{A}$ 的特征多项式求 $g(\boldsymbol{A})=\boldsymbol{A}^7-\boldsymbol{A}^5-19\boldsymbol{A}^4+28\boldsymbol{A}^3+6\boldsymbol{A}-4\boldsymbol{I}$，式中，$\boldsymbol{A}=\begin{bmatrix}-1 & 1 & 0\\ -4 & 3 & 0\\ 1 & 0 & 2\end{bmatrix}$。

五、(本题 10 分)(1)计算向量 $\boldsymbol{x}=(1+\mathrm{i},-2,4\mathrm{i},1,0)^{\mathrm{T}}$ 的 1-范数、2-范数；

(2)计算矩阵 $\boldsymbol{A}=\begin{bmatrix}2 & -2\\ 3 & 4\end{bmatrix}$ 的 2-范数和 Frobenius 范数。

六、(本题 14 分)设 $\boldsymbol{A}=\begin{bmatrix}3 & 1 & -1\\ -2 & 0 & 2\\ -1 & -1 & 3\end{bmatrix}$，用最小多项式法求 $\mathrm{e}^{\boldsymbol{A}t}$。

七、(本题 14 分)已知 $\boldsymbol{A}=\begin{bmatrix}1&1&1&1\\1&2&3&4\\0&1&2&3\end{bmatrix}$，求

(1)$\boldsymbol{A}$ 的满秩分解；

(2)利用满秩分解求广义逆矩阵 $\boldsymbol{A}^{+}$。

八、(本题 9 分)设 $\boldsymbol{A},\boldsymbol{B}$ 是两个 n 阶实正交矩阵，证明：$|\boldsymbol{AB}|=1$ 当且仅当 $n-\operatorname{rank}(\boldsymbol{A}+\boldsymbol{B})$为偶数。

试题 3 参考答案

一、填空题

1. 13

2. $\boldsymbol{I}_n$

3. $\boldsymbol{J}=\begin{bmatrix}2&1&0\\0&2&0\\0&0&3\end{bmatrix}$或 $\boldsymbol{J}=\begin{bmatrix}3&0&0\\0&2&1\\0&0&2\end{bmatrix}$

4. $\sigma_1=0,\sigma_2=1,\sigma_3=\sqrt{3}$

5. $\sqrt{3}$

二、(1)先将V_1 表示为生成子空间，因为齐次线性方程$x_1-x_2+x_3-x_4=0$ 的基础解系为

$$\boldsymbol{\alpha}_1=\begin{bmatrix}1\\1\\0\\0\end{bmatrix},\boldsymbol{\alpha}_2=\begin{bmatrix}0\\1\\1\\0\end{bmatrix},\boldsymbol{\alpha}_3=\begin{bmatrix}0\\0\\1\\1\end{bmatrix},$$

所以V_1 的一个基为

$$\boldsymbol{A}_1=\begin{bmatrix}1&1\\0&0\end{bmatrix},\boldsymbol{A}_2=\begin{bmatrix}0&1\\1&0\end{bmatrix},\boldsymbol{A}_3=\begin{bmatrix}0&0\\1&1\end{bmatrix},$$

于是 $V_1=\operatorname{span}(\boldsymbol{A}_1,\boldsymbol{A}_2,\boldsymbol{A}_3)$，从而有

$$V_1+V_2=\operatorname{span}(\boldsymbol{A}_1,\boldsymbol{A}_2,\boldsymbol{A}_3,\boldsymbol{B}_1,\boldsymbol{B}_2);$$

(2)矩阵组 $\boldsymbol{A}_1,\boldsymbol{A}_2,\boldsymbol{A}_3,\boldsymbol{B}_1,\boldsymbol{B}_2$ 在 $\mathbf{R}^{2\times 2}$的简单基$\boldsymbol{E}_{11},\boldsymbol{E}_{12},\boldsymbol{E}_{21},\boldsymbol{E}_{22}$下的坐标依次为

$$\boldsymbol{\alpha}_1,\boldsymbol{\alpha}_2,\boldsymbol{\alpha}_3,\boldsymbol{\beta}_1=\begin{bmatrix}1\\0\\2\\3\end{bmatrix},\boldsymbol{\beta}_2=\begin{bmatrix}1\\-1\\0\\1\end{bmatrix},$$

该向量组的一个最大无关组为$\boldsymbol{\alpha}_1,\boldsymbol{\alpha}_2,\boldsymbol{\alpha}_3,\boldsymbol{\beta}_1$，从而矩阵组 $\boldsymbol{A}_1,\boldsymbol{A}_2,\boldsymbol{A}_3,\boldsymbol{B}_1,\boldsymbol{B}_2$ 的一个最大无关

组为 $\boldsymbol{A}_1,\boldsymbol{A}_2,\boldsymbol{A}_3,\boldsymbol{B}_1$，它们构成$V_1+V_2$ 的一个基，且 $\dim(V_1+V_2)=4$。

三、(1)设基 $1,t,t^2$ 的度量矩阵为 $\sum_{k=0}^{\infty}\boldsymbol{A}^k$ ，根据内积定义计算 $a_{ij}(i\leqslant j)$，有

$$a_{11}=(1,1)=\int_{-1}^{1}\mathrm{d}t=2,\quad a_{12}=(1,t)=\int_{-1}^{1}\mathrm{d}t=0,$$

$$a_{13}=(1,t^2)=\int_{-1}^{1}t^2\mathrm{d}t=\frac{2}{3},\quad a_{22}=(t,t)=\int_{-1}^{1}t^2\mathrm{d}t=\frac{2}{3},$$

$$a_{23}=(t,t^2)=\int_{-1}^{1}t^3\mathrm{d}t=0,\quad a_{33}=(t^2,t^2)=\int_{-1}^{1}t^4\mathrm{d}t=\frac{2}{5},$$

由度量矩阵的对称性可得 $a_{ij}=a_{ji}(i>j)$，于是有

$$\boldsymbol{A}=\begin{bmatrix}2 & 0 & \frac{2}{3}\\ 0 & \frac{2}{3} & 0\\ \frac{2}{3} & 0 & \frac{2}{5}\end{bmatrix}。$$

(2)$\boldsymbol{f}(t)$和 $\boldsymbol{g}(t)$在基 $1,t,t^2$下的坐标分别是 $\boldsymbol{\alpha}=(1,-1,1)^{\mathrm{T}}$，$\boldsymbol{\beta}=(1,-4,-5)^{\mathrm{T}}$，那么

$$(\boldsymbol{f},\boldsymbol{g})=\boldsymbol{\alpha}^{\mathrm{T}}\boldsymbol{A}\boldsymbol{\beta}=(1,-1,1)\begin{bmatrix}2 & 0 & \frac{2}{3}\\ 0 & \frac{2}{3} & 0\\ \frac{2}{3} & 0 & \frac{2}{5}\end{bmatrix}\begin{bmatrix}1\\ -4\\ -5\end{bmatrix}=0。$$

四、$\boldsymbol{A}$ 的特征多项式为 $f(\lambda)=|\lambda\boldsymbol{I}-\boldsymbol{A}|=\lambda^3-4\lambda^2+5\lambda-2=(\lambda-1)^2(\lambda-2)$，

而 $$f(\boldsymbol{A})=\boldsymbol{O},\ g(\lambda)=\lambda^7-\lambda^5-19\lambda^4+28\lambda^3+6\lambda-4,$$

令 $$g(\lambda)=\varphi(\lambda)f(\lambda)+a\lambda^2+b\lambda+c,$$

则 $$g(\boldsymbol{A})=\varphi(\boldsymbol{A})f(\boldsymbol{A})+a\boldsymbol{A}^2+b\boldsymbol{A}+c\boldsymbol{I}=a\boldsymbol{A}^2+b\boldsymbol{A}+c\boldsymbol{I},$$

由待定系数法$\begin{cases}g(1)=a+b+c=11\\ g'(1)=2a+b=16\\ g(2)=4a+2b+c=24\end{cases}$，解得 $a=-3,b=22,c=-8$,故

$$g(\boldsymbol{A})=-3\boldsymbol{A}^2+22\boldsymbol{A}-8\boldsymbol{I}=\begin{bmatrix}-21 & 16 & 0\\ -64 & 43 & 0\\ 19 & -3 & 24\end{bmatrix}。$$

五、(1)由向量范数的定义得

$$\|\boldsymbol{x}\|_1=\sqrt{2}+2+4+1=7+\sqrt{2},$$

$$\|\boldsymbol{x}\|_2=\sqrt{2+4+16+1}=\sqrt{23}。$$

(2)由矩阵范数的定义得

$$\|\boldsymbol{A}\|_F=\sqrt{4+4+9+16}=\sqrt{33},$$

$$\boldsymbol{A}^T\boldsymbol{A}=\begin{bmatrix}13 & 8\\ 8 & 20\end{bmatrix},$$

$$|\lambda\boldsymbol{I}-\boldsymbol{A}^T\boldsymbol{A}|=\begin{vmatrix}\lambda-13 & -8\\ -8 & \lambda-20\end{vmatrix},$$

$\boldsymbol{A}^T\boldsymbol{A}$ 的两个特征值为 $\lambda_1=25.2321$，$\lambda_2=7.7679$，因此 $\|\boldsymbol{A}\|_2=\sqrt{\lambda_1}=\sqrt{25.2321}$。

六、$|\lambda\boldsymbol{I}-\boldsymbol{A}|=\begin{vmatrix}\lambda-3 & -1 & 1\\ 2 & \lambda & -2\\ 1 & 1 & \lambda-3\end{vmatrix}=(\lambda-2)^3$，由于 $(\boldsymbol{A}-2\boldsymbol{I})^2=\boldsymbol{O}$，因此，$\boldsymbol{A}$ 的最小多项式是 $m(\lambda)=(\lambda-2)^2$。令

$$g(\lambda)=a_0+a_1\lambda,$$

由

$$\begin{cases}g(2)=a_0+2a_1=e^{2t}\\ g'(2)=a_1=te^{2t}\end{cases},$$

得 $a_0=(1-2t)e^{2t}$，$a_1=te^{2t}$，因此

$$e^{\boldsymbol{A}t}=(1-2t)e^{2t}\boldsymbol{I}+te^{2t}\boldsymbol{A}。$$

七、(1) $\boldsymbol{A}=\begin{bmatrix}1 & 1 & 1 & 1\\ 1 & 2 & 3 & 4\\ 0 & 1 & 2 & 3\end{bmatrix}\to\begin{bmatrix}1 & 0 & -1 & -2\\ 0 & 1 & 2 & 3\\ 0 & 0 & 0 & 0\end{bmatrix}$,

令 $\boldsymbol{F}=\begin{bmatrix}1 & 1\\ 1 & 2\\ 0 & 1\end{bmatrix}$，$\boldsymbol{G}=\begin{bmatrix}1 & 0 & -1 & -2\\ 0 & 1 & 2 & 3\end{bmatrix}$，则 $\boldsymbol{A}$ 有满秩分解 $\boldsymbol{A}=\boldsymbol{F}\boldsymbol{G}$；

(2) $\boldsymbol{A}^+=\boldsymbol{G}^T(\boldsymbol{G}\boldsymbol{G}^T)^{-1}(\boldsymbol{F}^T\boldsymbol{F})^{-1}\boldsymbol{F}^T$，$\boldsymbol{A}^+=\dfrac{1}{30}\begin{bmatrix}17 & 4 & -13\\ 9 & 3 & -6\\ 1 & 2 & 1\\ -7 & 1 & 8\end{bmatrix}$。

八、因为 $|\boldsymbol{A}|,|\boldsymbol{B}|\in\{\pm1\}$，故 $|\boldsymbol{A}\boldsymbol{B}|=|\boldsymbol{A}^{-1}\boldsymbol{B}|$，

又因为 $\quad\operatorname{rank}(\boldsymbol{A}+\boldsymbol{B})=\operatorname{rank}[\boldsymbol{A}(\boldsymbol{I}+\boldsymbol{A}^{-1}\boldsymbol{B})]=\operatorname{rank}(\boldsymbol{I}+\boldsymbol{A}^{-1}\boldsymbol{B})$，

令 $\boldsymbol{C}=\boldsymbol{A}^{-1}\boldsymbol{B}$，则原题可化为证明 $|\boldsymbol{C}|=1$ 当且仅当 $n-\operatorname{rank}(\boldsymbol{I}+\boldsymbol{C})$ 为偶数。

显然 $\boldsymbol{C}$ 是实正交矩阵，因此存在酉矩阵 $\boldsymbol{U}$，使得

$$\overline{\boldsymbol{U}}^T\boldsymbol{C}\boldsymbol{U}=\begin{bmatrix}\lambda_1 & 0 & \cdots & 0\\ 0 & \lambda_2 & \cdots & 0\\ \vdots & \vdots & \ddots & \vdots\\ 0 & 0 & 0 & \lambda_n\end{bmatrix},$$

式中，$\lambda_1,\lambda_2,\cdots,\lambda_n$ 是 $\boldsymbol{C}$ 的特征值，$|\lambda_1|=|\lambda_2|=\cdots=|\lambda_n|$。

由于 C 的虚特征值成对出现，故 $|C|=\lambda_1\lambda_2\cdots\lambda_n=(-1)^r$，$r$ 是 $\lambda_1,\lambda_2,\cdots,\lambda_n$ 中等于 -1 的 λ_i 的个数，而

$$\operatorname{rank}(I+C)=\operatorname{rank}\begin{bmatrix}1+\lambda_1 & & & \\ & 1+\lambda_2 & & \\ & & \ddots & \\ & & & 1+\lambda_n\end{bmatrix}=n-r,$$

故 $|C|=1$，当且仅当 $n-\operatorname{rank}(I+C)$ 为偶数。 证毕。

试题 4

一、填空题(每题 3 分，共 15 分)

1. $A(\lambda)=\begin{bmatrix}\lambda^2+\lambda & 0 & 0\\ 0 & \lambda & 0\\ 0 & 0 & (\lambda+1)^2\end{bmatrix}$，则 $A(\lambda)$ 的 Smith 标准形为________。

2. 设 $A=\begin{bmatrix}0 & -1 & -1\\ 1 & 0 & -1\\ 1 & 1 & 0\end{bmatrix}$，则 $\|A\|_2=$________。

3. 设 A 为 n 阶实对称矩阵，x 为 n 维列向量，$f(x)=x^{\mathrm T}Ax$，则 $\dfrac{\mathrm df}{\mathrm dx}=$________。

4. 设 $A=\begin{bmatrix}1 & 0\\ 0 & 1\\ 1 & 1\end{bmatrix}$，则 A 的奇异值为________。

5. 设 $A=\begin{bmatrix}6 & -9 & 8\\ 9 & -5 & 0\\ 7 & 23 & 2\end{bmatrix}$，则 $\det \mathrm e^{A}=$________。

二、(本题 12 分)设 $\mathbf R^{2\times 2}$ 的两个子空间为

$$V_1=\left\{\begin{bmatrix}x_1 & x_2\\ x_3 & x_4\end{bmatrix}\middle|\, 2x_1+3x_2-x_3=0,x_1+2x_2+x_3-x_4=0\right\},$$

$$V_2=\operatorname{span}\left\{\begin{bmatrix}2 & -1\\ a+2 & 1\end{bmatrix},\begin{bmatrix}-1 & 2\\ 4 & a+8\end{bmatrix}\right\},$$

(1)求 V_1 的基与维数；

(2)a 为何值时，V_1+V_2 是直和？当 V_1+V_2 不是直和时，求 $V_1\cap V_2$ 的基与维数。

三、(本题 10 分)已知 $\mathbf R^3$ 的线性变换

$$T(a,b,c)=(2b+c,a-4b,3a),(\forall (a,b,c)\in\mathbf R^3),$$

求 T 在基 $\boldsymbol\alpha_1=(1,1,1),\boldsymbol\alpha_2=(1,1,0),\boldsymbol\alpha_3=(1,0,0)$ 下的矩阵。

四、(本题 12 分)求矩阵 A 的 Jordan 标准形

$$A=\begin{bmatrix}-1 & -2 & 6\\ -1 & 0 & 3\\ -1 & -1 & 4\end{bmatrix}。$$

五、(本题 10 分)(1)计算向量 $\boldsymbol{x}=(1+\mathrm{i},-2,4\mathrm{i},1,0)^{\mathrm{T}}$ 的 1-范数、2-范数；

(2)计算矩阵 $\boldsymbol{A}=\begin{bmatrix}2 & -2\\3 & 4\end{bmatrix}$的无穷范数和 Frobenius 范数。

六、(本题 10 分)设矩阵 $\boldsymbol{C}$、$\boldsymbol{D}\in\boldsymbol{R}^{n\times n}$，$\boldsymbol{A}=\begin{bmatrix}\boldsymbol{C} & \boldsymbol{O}\\\boldsymbol{D} & \boldsymbol{E}\end{bmatrix}$，$\rho(\boldsymbol{C})<1$，求 $\lim\limits_{k\to+\infty}\boldsymbol{A}^k$。

七、(本题 12 分)设 $\boldsymbol{A}=\begin{bmatrix}-2 & 8 & 6\\-4 & 10 & 6\\4 & -8 & -4\end{bmatrix}$，用最小多项式法求 $\mathrm{e}^{\boldsymbol{A}t}$。

八、(本题 12 分)已知 $\boldsymbol{A}=\begin{bmatrix}1 & 1 & -1 & 0\\1 & -1 & 1 & 2\\-1 & -1 & 1 & 0\end{bmatrix}$，

(1)求 $\boldsymbol{A}$ 的满秩分解；

(2)利用满秩分解求广义逆矩阵$\boldsymbol{A}^+$。

九、(本题 7 分)证明：正规矩阵的奇异值为它的特征根的模。

试题 4 参考答案

一、

1. $\begin{bmatrix}1 & & \\ & \lambda(\lambda+1) & \\ & & \lambda(\lambda+1)^2\end{bmatrix}$

2. $\sqrt{3}$

3. $2\boldsymbol{Ax}$

4. 1

5. e^3

二、(1)$\begin{bmatrix}2 & 3 & -1 & 0\\1 & 2 & 1 & -1\end{bmatrix}\to\begin{bmatrix}-2 & -3 & 1 & 0\\-3 & -5 & 0 & 1\end{bmatrix}$，因此

$$V_1=\mathrm{span}\left\{\begin{bmatrix}1 & 0\\2 & 3\end{bmatrix},\begin{bmatrix}0 & 1\\3 & 5\end{bmatrix}\right\},$$

V_1的基为$\begin{bmatrix}1 & 0\\2 & 3\end{bmatrix}$，$\begin{bmatrix}0 & 1\\3 & 5\end{bmatrix}$，$\dim(V_1)=2$。

(2)设 $\boldsymbol{\alpha}\in V_1\cap V_2$，则存在常数 x_1,x_2,x_3,x_4，使得

$$\boldsymbol{\alpha}=x_1\begin{bmatrix}1 & 0\\2 & 3\end{bmatrix}+x_2\begin{bmatrix}0 & 1\\3 & 5\end{bmatrix}=x_3\begin{bmatrix}2 & -1\\a+2 & 1\end{bmatrix}+x_4\begin{bmatrix}-1 & 2\\4 & a+8\end{bmatrix},$$

此时 x_1,x_2,x_3,x_4 是方程组 $\boldsymbol{Ax}=\boldsymbol{O}$ 的解，其中

$$\boldsymbol{A}=\begin{bmatrix}1 & 0 & -2 & 1\\0 & 1 & 1 & -2\\2 & 3 & -a-2 & -4\\3 & 5 & -1 & -a-8\end{bmatrix}\to\begin{bmatrix}1 & 0 & -2 & 1\\0 & 1 & 1 & -2\\0 & 3 & -a+2 & -6\\0 & 5 & 5 & -a-11\end{bmatrix}\to\begin{bmatrix}1 & 0 & -2 & 1\\0 & 1 & 1 & -2\\0 & 0 & -a-1 & 0\\0 & 0 & 0 & -a-1\end{bmatrix},$$

当 $a\neq -1$ 时，$\mathrm{rank}(\boldsymbol{A})=4$，此时方程组 $\boldsymbol{Ax}=\boldsymbol{O}$ 只有零解，$V_1\cap V_2=\{\boldsymbol{O}\}$，故 V_1+V_2 是直和。当 $a=1$ 时，$\mathrm{rank}(\boldsymbol{A})=2$，这时 $\begin{bmatrix}1&0\\2&3\end{bmatrix},\begin{bmatrix}0&1\\3&5\end{bmatrix}$ 与 $\begin{bmatrix}2&-1\\1&1\end{bmatrix}\begin{bmatrix}-1&2\\4&7\end{bmatrix}$ 等价，从而 $V_1=V_2$，故 $V_1\cap V_2=V_1$，$\begin{bmatrix}1&0\\2&3\end{bmatrix},\begin{bmatrix}0&1\\3&5\end{bmatrix}$ 是 $V_1\cap V_2$ 的基，$\dim(V_1\cap V_2)=2$。

三、**解法一：**

$$\begin{cases}T(\boldsymbol{\alpha}_1)=T(1,1,1)=(3,-3,3)=3\boldsymbol{\alpha}_1-6\boldsymbol{\alpha}_2+6\boldsymbol{\alpha}_3\\ T(\boldsymbol{\alpha}_2)=T(1,1,0)=(2,-3,3)=3\boldsymbol{\alpha}_1-6\boldsymbol{\alpha}_2+5\boldsymbol{\alpha}_3,\\ T(\boldsymbol{\alpha}_3)=T(1,0,0)=(0,1,3)=3\boldsymbol{\alpha}_1-2\boldsymbol{\alpha}_2-\boldsymbol{\alpha}_3\end{cases}$$

从而 T 在基 $\boldsymbol{\alpha}_1,\boldsymbol{\alpha}_2,\boldsymbol{\alpha}_3$ 下的矩阵 $\boldsymbol{A}=\begin{bmatrix}3&3&3\\-6&-6&-2\\6&5&-1\end{bmatrix}$。

解法二：在 $\mathbf{R}^3$ 中取自然基 $\boldsymbol{e}_1=(1,0,0),\boldsymbol{e}_2=(0,1,0),\boldsymbol{e}_3=(0,0,1)$，则

$$T(\boldsymbol{e}_1,\boldsymbol{e}_2,\boldsymbol{e}_3)=(\boldsymbol{e}_1,\boldsymbol{e}_2,\boldsymbol{e}_3)\begin{bmatrix}0&2&1\\1&-4&0\\3&0&0\end{bmatrix},$$

从自然基 $\boldsymbol{e}_1,\boldsymbol{e}_2,\boldsymbol{e}_3$ 到 $\boldsymbol{\alpha}_1,\boldsymbol{\alpha}_2,\boldsymbol{\alpha}_3$ 基的过渡矩阵 $\boldsymbol{P}=\begin{bmatrix}1&1&1\\1&1&0\\1&0&0\end{bmatrix}$，因此 T 在基 $\boldsymbol{\alpha}_1,\boldsymbol{\alpha}_2,\boldsymbol{\alpha}_3$ 下的矩阵为

$$\boldsymbol{A}=\boldsymbol{P}^{-1}\begin{bmatrix}0&2&1\\1&-4&0\\3&0&0\end{bmatrix}\boldsymbol{P}=\begin{bmatrix}3&3&3\\-6&-6&-2\\6&5&-1\end{bmatrix}。$$

四、首先求 $\lambda\boldsymbol{I}-\boldsymbol{A}$ 的初等因子

$$\lambda\boldsymbol{I}-\boldsymbol{A}=\begin{bmatrix}\lambda+1&2&-6\\1&\lambda&-3\\1&1&\lambda-4\end{bmatrix}\to\begin{bmatrix}0&-\lambda+1&-\lambda^2+3\lambda-2\\0&\lambda-1&-\lambda+1\\1&1&\lambda-4\end{bmatrix}$$

$$\to\begin{bmatrix}1&0&0\\0&\lambda-1&-\lambda+1\\0&-\lambda+1&-\lambda^2+3\lambda-2\end{bmatrix}\to\begin{bmatrix}1&0&0\\0&\lambda-1&-\lambda+1\\0&0&-\lambda^2+2\lambda-1\end{bmatrix}\to\begin{bmatrix}1&0&0\\0&\lambda-1&0\\0&0&(\lambda-1)^2\end{bmatrix},$$

因此 $\boldsymbol{A}$ 的初等因子为 $\lambda-1,(\lambda-1)^2$，故 $\boldsymbol{A}$ 的 Jordan 标准型为 $\boldsymbol{J}=\begin{bmatrix}1&0&0\\0&1&1\\0&0&1\end{bmatrix}$。

五、(1)由向量范数的定义

$$\|\boldsymbol{x}\|_1=\sqrt{2}+2+4+1=7+\sqrt{2},$$

$$\|\boldsymbol{x}\|_2=\sqrt{2+4+16+1}=\sqrt{23},$$

(2)由矩阵范数的定义

$$\|\boldsymbol{A}\|_\infty=\max\{2+2,3+4\}=7,$$

$$\|\boldsymbol{A}\|_F=\sqrt{4+4+9+16}=\sqrt{33}。$$

六、因

$$\boldsymbol{A}^2=\begin{bmatrix}\boldsymbol{C} & \boldsymbol{O}\\ \boldsymbol{D} & \boldsymbol{E}\end{bmatrix}\begin{bmatrix}\boldsymbol{C} & \boldsymbol{O}\\ \boldsymbol{D} & \boldsymbol{E}\end{bmatrix}=\begin{bmatrix}\boldsymbol{C}^2 & \boldsymbol{O}\\ \boldsymbol{D}(\boldsymbol{C}+\boldsymbol{E}) & \boldsymbol{E}\end{bmatrix},$$

$$\boldsymbol{A}^3=\begin{bmatrix}\boldsymbol{C}^3 & \boldsymbol{O}\\ \boldsymbol{D}(\boldsymbol{C}^2+\boldsymbol{C}+\boldsymbol{E}) & \boldsymbol{E}\end{bmatrix},$$

递推得到

$$\boldsymbol{A}^k=\begin{bmatrix}\boldsymbol{C}^k & \boldsymbol{O}\\ \boldsymbol{D}(\boldsymbol{C}^k+\boldsymbol{C}^{k-1}+\cdots+\boldsymbol{E}) & \boldsymbol{E}\end{bmatrix},$$

由于 $\rho(\boldsymbol{C})<1$，因此

$$\lim_{k\to\infty}\boldsymbol{C}^k=\boldsymbol{O},\ \lim_{k\to\infty}(\boldsymbol{C}^k+\boldsymbol{C}^{k-1}+\cdots+\boldsymbol{E})=(\boldsymbol{E}-\boldsymbol{C})^{-1},$$

从而

$$\lim_{k\to\infty}\boldsymbol{A}^k=\begin{bmatrix}\boldsymbol{O} & \boldsymbol{O}\\ \boldsymbol{D}(\boldsymbol{E}-\boldsymbol{C})^{-1} & \boldsymbol{E}\end{bmatrix}。$$

七、$|\lambda\boldsymbol{I}-\boldsymbol{A}|=\begin{vmatrix}\lambda+2 & -8 & -6\\ 4 & \lambda-10 & -6\\ -4 & 8 & \lambda+4\end{vmatrix}=\lambda(\lambda-2)^2,$

由于 $\boldsymbol{A}(\boldsymbol{A}-2\boldsymbol{I})=\boldsymbol{O}$，因此 $\boldsymbol{A}$ 的最小多项式是 $m(\lambda)=\lambda(\lambda-2)$。

令

$$r(z)=a_0+a_1z,$$

由

$$\begin{cases}r(0)=a_0=\mathrm{e}^0=1\\ r(2)=a_0+2a_1=\mathrm{e}^{2t}\end{cases},$$

得 $a_0=1,a_1=(\mathrm{e}^{2t}-1)/2$，因此

$$\mathrm{e}^{\boldsymbol{A}t}=\boldsymbol{I}+\frac{\mathrm{e}^{2t}-1}{2}\boldsymbol{A}=\frac{1}{2}\times\begin{bmatrix}4 & -8 & -6\\ 4 & -8 & -6\\ -4 & 8 & 6\end{bmatrix}+\frac{\mathrm{e}^{2t}}{2}\times\begin{bmatrix}-2 & 8 & 6\\ -4 & 10 & 6\\ 4 & -8 & -4\end{bmatrix}。$$

八、(1)$\boldsymbol{A}=\begin{bmatrix}1 & 1 & -1 & 0\\ 1 & -1 & 1 & 2\\ -1 & -1 & 1 & 0\end{bmatrix}\to\begin{bmatrix}1 & 0 & 0 & 1\\ 0 & 1 & -1 & -1\\ 0 & 0 & 0 & 0\end{bmatrix},$

则 $\boldsymbol{F}=\begin{bmatrix}1 & 1\\ 1 & -1\\ -1 & -1\end{bmatrix},\boldsymbol{G}=\begin{bmatrix}1 & 0 & 0 & 1\\ 0 & 1 & -1 & -1\end{bmatrix}$，因此 $\boldsymbol{A}$ 有满秩分解 $\boldsymbol{A}=\boldsymbol{FG}$。

(2)可得

$$G^{+}=G^{\mathrm{T}}(GG^{\mathrm{T}})^{-1}=\begin{bmatrix}1&0\\0&1\\0&-1\\1&-1\end{bmatrix}\frac{1}{5}\begin{bmatrix}3&1\\1&2\end{bmatrix}=\frac{1}{5}\begin{bmatrix}3&1\\1&2\\-1&-2\\2&-1\end{bmatrix},$$

$$F^{+}=(F^{\mathrm{T}}F)^{-1}F^{\mathrm{T}}=\frac{1}{8}\begin{bmatrix}3&-1\\-1&3\end{bmatrix}\begin{bmatrix}1&1&-1\\1&-1&-1\end{bmatrix}=\frac{1}{8}\begin{bmatrix}2&4&-2\\2&-4&-2\end{bmatrix}=\frac{1}{4}\begin{bmatrix}1&2&-1\\1&-2&-1\end{bmatrix},$$

$$A^{+}=G^{+}F^{+}=\frac{1}{5}\begin{bmatrix}3&1\\1&2\\-1&-2\\2&-1\end{bmatrix}\frac{1}{4}\begin{bmatrix}1&2&-1\\1&-2&-1\end{bmatrix}=\frac{1}{20}\begin{bmatrix}4&4&-4\\3&-2&-3\\-3&2&3\\1&6&-1\end{bmatrix}。$$

九、设 $\lambda_1,\lambda_2,\cdots,\lambda_n$ 是正规矩阵 A 的特征值，则存在酉矩阵 $U\in C^{n\times n}$，使 A 酉相似于对角矩阵，即

$$U^{\mathrm{H}}AU=\mathrm{diag}(\lambda_1,\lambda_2,\cdots,\lambda_n),$$

取共轭转置有

$$U^{\mathrm{H}}A^{\mathrm{H}}U=\mathrm{diag}(\overline{\lambda_1},\overline{\lambda_2},\cdots,\overline{\lambda_n}),$$

两式相乘有

$$U^{\mathrm{H}}A^{\mathrm{H}}AU=\mathrm{diag}(\overline{\lambda_1}\lambda_1,\overline{\lambda_2}\lambda_2,\cdots,\overline{\lambda_n}\lambda_n)=\mathrm{diag}(|\lambda_1|^2,|\lambda_2|^2,\cdots,|\lambda_n|^2),$$

这说明$A^{\mathrm{H}}A$ 的特征值为$|\lambda_1|^2,|\lambda_2|^2,\cdots,|\lambda_n|^2$，因此 A 的奇异值为$|\lambda_1|,|\lambda_2|,\cdots,|\lambda_n|$。

证毕。

参考文献

[1] 徐仲等．矩阵论简明教程(第三版)．北京:科学出版社,2014.
[2] 董增福．矩阵分析教程(第三版)．哈尔滨:哈尔滨工业大学出版社,2013.
[3] 林升旭．矩阵论学习辅导与典型题解析．武汉:华中科技大学出版社,2003.
[4] 程云鹏等．矩阵论(第三版)．南京:西北工业大学出版社,2006.
[5] 张凯院等．矩阵论导教导学导考(第二版)．南京:西北工业大学出版社,2006.
[6] 杨克劭等．矩阵分析．哈尔滨:哈尔滨工业大学出版社,1988.
[7] 陈祖明等．矩阵论引论．北京:北京航空航天大学出版社,1998.
[8] 丁学仁等．工程中的矩阵理论．天津:天津大学出版社,1985.
[9] 倪国熙．常用的矩阵理论与方法．上海:上海科学技术出版社,1984.

举报电话：（010）88254396；（010）88258888
传　　真：（010）88254397
E-mail：　dbqq@phei.com.cn
通信地址：北京市万寿路 173 信箱
　　　　　电子工业出版社总编办公室
邮　　编：100036